Wir widmen dieses Buch den beiden Privatsammlern Helmut Bracher und Elmar Unger aus Baden-Württemberg und möchten ihnen auf diese Weise für ihr außerordentliches Engagement zur Erforschung der Molassehaie und -rochen danken. Im Zuge intensiver und jahrzehntelanger Sammlertätigkeit ist es ihnen gelungen, beeindruckende Sammlungen zusammenzutragen und zahlreiche neue Informationen für die Wissenschaft zu gewinnen. Gleichzeitig haben sie immer den Kontakt zu Museen und Wissenschaftler*innen gepflegt und damit viele ihrer Funde und Erkenntnisse für die Nachwelt erhalten.

Impressum

Bibliografische Information der Deutschen Nationalbibliothek
Die Deutsche Nationalbibliothek verzeichnet diese Publikation
in der Deutschen Nationalbibliografie; detaillierte bibliografische
Daten sind im Internet über http://dnb.d-nb.de abrufbar.

© 2022 Verlag Anton Pustet
5020 Salzburg, Bergstraße 12
Sämtliche Rechte vorbehalten.

Lektorat: Markus Weiglein
Grafik und Produktion: Nadine Kaschnig-Löbel
Druck: FINIDR, s.r.o.
gedruckt in der EU

ISBN 978-3-7025-1023-7

www.pustet.at

Iris Feichtinger
Jürgen Pollerspöck

HAIE
IM ALPENVORLAND

Fossile Zeugen eines verschwundenen Paradieses

VERLAG ANTON PUSTET

INHALT

VORWORT 11

PROLOG 12

HISTORISCHER ÜBERBLICK 16

    Frühe Sammler 16
    Von Natternzungen-Kredenzen und Naturalienkabinetten 17
    Zwei Pioniere der Paläoichthyologie 20

DIE PARATETHYS – DAS MEER „HINTER" DEN ALPEN 24

KÖRPERBAU, ZÄHNE UND SCHUPPEN 28

    Haie und Rochen – die Besonderheit der Knorpelfische 28
    Zähne und Schuppen – worin liegt der Unterschied? 29
    Zeig mir deine Zähne … und ich weiß, wie du dich ernährst 32
    Körperformen mit Sinn – stromlinienförmig wie ein Torpedo
    oder flach wie eine Flunder 37

WER SUCHET, DER FINDET! 38

Die Geologische (Schatz-)Karte 38
Wasserstoffperoxid als Zahn-Zaubermittel 40
Sediment ist nicht gleich Sediment – die Präparation mit Rewoquat 42
Die mechanische Präparation – eine weitere Alternative 43

VOM FUNDSTÜCK ZUR BESTIMMUNG 44

Die binäre Nomenklatur als Grundlage 44
Geschichte der Nomenklatur 45
Zentrale Regelungen der zoologischen Nomenklatur 46
Taxonomie – Ordnung im Chaos 49

SYSTEMATISCHER TEIL 54

HAIE

Hexanchiformes – Grauhaie oder Kammzähnerhaie 58

> Atmung, Bewegung und Schlaf 59

Echinorhiniformes – Nagelhaie 72

> Mit und ohne Afterflosse 73

Squatiniformes – Engelhaie 80

> Wie unterscheiden sich Haie und Rochen? 82

Pristiophoriformes – Sägehaie 86

> Die Lorenzinischen Ampullen –
> der sechste Sinn der Knorpelfische 87

Squaliformes – Dornhaie 98

> Hochspezialisierte Ernährungsformen 99

Lamniformes – Makrelenhaie 122

> Vom Mythos „Megalodon"
> zum Weißen Hai 123

Carcharhiniformes – Grundhaie 158

Warum heißt die rezente Haiart *Hemipristis elongata* im Deutschen „Fossilhai"? 161

Älteste Räuber-Beute-Beziehung zwischen Tigerhai und Seekuh 179

Orectolobiformes – Ammen- oder Teppichhaiartige 206

Ammen- oder Teppichhaiartige: Wo sind sie geblieben? 208

ROCHEN

Myliobatiformes – Stechrochenartige 220

Die Geburtsstunde von Haien und Rochen ... 221

Rajiformes – Echte Rochen 240

Sexualdimorphismus 240

Rhinopristiformes – Gitarren- und Sägerochen 246

INVENTARISIERUNG UND AUFBEWAHRUNG 254

FOTOGRAFIE 256

Glossar 258
Weiterführende Literatur 260
Bildnachweis 263
Danksagung 264

Mineralien Kabinet

1866.
1 Jänner

Von Herrn Samuel Egger
Mineralienhändler allhier
zu Kauf um 526 fl Ö.W.

I.

N°	Namen	Beschreibung	Fundort	Anzahl der Stücke	Aufstellung	Ankaufspreis oder Werth		
						fl	kr
		1. Mineralien					
1	Aragonit xxx	Cumberland England	a 4649	3	Handst.	3	—
2	Rutil xxx	Boa vista Brasilien	a 4650	1	d.	10	—
3	Magneteisenstein in losen Oktaedern	Ouro fino a 4651					
		Cap Boyaz Brasilien		1	d.	1	—
4	Pyrit Sponfilin 3 lose Krystalle	Traversella Piemont	3 à 4652			1	—
5	Zuicenit xx	Rulinko b. Krásnó, Ungarn	1 à 4653			20	—
6	Schwefel xxx	Perticosa Italien	a 4654	1	d.	2	50
7	Canevinit Rose (Detroit)	Ditto Siebenbürgen a 4655			Borgiuin	10	—
8	Kampylit	Drygell, Cumberland England	a 4656		d.	15	—
9	Szajbelit Peters	Rezbanya Ungarn	a 4657	1	Handst.	4	—
						66	50
		2 Versteinerungen					
10	Palaeomeryx sp. (linker Unterkiefer.)	Margaret...					
11	" (Sprungbein.)	dt					
12	Unterer Gelenkkopf des Oberschenkels eines grossen Wiederkäuers. Neog. Margar...						
13	Elephas primigenius. (Backenzahn.) Diluv. Saingrube 3 Hufeisengasse 3 Pfer...						
14	Listriodon splendens H.v.Meyer. (letzter Backenzahn) Leithakalk des Kaisersteinbruch...						
15	Listriodon splendens H.v.Meyer. Leithakalk Margarethen						
16	Acerotherium incisivum Cuv. dt dt 1 (Stoszzahn)						

VORWORT

Dieses Buch ist das Ergebnis einer Kooperation zwischen einer Wissenschaftlerin und einem Hobbypaläontologen. Bereits während meines Studiums der Geologie/Paläontologie an der Universität Wien beschäftigte ich, Iris Feichtinger, mich intensiv mit kreidezeitlichen Haien. Als Mitarbeiterin des Naturhistorischen Museum Wien bin ich zurzeit an zahlreichen Projekten über diese faszinierende Tiergruppe beteiligt. Mir zur Seite steht Jürgen Pollerspöck, der schon als Jugendlicher seine Leidenschaft für fossile Haizähne entdeckte und sich heute in seiner Freizeit mit der Evolution und Biologie der Knorpelfische auseinandersetzt.
Die Idee zu diesem Projekt wurde bereits kurz nach unserem ersten Kennenlernen geboren. Da die wissenschaftlichen Publikationen zu diesem Thema meist hochspezialisierte Fragestellungen zum Gegenstand haben, war die Nachfrage nach einem allgemein verständlichen und aktuellen Überblick über die bisher entdeckten Arten dieser zum Teil schon seit Jahrhunderten bekannten Funde sehr groß. Dieses Buch soll Ihnen, dem naturwissenschaftlich interessierten Laien, dem Fossiliensammler und (zukünftigen) Paläontologen einen umfassenden Überblick verschaffen.

Die allgemeinen Teile sollen Ihnen grundsätzliche Informationen rund um das Thema fossile Hai- und Rochenzähne bereitstellen sowie praktische Tipps vermitteln. Dabei ist es nicht immer möglich, auf bestimmte – in der Literatur gängige – Fachbegriffe zu verzichten. Damit die Lesbarkeit des Textes nicht darunter leidet, finden Sie diese Begriffe am Ende des Buches in einem Glossar näher ausgeführt.
Der systematische Teil des Buches legt den Schwerpunkt auf eine genaue Bestimmung der unterschiedlichsten fossilen Hai- und Rochenzähne und gibt dazu eine grundsätzliche Hilfestellung und Orientierung. Bitte beachten Sie, dass es nicht immer möglich war, alle vorkommenden Zahnformen einer Art abzubilden. Dafür ist die Variationsbreite bei vielen Arten einfach zu groß. Wir haben aus diesem Grund versucht, stets die für eine bestimmte Art typische Zahnform abzubilden. In manchen Fällen kann es erforderlich sein, sich um weiterführende Fachliteratur zu bemühen, die wir Ihnen vorsorglich im Anhang dieses Buches zusammengestellt haben. Bei der Auswahl der Arbeiten haben wir uns im Wesentlichen auf Publikationen beschränkt, die Funde der nordalpinen Sedimentationsräume von Frankreich über Süddeutschland, Österreich, Tschechien und der Slowakei bis nach Ungarn behandeln.
Unstrittig ist, dass ohne engagierte Sammler viele heute als bedeutend markierte paläontologische Funde unwiederbringlich verloren gegangen wären. Wir möchten Sie deshalb ermuntern, den Kontakt zu Museen, Sammlungen und Universitäten in Ihrer Umgebung zu suchen und Ihre Funde auf diese Weise bekannt zu machen. Jede Information trägt dazu bei, das Bild, dass wir uns von der Entstehungsgeschichte unserer Erde mit seiner faszinierenden Tier- und Pflanzenwelt machen, zu vervollständigen.

Wir wünschen Ihnen viel Freude beim Lesen dieses Buches!

Iris Feichtinger, Naturhistorisches Museum Wien
Jürgen Pollerspöck, Zoologische Staatssammlung München

S. 8–9: Kiefer und Skelette aus der Zoologischen Abteilung des Naturhistorischen Museums (NHM) Wien.
Links: Inventarbuch von 1866 aus der Geologisch-Paläontologischen Abteilung (NHM) mit dem Originaleintrag des Zahnes von C. megalodon.

PROLOG

Tropische Strände, perfektes Badewetter und eine faszinierende Unterwasserwelt – das Alpenvorland vor vielen Millionen Jahren

Die tropische Vergangenheit weiter Teile Mitteleuropas lässt sich anhand überlieferter fossiler Zeitzeugen wie ein Puzzle zu einem stimmigen Gesamtbild einer faszinierenden Welt zusammenfügen. Der lange von Ost nach West verlaufende Meerestrog bot neben wärmeliebenden Muscheln, Schnecken und Seeigeln auch einer Vielzahl an Wirbeltieren ideale Bedingungen für eine ausgewogene Interaktion zwischen Jägern und Gejagten. So durchstreiften neben großen Mondfischen und Delphinen auch Haie und Rochen in allen Größen dieses warme Gewässer. Besonders die großen Vertreter der Haie eroberten – ohne viel Konkurrenz – die Position der Spitzenprädatoren.

In diesem Buch geht es auf eine spannende Reise durch die Zeit dieser Haie und Rochen vor 35 bis 13 Millionen Jahren. Diese Rückschau bietet einzigartige Einblicke in ehemalige Lebensräume, Verbreitungen und Migrationsrouten von kosmopolitischen Arten und unterstützt Sie bei der Identifizierung ihrer fossilen Zähne, welche sich über Jahrmillionen erhalten haben. Um solche Fossilien richtig bestimmen zu können, ist es unerlässlich, sich intensiv mit den heute noch lebenden Vertretern der entsprechenden Tiergruppe zu beschäftigen.

Haie und Rochen blicken auf eine lange Entwicklungsgeschichte zurück. Bereits vor mehr als 400 Millionen Jahren bevölkerten erste Urhaie die damaligen Weltmeere. Bemerkenswert ist, dass sich Haie und Rochen bereits sehr früh an bestimmte Lebensbedingungen angepasst haben und viele Millionen Jahre nahezu unverändert existierten. Ein bekanntes Beispiel hierfür sind die sogenannten Meerengel-Haie. Diese Haie, die aufgrund ihrer Körperform eher an Rochen erinnern, sind seit dem Jura bekannt. Vor rund 150 Millionen Jahren,

Der Zahnwal Schizodelphis wurde aus der Kraftwerksbaustelle Pucking geborgen.

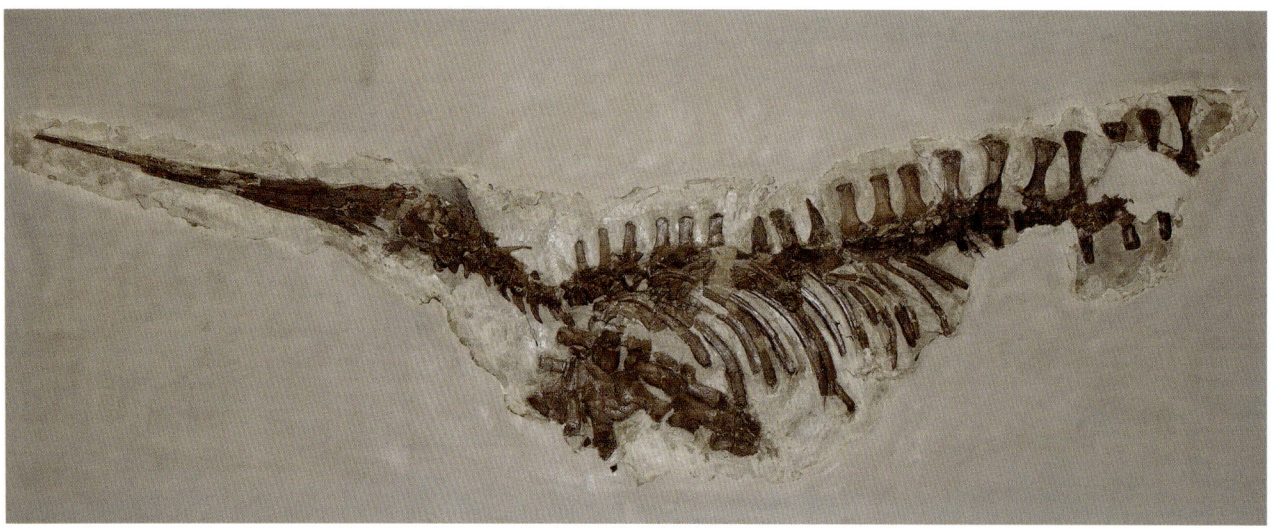

Nusplinger Meerengel Pseudorhina acanthoderma (Fraas, 1854), Naturkundemuseum Stuttgart, Länge 1 080 mm.

als große Teile Europas von einem tropischen Flachmeer bedeckt waren, bildeten sich in Süddeutschland, im heutigen Baden-Württemberg, die Nusplinger Plattenkalken. Die Ablagerungen sind weltberühmt für ihre hervorragend erhaltenen Fossilien. Bereits um 1839 wurde der bekannte Tübinger Jura-Geologe Friedrich August Quenstedt auf diese Fossillagerstätte aufmerksam. Sein Bericht über diese Fundstelle brachte seinen Fachkollegen Oscar Fraas dazu, sich intensiv mit den Nusplinger Plattenkalken zu beschäftigen. Seine Aufsammlungen führten dann schon im Jahr 1854 zu der Erstbeschreibung von *Squatina acanthoderma*, dem Meerengel von Nusplingen. Fraas verglich seinen Fossilfund mit heute lebenden Meerengel-Haien der Gattung *Squatina* und kam zu folgendem Ergebnis: „[…] grosse paarige Brustflossen am flachen Kopfe anliegend, aber nicht angewachsen, ein kleineres Paar Bauchflossen, die Rückenflossen auf dem Schwänze stellen ihn daher in Cuvier's vierte Abtheilung: Squatina. Die Vergleichung der lebenden Squatina mit der fossilen soll der Gegenstand dieser Untersuchung sein. Das Resultat zeigt ein so merkwürdiges Zusammenstimmen der wesentlichen Körpertheile, dass ich nicht den geringsten Anstand mehr nehme, den Fisch in das Genus Squatina zu stellen. Wegen der hakenförmigen Dornen in der Haut nenne ich ihn nach Analogie des Agassiz'schen Namens *Squatina acanthoderma*." Erst im Jahr 2008 wurden die anatomischen Merkmale dieser Jurahaie nochmals im Detail mit den heute lebenden Vertretern verglichen. Aufgrund einiger weniger kleiner Unterschiede werden sie seitdem der ausgestorbenen Meerengel-Gattung *Pseudorhina* zugerechnet. Da sich die wesentlichen Körpermerkmale und auch die Zähne dieses Haies bis heute nur minimal verändert haben, kann man davon ausgehen, dass die Nusplinger Meerengel ähnlich gelebt haben wie die heutigen Haie der Gattung *Squatina*. Diese Haie kommen vorwiegend in flacheren Meeresbereichen auf sandigem Untergrund vor. Dort graben sie sich meist vollständig ein und warten auf vorbeischwimmende

Fische oder Krebse. Diese Beute wird dann blitzartig eingesaugt und geschluckt.

Heute werden nahezu alle marinen Lebensräume – von tropischen Gewässern bis hin zu den gemäßigten Ozeanen, vom flachen Küstenbereich bis zur Tiefsee – von Haien und Rochen bevölkert. Selbst in manchen Flüssen kann man auf sie stoßen. Sie haben sich an annähernd alle Umweltbedingungen angepasst und wissen mit den unterschiedlichsten Nahrungsmöglichkeiten etwas anzufangen. Bis heute wurden etwa 1 210 rezente Hai- und Rochenarten wissenschaftlich beschrieben, die Anzahl der mittlerweile bekannten fossilen Arten beträgt mehrere Tausend. Sie sind in vielerlei Hinsicht rekordverdächtig und immer für Überraschungen gut. Erst kürzlich sorgten Schlagzeilen wie „Geboren um 1624: Grönlandhai ist der älteste Hai der Welt" für Staunen. Wissenschaftler hatten bei Untersuchungen eines fünf Meter langen Grönlandhai-Weibchens festgestellt, dass es rund 400 Jahre, vielleicht sogar 500 Jahre alt war und es sich damit um das älteste Wirbeltier der Welt handelt. Bei der Geburt sind diese Haie nur rund 50 cm groß, zu diesem Zeitpunkt haben sie aber bereits eine mindestens acht Jahre dauernde Entwicklung als Embryo im Mutterleib hinter sich. An Körperlänge legen diese Lebenskünstler nur rund einen Zentimeter pro Jahr zu und erreichen die Geschlechtsreife erst mit rund vier Meter Länge. Solche neuen Erkenntnisse führen dazu, dass sich das Bild dieser Räuber in der Öffentlichkeit heute wandelt. Seit dem Kinostart des Horrorthrillers „Der Weiße Hai" im Jahre 1975 haftete allen Haien über Jahrzehnte hinweg das Image der todbringenden, grausamen und unersättlichen Fressmaschinen an. Auch die immer wieder aufkeimenden Diskussionen der Kryptozoologen über das angebliche Überleben des größten Haies, der jemals auf der Erde

Grönlandhai oder Eishai (Somniosus microcephalus).

lebte – es handelt sich um den „Megalodon" –, ist immer wieder für eine Schlagzeile gut. Zum Glück bringen heute gut recherchierte Dokumentationen und mit wissenschaftlich fundierten und gesicherten Erkenntnissen angereicherte Fachartikel diese Schauergeschichten immer mehr ins Wanken.

Die Spezialisierung auf die unterschiedlichsten Beutetiere führte dazu, dass Rochen und Haie eine Vielzahl unterschiedlichster Zahntypen entwickelt haben. Dieses Spektrum reicht von im Verhältnis zur Körpergröße sehr kleinen und verkümmerten Zähnen bis hin zu hochspezialisierten Zahntypen, die zum Schneiden, Sägen, Packen oder Knacken verschiedenster Beutetiere optimiert sind.
In den Meeresablagerungen der Paratethys, dem einstigen Randmeer nördlich der Alpen, lassen sich Zähne all dieser verschiedenen Gebisstypen nachweisen. Das Artenspektrum enthält wahre Riesen wie Zähne von *Otodus megalodon* oder seinem im Oligozän vorkommenden Ahnen *Otodus chubutensis*. Vom „Megalodon" wurden schon Zähne von bis zu 17 cm Höhe gefunden. Diese zur Ordnung der Makrelenhaiartigen gehörende Art war die größte jemals lebende Haiart mit einer maximalen Körperlänge von geschätzten 18 Metern und ist im Pliozän vor rund 3,6 Millionen Jahren endgültig ausgestorben. Daneben wurden aber auch Zähne echter Zwerge, wie die von Laternenhaien (*Etmopterus*), Katzenhaien (Familie Scyliorhinidae und Pentanchidae) oder auch von Pygmäenhaien der Gattung *Euprotomicrus* nachgewiesen. Die Zähne dieser Arten sind oftmals nur 0,5–1 mm hoch und die erwachsenen Tiere erreichen meist nur eine Körperlänge von 25–40 cm. Zu den häufigsten und damit sicher in jeder Fossiliensammlung enthaltenen Arten gehören jedoch Zähne von Sandtigerhaien. Von diesen schlanken, scharfkantigen und bei guter Erhaltung mit Seitenspitzen versehenen Zähnen wurden an manchen Fundstellen bereits tausende Einzelzähne gefunden.

Verglichen mit Funden anderer Meeresorganismen stellt sich dann sofort die Frage: Warum gibt es hier so viele Haifischzähne, warum sind diese Arten so häufig? Das kann nur mit einem Blick auf die heute noch lebenden Arten beantwortet werden.
Haie und Rochen wechseln kontinuierlich ihre Zähne. Dies konnte bisher anhand einiger weniger Studien – meist unter kontrollierten Bedingungen und bei in Aquarien lebenden Exemplaren – nachgewiesen werden. So zeigte sich, dass bei den untersuchten Haiarten die Zähne einer Reihe durchschnittlich innerhalb eines Zeitraums von 8–35 Tagen ausgewechselt werden. Dabei spielt es keine Rolle, ob diese Zähne bereits abgenutzt oder beschädigt waren. Der Zeitraum des Zahnwechsels wird von verschiedenen Faktoren, wie z. B. dem Alter des Tieres, dem Nahrungsangebot oder saisonalen Einflüssen gesteuert. Unter Berücksichtigung dieser Umstände – der Anzahl der Zähne pro Reihe und der durchschnittlichen Lebensdauer von Haien – können so im Laufe eines Lebens gut und gerne 30 000 „verbrauchte" Zähne zusammenkommen. Für Rochen gibt es leider bis heute keine vergleichbaren Untersuchungen, man kann aber aufgrund der engen Verwandtschaft und der Ähnlichkeiten der Gebisse mit jenen der Haie von gleichartigen Verhältnissen ausgehen.

In dem nun folgenden Kapitel wollen wir Ihnen zunächst einen historischen Überblick geben, der von den ersten Fossiliensammlern vor rund 90 000 Jahren bis zu den großen Naturwissenschaftlern des 19. Jahrhunderts reichen wird.

HISTORISCHER ÜBERBLICK

Frühe Sammler

Vor rund 9 500 bis 6 000 Jahren vollzog sich bei unseren Vorfahren ein Wandel im Lebensstil, wodurch die typischen mobilen Jäger- und Sammlergruppen zu Sesshaftigkeit, Ackerbau und Viehhaltung übergingen. Dies lässt sich durch zahlreiche archäologische Funde in ganz Europa belegen. Neben Früchten, Beeren, Kräutern und Pilzen suchten und sammelten die frühen Menschen bereits Feuerstein. Dieses sehr harte Gestein diente durch seinen scharfen, muscheligen Bruch als Werkzeug und Waffe. Neben den charakteristischen Belegstücken von Speerspitzen oder Klingen aus Feuerstein finden Archäologen immer wieder auch andere interessante Gegenstände, die von unseren Vorfahren gesammelt wurden. Meist sind dies sehr auffällige oder ansprechende Objekte und Materialien aus der Natur, die etwa zum Anfertigen von Schmuck dienten oder auch einfach als Dekorationsobjekte künstlerisch bearbeitet wurden.

Zu diesen besonderen Materialien zählten auch fossile Haizähne und andere Versteinerungen, wie zum Beispiel Muscheln oder Schnecken, die schon sehr früh die Aufmerksamkeit der Menschen erregten. Sie wurden entweder als Gebrauchsgegenstände oder aber nur als Schmuckgegenstände gesammelt. Aus den steinzeitlichen Siedlungen bei Sipplingen und Bodman (Bodenseegebiet) liegen uns zum Beispiel Funde miozäner Haizähne vor. Solche Fossilien wurden bereits im 19. Jahrhundert von dem Lehrer und Denkmalpfleger Konrad Dieter Haßler aus Altheim (Alb) im Zuge der Erforschung steinzeitlicher Siedlungen in Baden-Württemberg dokumentiert. Er bildete 1866 in seinem Bericht über die Pfahlbauten des Überlinger Sees einen als Pfeilspitze umgearbeiteten fossilen Haizahn (vermutlich der Gattung *Otodus*) ab.

Funde dieser Art beschränken sich aber nicht nur auf den Bodenseeraum. Auch in der Schweiz am Ebersberg – hier wurde eine ehemalige Ansiedlung auf dem Lande im Kanton Zürich ausgemacht – konnte eine Anzahl gut erhaltener Haifischzähne gefunden werden. Diese stammen alle aus Molasseablagerungen und wurden vielleicht als Geräte zum Stechen, Schneiden, Schaben oder aber auch als Pfeilspitzen genutzt. Ein weiterer interessanter Nachweis und Beleg für den Gebrauch eines großen Zahnes des ausgestorbenen Hais *Otodus megalodon* wurde erst vor ein paar Jahren von der Fundstelle Pavlov im tschechischen Südmähren dokumentiert. Der dort gefundene und wahrscheinlich aus dem Badenium des Wiener Beckens stammende, fast 5 cm hohe Zahn zeigt sehr deutliche Abriebspuren an der für diese Art charakteristischen Zähnelung der Schneide. Die Forscher kamen bei ihren Untersuchungen zu dem Ergebnis, dass diese Abnützung nur durch den Gebrauch als Schneidewerkzeug herrühren konnte. Vergleichbare Nutzungen, insbesondere großer Haizähne, sind aber auch aus anderen Kontinenten belegt, wie zum Beispiel aus Südamerika (Peru) oder aus Nordamerika (Ohio).

Alle bisher beschriebenen Objekte wurden vom modernen Menschen (*Homo sapiens*) verwendet. Waren dies

Zwei Otodus-Zähne von den steinzeitlichen Fundstellen Petersfels und Bodman.

 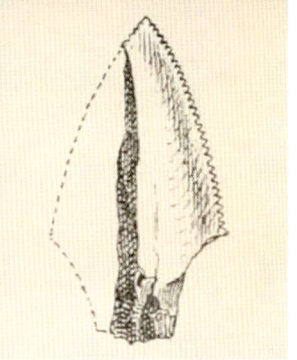 

Links: Otodus-Zahn von Pavlov mit Gebrauchsspuren.
Mitte: Ein zu einer Pfeilspitze umgearbeiteter fossiler Haifischzahn vom Bodensee, aus E. von Tröltsch (1902).
Rechts: Von Neandertalern gesammelte Fossilien (Haifischzähne und Belemniten).

nun die ältesten Fossiliensammler oder gehen die Nutzung und das Sammeln solcher Artefakte noch weiter in der Menschheitsgeschichte zurück?

Diese Frage kann man heute mit Ja beantworten. Bereits Neandertaler sammelten vor 90 000 Jahren Haizähne! Das wurde 2003 durch einmalige Funde an einem Neandertaler-Lagerplatz in Sachsen-Anhalt dokumentiert. In dem ehemaligen Braunkohletagebau Neumark-Nord bei Halle wurden in einer mehrjährigen Grabungskampagne etwa 6 000 Stein-Artefakte sowie rund 6 000 Knochen von erlegten Tieren geborgen. Durch diese Funde konnte rekonstruiert werden, dass die dort lebende Neandertalergruppe vorwiegend Wildrindern und -pferden sowie Hirschen nachstellte. Unter den Fundobjekten befanden sich aber auch zwei fossile Haizähne, ein Teil eines versteinerten Tintenfisches (Belemnit) sowie die Reste einer fossilen Koralle. Derartige Gegenstände, die nicht dem Überleben dienten, werden in der Archäologie als „non-utilitarian objects" bezeichnet. Ein anderes Beispiel für ein derartig ungewöhnliches Objekt ist ein Fund aus Tata (Ungarn). Demnach hatten einst Neandertaler eine Lamelle eines unteren Mammutbackenzahns vollständig poliert, alle Kanten abgerundet und danach die Oberflächen des bearbeiteten Zahns mit Ocker bedeckt. Aus solchen Funden schließt man, dass sich bereits Neandertaler mit künstlerischen Tätigkeiten beschäftigten und offensichtlich auch Gefallen an optisch ansprechenden, natürlichen Gegenständen hatten.

Nachdem wir nun den Anfängen des Fossiliensammelns auf die Spur gekommen sind, wollen wir im nachfolgenden Abschnitt einen Blick auf die Entwicklung der wissenschaftlichen Auseinandersetzung mit den versteinerten Zähnen von Rochen und Haien werfen.

Von Natternzungen-Kredenzen und Naturalienkabinetten

Die vorzeitlichen Menschen sammelten Fossilien in erster Linie aufgrund ihrer sonderbaren Formen und Gestalten, da sie sich sehr deutlich von den Dingen ihrer Umgebung unterschieden. Sie wurden aufgrund ihrer Seltenheit als Kostbarkeiten geschätzt, aber auch als Werkzeug gebraucht. Im Mittelalter entwickelte sich eine ganz andere Sichtweise auf derartige Objekte. Die Herkunft und Entstehung fossiler Haifischzähne, die in dieser Zeit als Schlangenzungen, Natternzungen oder auch Glossopetren bezeichnet wurden, brachte man mit einer Legende zur Apostelgeschichte in Verbindung. Diese besagt, dass der Heilige Paulus, als er sich auf einer Reise nach Rom befand, vor Malta Schiffbruch erlitt. Am Strand entzündete man ein Feuer, um sich zu trocknen und zu wärmen. Paulus soll dort in einen Reisighaufen gegriffen haben, in dem Moment fuhr daraus eine Schlange empor und biss ihm in die Hand. Von der Bosheit des Tieres überrascht und erzürnt, verfluchte Paulus alle Schlangen von Malta, woraufhin ihre Zungen zu Stein wurden. Diese versteinerten Zungen kann man heute noch oftmals in Strandnähe, aber auch im

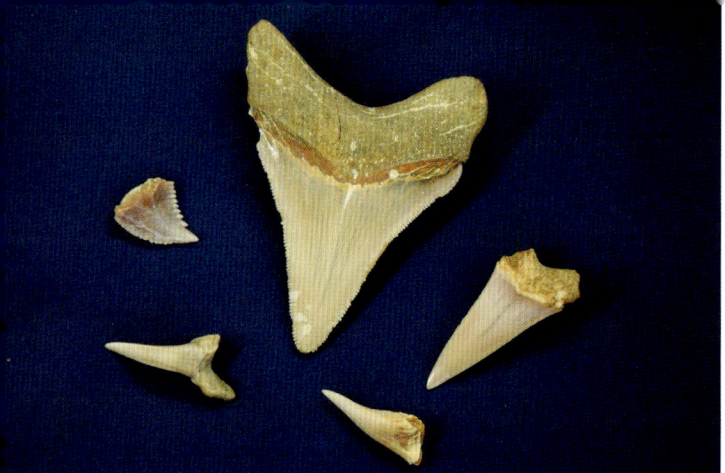

Landesinneren finden. Erklärbar ist dieses Phänomen dadurch, dass in Malta an zahlreichen Stellen neogene Sedimente vorkommen, in denen immer noch Haifischzähne lagern. Regen und Wind sorgen dafür, dass aus den weichen Gesteinen ständig Nachschub herauswittert und die abgesammelten Zähne stetig ersetzt werden.

Diese Legende hatte zur Folge, dass „Schlangenzungen" – und ganz besonders, wenn sie von Malta stammten – besondere Kräfte und Heilwirkungen zugesprochen wurden. Sie fanden im Mittelalter Einsatz als wirksame Medizin gegen zahlreiche Leiden wie zum Beispiel Epilepsie, Blattern und Vergiftungen. Eine überlieferte Wirkung der Glossopetren zur Milderung der Epilepsie kann man den Schriften des italienischen Botanikers Fabio Colonna (1567–1640) entnehmen. Colonna litt selbst unter epileptischen Anfällen und hat unter anderem durch Selbstversuche nach Mittel gegen seine Krankheit geforscht. Eines dieser erprobten Medikamente bestand eben aus fossilen Haifischzähnen von Malta.

Neben der Einsatzmöglichkeit als Medikament glaubte man im Mittelalter und in der Frühen Neuzeit aber auch, dass die Natternzungen vergiftete Speisen anzeigen könnten. Dazu wurden die Zähne zumeist kunstvoll zu sogenannten Natternzungen-Kredenzen verarbeitet, von denen nach derzeitigem Kenntnisstand nur mehr drei Exemplare existieren (Kunsthistorisches Museum und Schatzkammer des Deutschen Ordens in Wien; Grünes Gewölbe in Dresden). Die Natternzungen-Kredenz aus dem Kunsthistorischen Museum in Wien, die aus der kaiserlichen Kunstkammer der Habsburger stammt, wurde um 1450 hergestellt. Neben den 15 fossilen Haifischzähnen ziert diesen Tafelaufsatz noch ein großer Edelstein – ein Topas, dem ebenfalls giftanzeigende Wirkung nachgesagt wurde. Zog man am Knauf, der aus Citrin (gelbfarbiger, makrokristalliner Quarz) besteht, löst sich der obere Teil von der Kredenz ab. Anschließend musste man die Natternzungen über den Speisen pendeln lassen – hätten sie sich dabei verfärbt, so glaubte man, wären die Speisen vergiftet gewesen. Diese Formen der „Nutzung" von fossilen Haifischzähnen

Oben: Verschiedene Haifischzähne aus Malta und Gozo.
Unten: Natternzungenkredenz.
Rechte Seite oben: Mittelalterliches Hai-Päparat aus dem Rathaus von Pfreimd, Oberpfalz.
Unten: Abbildung eines Schädels des Weißen Hais (Carcharodon carcharias) von 1667 aus Nicolaus Stenos Abhandlung „Canis carchariae dissectum caput".

reichte bis weit in das 18. Jahrhundert hinein. Obwohl die Wirkung und der Gebrauch als Medizin noch von dem berühmten Gottfried Wilhelm Leibniz in seinem Werk *Protogaea* erwähnt wurde, markierte der Breslauer Arzt Johann Christian Kundmann schon im Jahr 1737, dass es sich bei der Aussage bezüglich der Wirkung nur um „fromme Lügen" handle. Kundmann, der auch ein begeisterter Sammler von Naturgegenständen war, begründete ein eigenes Naturalienkabinett. Derartige Sammlungen, deren Ursprünge bis in das 16. Jahrhundert zurückreichen, waren der Ausfluss von intensiver Lektüre antiker Autoren wie Plinius dem Älteren (um 23–79, *Historia Naturalis*) oder Aristoteles (384–322 v. Chr., *Historia Animalium*). Darüber hinaus gelangten zu dieser Zeit zahlreiche Naturpräparate aus den neu gegründeten Kolonien – insbesondere aus Südamerika und Ostasien – nach Europa. Jeder Fürst, Herrscher oder Wissenschaftler, der über die nötigen Mittel verfügte, ließ solche Naturalienkabinette errichten. In diesen wurden neben heute noch lebenden Tieren auch Fossilien wie eben Hai- und Rochenzähne gesammelt. Mit der Forschung und Arbeit des dänischen Naturforschers Nicolaus Stenos und seiner 1667 erschienenen Schrift *Canis carchariae dissectum caput* wurde der offensichtliche Zusammenhang zwischen den Glossopetren und den Zähnen von Haien allgemein bekannt und setzte sich ab diesem Zeitpunkt zuerst in Gelehrtenkreisen, später aber auch allgemein durch.

Im frühen 19. Jahrhundert setzte eine regelrechte Flut von naturwissenschaftlich geprägten Publikationen ein. Viele dieser Arbeiten beschäftigten sich mit den Ergebnissen der zahlreichen Forschungsreisen, andere mit den geologischen und paläontologischen Verhältnissen Europas und Nordamerikas. Treibende Kraft im paläontologischen Bereich war die stetig wachsende Nutzung der im 18. Jahrhundert entwickelten Dampfmaschine, die damit einhergehende Industrialisierung und der stark wachsende Bedarf an Rohstoffen wie Erze oder Kohle. Den zwei herausragendsten und für die Molasseforschung Mitteleuropas bedeutendsten Forschern dieser Zeit wollen wir uns im Folgenden näher widmen.

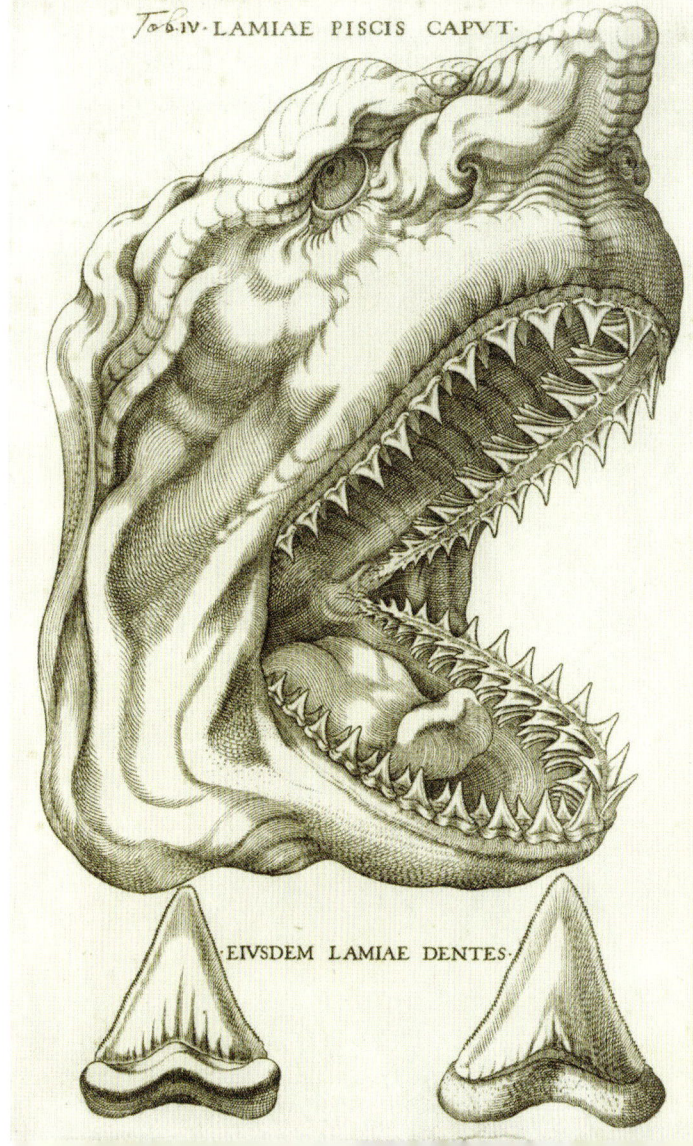

Zwei Pioniere der Paläoichthyologie

Beschäftigt man sich heute mit den Überresten fossiler Fische, stößt man bei der Recherche immer wieder auf zwei Namen: Agassiz und Probst. Diesen Umstand möchten wir hier Rechnung tragen und uns kurz dem Leben und den Werken dieser beiden bedeutenden Naturwissenschaftler zuwenden.

Jean Louis Rodolphe Agassiz

Jean Louis Rodolphe Agassiz zählt zu den bedeutendsten Paläontologen, die sich unter anderem mit der Erforschung fossiler Fische (Paläoichthyologie) beschäftigten. Er wurde am 28. Mai 1807 in Haut-Vully im schweizerischen Kanton Freiburg geboren. Neben seiner lebenslangen Leidenschaft für die Fischkunde (Ichthyologie) widmete sich dieser außergewöhnliche Naturforscher auch intensiv der Erforschung der Gletscher seiner Heimat und entwickelte die erste visionäre Eiszeittheorie. Heute wird das Lebenswerk Agassiz' zum Teil etwas kritischer gesehen. Gründe dafür sind seine Ansichten über die Evolutions- und Rassentheorie.

Louis Agassiz, Lithografie aus der Mitte des 19. Jahrhunderts.

Agassiz war Schüler und lebenslanger Bewunderer von Georges Cuvier (1769–1832), des zu seiner Zeit in Paris wirkenden Begründers der Paläontologie und vergleichenden Anatomie. Trotz der intensiven Beschäftigung mit paläontologischen und anatomischen Fragestellungen lehnten beide Forscher die von Charles Darwin entwickelte Evolutionstheorie ab. Sie vertraten die Auffassung, dass neue Arten nicht durch Anpassung an geänderte Lebensbedingungen oder genetische Änderungen entstehen können, sondern nur durch die schöpferische Kraft Gottes.

Mit seinem Umzug in die Vereinigten Staaten und der damit verbundenen erstmaligen Begegnung mit schwarzen Sklaven änderte Agassiz seine Ansichten bezüglich des Ursprungs und der Herkunft verschiedener Ethnien. Ging er zu seiner „europäischen Zeit" noch davon aus, dass alle Menschen der Erde einen gemeinsamen Ursprung haben, wurde er nun einer der prominentesten Verfechter der sogenannten Polygenismus-Theorie. Dieser Denkansatz damals weit verbreiteter „Rassentheorien" geht davon aus, dass die unterschiedlichen „Menschenrassen" jeweils getrennte Ursprünge haben.

Untrennbar ist der Name Agassiz jedoch mit der Erforschung und Beschreibung fossiler Fische verbunden. Seine Ergebnisse veröffentlichte Agassiz in dem fünfbändigen monumentalen Werk *Recherches sur les poissons fossiles*, das in zahlreichen Teillieferungen zwischen 1833 bis 1843 veröffentlicht wurde. Für dieses Werk besuchte Agassiz alle damals in Europa bekannten paläontologischen Sammlungen und Museen. Gemeinsam mit seinem wissenschaftlichen Zeichner Joseph Dinkel, der ihn stets auf seinen Reisen begleitete und im Rahmen dieses mehrjährigen Projektes aberhunderte Illustrationen anfertigte, trug er annähernd alle zum damaligen Zeitpunkt bekannten Funde zusammen. Er analysierte anatomische Gemeinsamkeiten und Unterschiede und konnte so zahlreiche neue Arten beschreiben, die in vielen Fällen auch heute noch Gültigkeit haben. Alleine im dritten Band, welcher sich im Wesentlichen mit den Knorpelfischen beschäftigt,

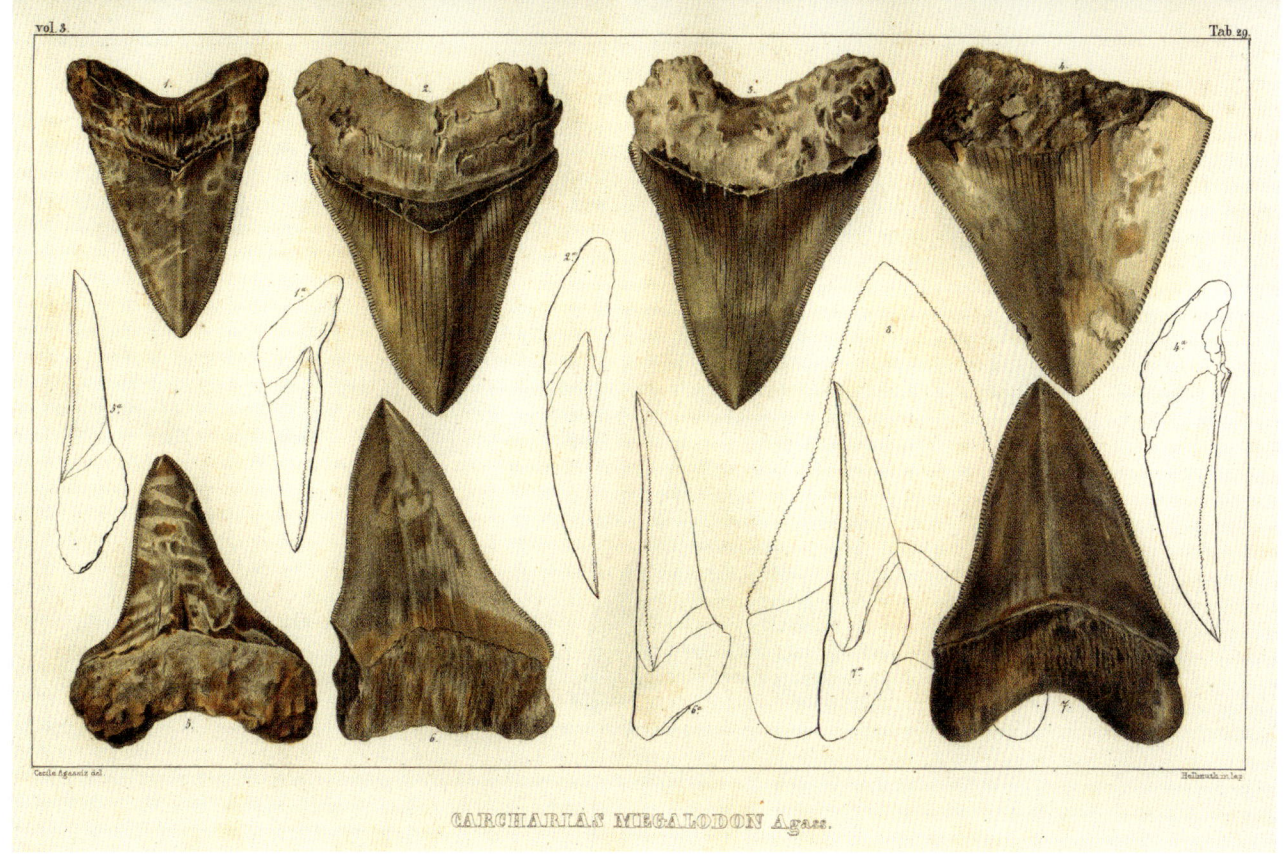

Tafel 29 (Otodus megalodon) aus Agassiz' Werk „Recherches sur les poissons fossiles".

beschrieb er mehr als 400 neue Arten. Darunter befinden sich so bekannte, berühmte und in den neogenen Sedimenten weit verbreitete Arten wie *Carcharodon megalodon*, *Galeocerdo aduncus*, *Hemipristis serra*, *Notidanus primigenius* oder *Aetobatis arcuatus*. (Alle diese genannten Arten finden sich übrigens auch unter den heute gültigen Gattungsnamen im nachfolgenden systematischen Teil dieses Buches wieder.) Die Realisierung dieses Projektes stand jedoch immer wieder kurz vor dem Scheitern, da Agassiz seine finanziellen Mittel oftmals vollständig aufbrauchte und seine Mitarbeiter und Unterstützer monatelang auf ihren Lohn verzichten mussten. Nur durch die großzügige Unterstützung der British Association for the Advancement of Science sowie Lord Francis Egertons – er war ein britischer Politiker, Kunstliebhaber und Schriftsteller – gelang es schließlich, dieses einzigartige Werk im Eigenverlag zu veröffentlichen. Ein Großteil der von Agassiz gesammelten Fischfossilien (rund 2 500 Exemplare) kann noch heute im Muséum d'Histoire naturelle (Neuchâtel) bewundert werden. Daneben beherbergt das Museum aber auch einige wissenschaftliche Gravuren, Briefe, Notizen und Schulhefte von Louis Agassiz. Der Großteil der erhaltenen Dokumente, die Agassiz betreffen, werden allerdings im ebenfalls in Neuchâtel eingerichteten Archives de l'État de Neuchâtel (AEN) aufbewahrt, das sich in Schloss Neuenburg befindet.

In seiner zweiten Heimat erfüllte sich Agassiz noch lange vor seinem Tod – er starb am 14. Dezember 1873 in Cambridge, Massachusetts – einen weiteren seiner Lebensträume: die Errichtung eines eigenen Zoologischen Museums. Das Museum of Comparative Zoology (MCZ), das Agassiz 1859 gründete und nach seinem Tod von seinem Sohn Alexander weitergeführt wurde, gehört heute mit mehr als 21 Millionen Sammlungsobjekten zu den führenden zoologischen Museen.

Josef Probst

Das Leben und Wirken von Josef Probst steht im deutlichen Kontrast zur schillernden, international stark vernetzten Persönlichkeit von Agassiz. Neben seinem Beruf als Pfarrer und Seelsorger widmete sich Probst im Wesentlichen „nur" der naturwissenschaftlichen Erforschung seiner oberschwäbischen Heimat, die er sein ganzes Leben lang nicht verlassen sollte.

Josef Probst wurde als Gastwirtssohn am 23. Februar 1823 im schwäbischen Ehingen an der Donau geboren. Schon früh stand fest, dass er – der Familientradition folgend – Theologie studieren sollte. Nach dem Abitur wechselte er an die Theologische Fakultät der Universität Tübingen und wurde 1845 zum Priester geweiht. Bereits im darauffolgenden Jahr erhielt er seine erste Pfarrstelle in Schemmerberg, einem kleinen Dorf, nur rund 20 km von seiner Geburtsstadt entfernt. Hier entdeckte er insbesondere in den unweit gelegenen Sandgruben bei Baltringen seine Liebe zur Geologie und Paläontologie, die ihn sein ganzes Leben begleiten sollte. In den folgenden Jahren und Jahrzehnten war er unermüdlich in seiner oberschwäbischen Heimat zu Fuß unterwegs, um Fossilien zu sammeln und sich Gedanken über die geologischen Verhältnisse zu machen. Sein besonderes Interesse galt den fossilen Hai- und Rochenzähnen, die in den Molasseschichten Oberschwabens zum Teil sehr häufig zu finden waren. So sammelte er viele tausend Zähne, die er akribisch studierte, verglich und letztendlich auch beschrieb. Ebenfalls in diese Zeit fallen seine Bemühungen, mit den dazumal führenden württembergischen Landesgeologen bzw. Paläontologen – das waren Friedrich August Quenstedt, Oscar Fraas und Heinrich Bach – Kontakt aufzunehmen.

Neben seinen Arbeiten über fossile Hai- und Rochenzähne gilt sein weiterer besonderer Verdienst der Molasseforschung. So erkannte er als erster die Dreiteilung der schwäbischen Molasse, die er in eine untere und obere Süßwassermolasse mit dazwischen liegender mariner Meeresmolasse unterteilte. Durch seine akribische und intensive Sammeltätigkeit konnte er durch Vergleich seiner Entdeckungen mit bereits beschriebenen Fundstücken zudem beweisen, dass diese Schichten alle dem Miozän zuzuordnen sind.

Seine erste Arbeit über fossile Haifischzähne verfasste Probst bereits im Jahr 1858. Darin widmete er sich dem Gebiss des fossilen Vorläufers des heutigen Siebenkiemerhais. Diese sowie die folgenden Arbeiten über Hai- und Rochenzähne erschienen in den Jahresheften des Vereins für vaterländische Naturkunde in Württemberg, dessen Mitglied Probst bis zu seinem Tod war. Rund 20 Jahre und ca. 60 000 Haifischzähne später publizierte er von 1877 bis 1879 in drei Teilen seine Forschungsergebnisse mit dem Titel *Beiträge zur Kenntniss der fossilen Fische aus der Molasse von Baltringen*. Dieses Werk ist auch heute noch die Grundlage aller Arbeiten, die sich mit nordalpinen miozänen Knorpelfischfaunen beschäftigen. Er beschrieb darin zahlreiche neue und bis dahin unbekannte Arten. Zu Hilfe kamen ihm dabei seine guten Beziehungen nach Stuttgart. In der dortigen zoologischen Sammlung hatte er die Möglichkeit, zahlreiche rezente Gebisse zu studieren.

Josef Probst (1823–1905).

Die von Probst abgebildeten Zähne, bei denen es sich in vielen Fällen um Typen handelt, werden heute zum überwiegenden Teil im Museum der Eberhard Karls Universität Tübingen (MUT) aufbewahrt. Seine geologisch-paläontologisch-mineralogische Sammlung und seine wissenschaftliche Bibliothek (einschließlich seiner Korrespondenz und handschriftlichen Aufzeichnungen) schenkte Probst dem Museum der Stadt Biberach. Als Dank und zu Ehren seines Lebenswerkes wurde er am 27. Januar 1899, sechs Jahre vor seinem Tod, zum Ehrenbürger der Stadt ernannt. Es lohnt sich, diesem Museum, das heute unter dem Namen „Braith-Mali-Museum" bekannt ist, bei Gelegenheit einen Besuch abzustatten.

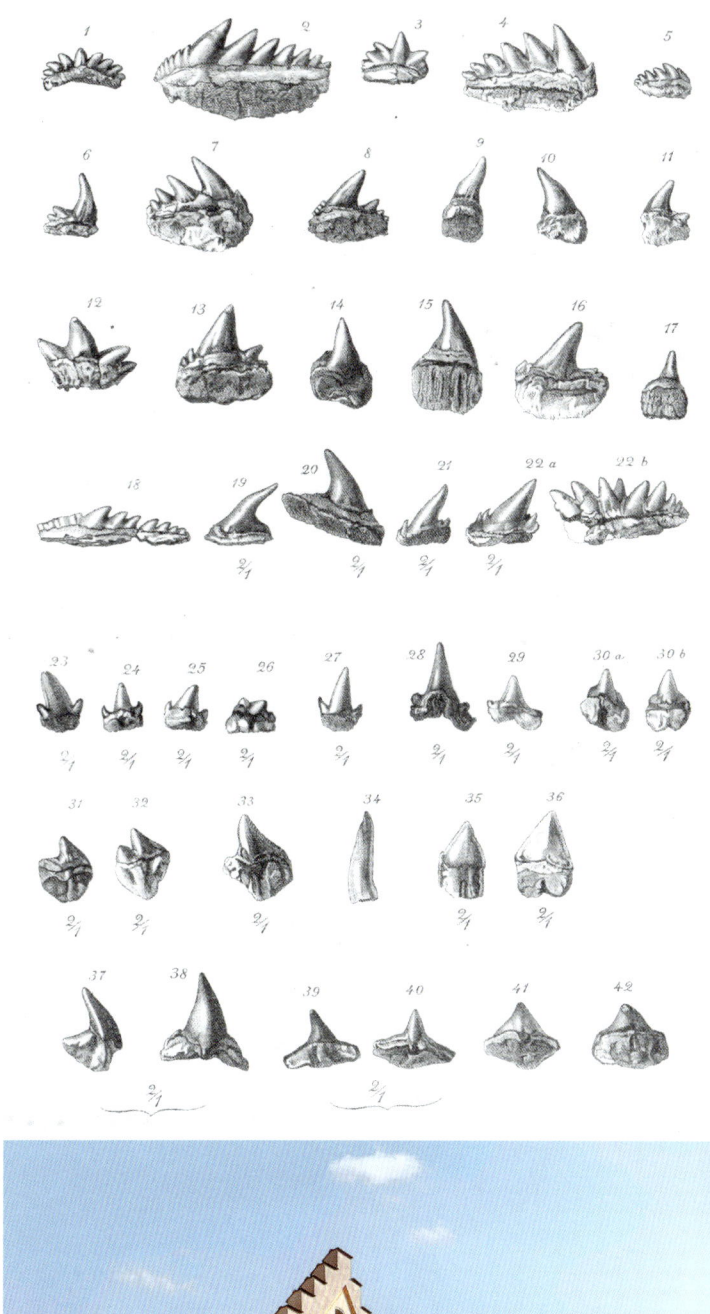

Oben rechts: Tafel 3 aus Probsts „Beiträgen zur Kenntniss der fossilen Fische aus der Molasse von Baltringen" (1879).
Die Sammlung von Pfarrer Probst befindet sich heute zum größten Teil im Braith-Mali-Museum in Biberach.

DIE PARATETHYS – DAS MEER „HINTER" DEN ALPEN

Gastbeitrag von Dr. Mathias Harzhauser, Naturhistorisches Museum Wien

Kein Hai ohne Wasser. Auch die Haifische, die in diesem Buch beschrieben werden, lebten einst in einem Meer, das der russische Geologe Vladimir D. Laskarev (1868–1954) im Jahr 1924 mit dem etwas sperrigen Namen „Paratethys" bezeichnet hat. Der Name setzt sich aus dem griechischen Wort παρά (pará), das „neben" oder „bei" bedeutet, und Tethys zusammen. Tethys – ursprünglich der Name einer griechischen Meeresgöttin – bezieht sich auf einen gewaltigen Ozean, der im Erdmittelalter (Mesozoikum) und noch weit bis in die Erdneuzeit (Känozoikum) hinein die Erde prägte. Laskarev erkannte, dass es nördlich der Alpen Meeressedimente gab, die nicht in diesem Tethys-Ozean abgelagert worden waren, sondern eben „daneben" in einem eigenen Meeresarm.

Seit der Kreidezeit führte das stete Herandriften der Afrikanischen Platte an die Eurasische Platte zum allmählichen Herausheben eines langen, in West-Ost-Richtung gestreckten Gebirgsgürtels, der vom marokkanischen Atlasgebirge bis zum Himalaya reicht. Teil dieses alpidischen Gebirgsgürtels sind auch die Alpen und die Karpaten. Vor rund 35 Millionen Jahren begannen diese Gebirge einen Archipel aus Inseln und Minikontinenten zu bilden, der den Tethys-Ozean im Süden von der Paratethys im Norden abtrennte. Während seiner größten Ausdehnung erstreckte sich das Meer über 5 000 km vom französischen Rhône-Becken bis weit nach Innerasien. Im Vergleich dazu ist das heutige Mittelmeer mit nur 3 500 km Länge nahezu klein. Ein tektonischer „Unfall" bildete somit den geologischen Rahmen der Paratethys. Dementsprechend war das Meer nie einheitlich, sondern gliederte sich in einen westlichen, zentralen und östlichen Teil. Der westliche Arm reichte vom Rhône-Becken über die schweizerische Molasse bis ins Alpenvorland von Bayern und Österreich. Die zentrale Paratethys füllte die Beckensysteme innerhalb des Karpatenbogens, wie etwa das Wiener Becken, das Steirische Becken und das Pannonische Becken, erstreckte sich aber auch in die Karpatenvortiefe über Polen bis in die Ukraine. Den weitaus größeren Teil bildete die östliche Paratethys, die vom Dazischen Becken in Rumänien bis Kasachstan reichte. Das Schwarze Meer, das Kaspische Meer und der Aralsee sind noch heute Zeugen dieses einst riesigen Meeres. Die Meeresstraßen zwischen der zentralen und der östlichen Paratethys waren seicht, eng und instabil. Die Tierwelt der beiden Meeresteile entwickelte sich unterschiedlich, wobei die östliche Paratethys vergleichsweise faunistisch verarmt war.

Aufgrund der komplexen tektonischen Situation durchlief das Paratethys-Meer eine wechselvolle Geschichte, die sich in seinen Faunen widerspiegelt. Immer wieder wurden die Meeresverbindungen zum Tethys-Ozean, und später zum Mittelmeer, unterbrochen. Während Phasen weitgehender Isolation war auch der Faunenaustausch unterbunden und aus den in der Paratethys „gefangenen" Organismen entwickelten sich neue Arten. Diese Sonderwege der Evolution waren besonders bei den Schnecken und Muscheln häufig. Sobald neue Meeresverbindungen aufbrachen, wurde die Paratethys mit Einwanderern aus dem benachbarten Mittelmeer „geflutet" und die endemischen Faunen verschwanden. Die Entwicklung der Paratethys drückt sich auch in eigenen Bezeichnungen für die geologischen Stufen und Zeitspannen der Paratethys aus. Diese wurden nach Orten oder Regionen benannt, an denen die entsprechenden Sedimente besonders typisch vorkommen. Die Grenzen zwischen den Stufen fallen meist mit globalen Meeresspiegelschwankungen, Änderungen des Klimas oder tektonischen Ereignissen zusammen.

Schon die „Geburt" der Paratethys war dramatisch. Im frühen Oligozän vor etwa 33 Millionen Jahren wurde die Paratethys erstmals fast vollständig von der Tethys isoliert. Die Meeresströmungen kamen zum Erliegen. Die Ökosysteme des neuen Meeres „kippten" und lebensfeindliche Bedingungen ohne Sauerstoff prägten den tiefen Meerestrog des Molassebeckens. Die schwarzen „Fischschiefer" von Glarus in der Schweiz lieferten bedeutende Fischfaunen aus diesem Zeitabschnitt.

Im späten Oligozän, während des Egeriums, kam es zu einer globalen Erwärmung, die sich auch auf die Lebensräume der Paratethys auswirkte. Gleichzeitig führten tektonische Hebungen zu starkem Sedimenteintrag und die Tiefseetröge füllten sich. Die Paratethys zog sich aus dem westlichen Alpenvorland zurück und Sedimente der „unteren Süßwassermolasse" wurden abgelagert. In Bayern entstand eine flache Bucht aus Kohlesümpfen, die entlang der Küsten der Böhmischen Masse in von Mangroven gesäumte Wattflächen übergingen, die bis Niederösterreich reichten. Zeugen dieser Zeit sind die reichen Fischfaunen von Máriahalom in Ungarn. Dort, wo das Meer an das Kristallin der Böhmischen Masse anbrandete, entstanden lange Sandstrände, die im seichten, bewegten Wasser in Sanddünen übergingen. Erhalten sind diese Habitate in Form der Sande der Linz-Melk-Formation, die zahlreiche Haifischzähne hervorbrachte.

Ein starker Anstieg des Meeresspiegels überflutete die Küsten im späten Egerium. Kühle Meeresströmungen drangen aus der Tiefe des Molassetrogs entlang der steilen Küste der Böhmischen Masse empor und erzeugten ein als „Upwelling" bezeichnetes Strömungsmuster. Das kühle Wasser war nährstoffreich und löste Planktonblüten aus, die wiederum Nahrungsgrundlage für eine vielfältige Fischfauna waren. Funde aus dieser Zeit stammen vor allem aus den Tonen und Silten der Eferding-Formation in Oberösterreich. Berühmt sind die über drei Meter großen fossilen Mondfische von Pucking, von denen ein Prachtexemplar im Schlossmuseum in Linz ausgestellt ist.

Subtropisches Klima prägte im frühen Miozän vor 21,0 bis 18,1 Millionen Jahren das Eggenburgium. Von der westlichen bis in die östliche Paratethys breitete sich eine einheitliche, großwüchsige Molluskenfauna aus, für die die großen Kammmuscheln typisch sind. Besonders im Raum von Eggenburg in Niederösterreich sind vielfältige marine Lebensräume des Eggenburgiums überliefert. Auf dem heutigen Plateau der Böhmischen Masse breiteten sich im flachen Meer ausgedehnte Seegraswiesen aus, die Lebensraum für Seekühe waren. Bei Kühnring nahe Eggenburg wurde eine ganze Herde dieser Tiere freigelegt, die einst einem Tsunami zum Opfer gefallen waren. Die Lokalität Kühnring zählt auch zu den bekanntesten Haifisch-Fundstellen des Eggenburgiums. Fossile Skelette von Seekühen, Haifischzähne und zahlreiche weitere Fossilien des Eggenburger Meeres sind im Krahuletz-Museum in Eggenburg zu bestaunen.

An der Wende zum Ottnangium vor 18,1 Millionen Jahren öffnete sich die Meeresverbindung im Westen über Bayern und die Schweiz erneut. Das globale Klima

Mio. Jahre	Standard Stratigraphie			Zentrale Paratethys
	Miozän	spätes	Messinium	Pannonium
10			Tortonium	
		mittleres	Serravallium	Sarmatium
15			Langhium	Badenium
		frühes	Burdigalium	Karpatium
				Ottnangium
20				Eggenburgium
			Aquitanium	
25	Oligozän	spätes	Chattium	Egerium
30		frühes	Rupelium	Kiscellium
35	Eozän			

kühlte ab und in der Paratethys verschwanden die tropischen Elemente. Statt Korallenriffen breiteten sich Bryozoen-Dickichte aus, die als Zogelsdorfer Stein selbst im Wiener Stephansdom verbaut wurden. Wie schon im Egerium brandete nun das Meer an die steilen Felsküsten der Böhmischen Masse und formte einen schmalen Saum aus Sandstränden, die rasch ins tiefe, schlammige Meeresbecken abfielen. Upwelling-Zonen prägen erneut das Leben entlang der Nordküste der Alpenvortiefe. Zeugen von intensiven Planktonblüten sind die Diatomite von Limberg und Parisdorf in Niederösterreich, die viele, allerdings schlecht erhaltene, Fischfossilien lieferten. Berühmte Fundstellen mit reicher Haifischfauna sind Gurlarn und Höch in Bayern und die Phosphoritsande von Plesching und Prambachkirchen in Oberösterreich.

Im Karpatium vor 17,2 bis 16,0 Millionen Jahren zog sich das Meer endgültig aus dem Alpenvorland zurück. Das westliche Ufer der zentralen Paratethys lag nördlich von Wien im östlichen Teil des heutigen Niederösterreich. Noch immer reichte aber ein Tiefseetrog weit in die Karpatenvortiefe. Das Leben im Karpatium wurde durch den Beginn einer markanten globalen Klimaerwärmung, dem „Miozänen Klimaoptimum", geprägt, Mangrovenwälder und gewaltige Austernriffe säumten die Küsten. Besonders eindrucksvoll erhalten sind die Lebensräume des Karpatiums im Korneuburger Becken nördlich von Wien, wo im Zuge eines langjährigen Forschungsprojekts 2008 das größte fossile Austernriff der Welt freigelegt wurde und seitdem Hauptattraktion im Erlebnispark „Fossilienwelt Weinviertel" bei Stetten in Niederösterreich ist. Über 650 Tiere und Pflanzen wurden aus den karpatischen Ablagerungen dokumentiert, darunter auch zahlreiche Haie und Rochen, die in dem seichten Ästuar des Korneuburger Beckens jagten.

Am Ende des Karpatiums setzte eine starke Gebirgsbildungsphase ein. Das Alpenvorland, aber auch weite Teile des Wiener Beckens und des Steirischen Beckens wurden gehoben. Ältere Sedimente kippten auf und erodierten zum Teil. Weite Teile des Wiener Beckens wurden landfest.

Vor etwa 15,5 Millionen Jahren drang das Meer im Badenium wieder aus dem Mittelmeerraum nach Zentraleuropa vor. Im östlichen Alpenvorland bildete sich eine Meeresbucht, die aus dem Wiener Becken bis zum Sporn der Böhmischen Masse bei Amstetten reichte. Bekannte Faunen dieser Phase stammen aus Grund in Niederösterreich. An der Grenze von Alpenvorland und Wiener Becken zum tiefen Meer der Karpatenvortiefe waren noch im späten Karpatium bis zu 600 Meter tiefe Canyons im Schelf entstanden. Im frühen Badenium wurden diese Tiefseecanyons nun Lebensraum für Leuchtfische, deren Gehörknöchelchen in Bohrungen des Mineralöl- und Gaskonzerns OMV gefunden wurden.

Vor 14,5 Millionen Jahren führte das Anschieben der Alpen zu einer weiteren Hebung im Alpenvorland und das Meer zog sich endgültig zurück. Weiter östlich begann nun das Wiener Becken aufzureißen und die tiefen Senken des Pannonischen Becken-Systems entstanden. Noch immer prägte das Miozäne Klimaoptimum das Leben in der Paratethys. Bunte Korallenriffe wuchsen in den südlichen Meeresbecken. Ein besonders eindrucksvolles Badenium-Riff ist derzeit noch bei Retznei in der Steiermark aufgeschlossen. Weiter nördlich wurden die Riffe etwas einfacher und gingen in flache Korallendickichte über. Eine Blütezeit erlebte auch die Molluskenfauna mit hunderten verschiedenen Schneckenarten. Artenvielfalt und Zusammensetzung der Paratethys entsprachen zu dieser Zeit in etwa jenen des heutigen Roten Meeres und Westafrikas.

Im späten Badenium läutete eine globale Klimakrise das Ende des tropischen Paradieses ein. Das Miozäne Klimaoptimum endete abrupt vor 13,8 Millionen Jahren und in der Antarktis wuchs ein mächtiger Eisschild. Viel Meerwasser wurde in Eis gebunden und der globale Meeresspiegel sank um etwa 50 Meter ab. Aufgrund der eingeschränkten Meereszirkulation breiteten sich am Meeresboden sauerstoffarme Bedingungen aus. Diesem lebensfeindlichen Milieu verdanken wir die Erhaltung von tausenden von Fischfossilien bei St. Margarethen im Burgenland, darunter die Fossilien von

Messerfischen, Froschfischen und Drachenkopffischen, die im Naturhistorischen Museum in Wien ausgestellt sind. Im späten Badenium zogen sich viele tropische Organismen nach Süden ins Mittelmeer zurück. Auch Korallenriffe verschwanden aus der Paratethys. Stattdessen bildeten die Skelette von Rotalgen mächtige Kalkablagerungen, die man heute noch entlang der Ringstraße in Wien auf Schritt und Tritt als Baugestein bewundern kann.

Vor 12,7 Millionen Jahren sank der globale Meeresspiegel neuerlich um wenige Zehnermeter. Gleichzeitig führten tektonische Hebungen zu einer völligen Trennung des Paratethys-Meeres vom Mittelmeer. Die Zirkulationsmuster brachen zusammen und der Wasserchemismus änderte sich dramatisch. Dieses Ereignis markiert die Grenze zwischen dem Badenium und dem Sarmatium und verursachte das größte „Aussterbe-Event" innerhalb des Paratethys-Meeres. Mehr als 95 % aller Meeresorganismen verschwanden. Zu den Opfern der Krise zählten neben Seeigeln und Korallen auch sämtliche Haie und Rochen. Die letzten Meerestiere verschwanden schließlich vor 11,6 Millionen Jahren, als das Sarmatmeer vom brackischen Pannon-See abgelöst wurde.

KÖRPERBAU, ZÄHNE UND SCHUPPEN

Haie und Rochen
Die Besonderheit der Knorpelfische

Haie (Selachii) und Rochen (Batomorphii) zählen mit den Seekatzen (Chimären) zu den Knorpelfischen. Die Bezeichnung gibt bereits wichtige Hinweise auf die Besonderheit dieser Gruppe, die keine normalen Knochen ausbildet, sondern ihr Skelett aus Knorpel aufbaut. Diese Leichtbauweise ist neben dem Fehlen einer Schwimmblase und dem permanenten Zahnwechsel eines der wichtigsten Unterscheidungsmerkmale zu den Knochenfischen. Obwohl Haie und Rochen ihr Skelett aus Knorpel aufbauen, verfügen sie über die Fähigkeit, gewisse Skelettelemente sekundär zu kalzifizieren, sie also zu verkalken. Findet die Kalzifizierung in den Wirbeln statt, wird sie als „areolar" bezeichnet. Im Zuge dieses Mineralisierungsprozesses entstehen typische konzentrische Ringe, anhand derer auch bei fossil erhaltenen Wirbeln das Alter abgelesen werden kann. Die Mineralisation der Oberfläche anderer Skelettbereiche, zum Beispiel der Kieferäste, wird als mosaikartige („tesserae") Kalzifizierung bezeichnet und bildet ein sehr interessantes, wahrscheinlich artspezifisches Muster. Es wird vermutet, dass die Anordnung und Form der einzelnen Mosaikbausteine einen wichtigen Beitrag zur Belastbarkeit der Kiefer leisten. Diese sekundäre Verknöcherung ist auch dafür verantwortlich, dass neben Zähnen in seltenen Fällen auch vereinzelt fossile Schädel- oder Wirbelreste gefunden werden können. Die Überlieferung ganzer Skelette ist hingegen an spezielle Umwelt- und Erhaltungsbedingungen gebunden, die in der Paratethys bisher nur von wenigen Orten bekannt sind und bis heute nur einen einzigen fossilen Knorpelfisch in Körpererhaltung preisgegeben hat. Eine Körpererhaltung, also eine Überlieferung bzw. Erhaltung eines knorpeligen Skelettes, ist ein seltener Glücksfall. Dieser besondere Fund von einem Rochen namens *Ostarriraja parva* wurde erst kürzlich wissenschaftlich beschrieben und befindet sich nun in der Sammlung des Naturhistorischen Museum Wien. Aufgrund der regionalen Bedeutung dieses Fundes trägt diese neu beschriebene Gattung auch den Bezug zu Österreich (Ostarrîchi) in ihrem Namen. Für die Wissenschaft besonders bedeutend sind jedoch produktivere Fundschichten wie jene der wesentlich älteren lagunären Plattenkalke von Solnhofen oder die anoxisch

Skelett eines Hundshais (Galeorhinus galeus).

Lichtmikroskopische Aufnahme eines 325 Millionen Jahre alten fossilen Knorpels aus Österreich.

– also unter sauerstoffarmen Bedingungen – gebildeten Schiefer von Holzmaden, welche beeindruckende Skelette diverser jurassischer Knorpelfische überlieferten.

Aufgrund der speziellen Voraussetzungen, die für die Skeletterhaltung eines Knorpelfisches nötig sind, und den zusätzlich einwirkenden diagenetischen Prozessen, wie Druck und Temperatur durch Kompaktion des Sedimentes, werden die Fossilfunde dieser Gruppe immer spärlicher, umso weiter man in der Zeit zurückreist. Eines der derzeit ältesten Körperfossilien (*Doliodus problematicus*) stammt aus dem Zeitalter des Devons vor etwa 410 Millionen Jahren und zählt zu den absoluten Highlights im Fossilbericht dieser Gruppe. Geht man in der Zeit noch etwas weiter zurück, findet man die ältesten Nachweise von Zähnen, die bereits etwa 418 Millionen Jahre alt sind. Die ersten Hautschuppen von Knorpelfischen sind noch älter, sie stammen aus 455 Millionen Jahre alten Gesteinen.

Dies führt zu der Frage, wie es möglich ist, dass erste Hautschuppen so lange vor den ersten Zähnen zu finden sind. Die mögliche Antwort führt zu interessanten, aber auch heiß diskutierten Theorien über diverse Entwicklungsszenarien, die bis heute noch nicht eindeutig geklärt werden konnten.

Eine dieser Theorien vermutet einen direkten Entwicklungsprozess von Hautschuppen, die von der Körperoberfläche sukzessive in die Innenseite des Mauls vordrangen und sich dort zu funktionsmorphologisch perfekt angepassten Zähnen entwickelten. Vereinfacht wird diese Theorie kurz als „outside in" bezeichnet und erscheint momentan – durch die beinahe 40 Millionen Jahre älteren Belege erster Schuppen – als plausibelste Erklärung.

Zähne und Schuppen
Worin liegt der Unterschied?

Zähne und Hautschuppen von Knorpelfischen sind sich nicht nur in ihrer äußeren Form ähnlich, das betrifft auch ihr Inneres. Die Wurzel der Zähne und Schuppen besteht – wie bei uns Menschen – aus Dentin, also einem Zahnbein, dient vorrangig der Befestigung im Gewebe und schützt zudem die intern verlaufenden Versorgungskanäle. Auf der Wurzel sitzt, auch vergleichbar mit menschlichen Zähnen, eine stabile Krone.

Haihaut als Schleifpapier
Kleine Schuppen, große Wirkung: Forscher vermuten, dass Haihaut bereits in der Bronzezeit als Schleifpapier Verwendung fand. Durch die besondere Form und Härte der Haischuppen erkannten schon Völker der Frühzeit ihr Potenzial und verwendeten fortan die Haut als Schleifpapier, bis sie von künstlichen, industriell gefertigten Produkten abgelöst wurde.

Was unsere Zähne und natürlich jene anderer Säugetiere von Hai- und Rochenzähnen und deren Hautschuppen unterscheidet, ist die Zusammensetzung des Zahnschmelzes. Der Begriff „Bioapatit" ist mittlerweile ein gängiger Begriff, wenn es um Werbung für Zahncremes geht, jedoch verbirgt sich hinter diesem Begriff noch viel Unbekanntes. Hydroxylapatit (Bioapatit) bildet das mineralisierte Grundgerüst des menschlichen Zahnschmelzes. Bei Knorpelfischen besteht dieses Grundgerüst jedoch aus Fluorapatit. Obwohl Knorpelfisch-Schmelz einen Anteil von 3 Prozent des Elements Fluor aufweist, ist er – und das mag überraschen – nicht härter als menschlicher Zahnschmelz.

Wirft man noch einen genaueren Blick auf den Aufbau des Knorpelfisch-Schmelzes, so entdeckt man eine Fülle an interessanten Mustern. Diese entstehen durch unterschiedliche Anordnungen dieses mineralisierten Grundgerüstes. Mögliche Zusammenhänge, die für die Bildung dieser Strukturen verantwortlich sind, rückten über die letzten Jahre immer stärker in den Fokus wissenschaftlicher Studien. Bis heute gibt es jedoch noch keine gesicherten Ergebnisse, sondern nur Hypothesen.

Die große Vielfalt an unterschiedlichen Strukturen des Zahnschmelzes wird erst bei einer Reise durch die Zeit verständlich. Beginnen wir im Devon vor etwa 418 Millionen Jahren. Die derzeit ältesten Zähne, welche eindeutig einem urtümlichen Vertreter der Knorpelfische zugeordnet werden können, stammen aus Spanien. Die Zähne von *Leonodus carlsi* zählen zu den ursprünglichsten Formen der Zahnentwicklung. Eine detaillierte Untersuchung ergab, dass diese Zähne lediglich von einer einfach gebauten Schmelzlage aus Einzelkristallit umhüllt werden. Somit lässt sich vermuten, dass ein einfacher Schmelzaufbau den ursprünglichen Zustand darstellt und sich erst durch die Zeit weiter differenzierte. Tatsächlich existierten im mittleren Devon, vor etwa 383 Millionen Jahren, aber auch Zähne, die keine schützende Schmelzhülle aufweisen. Warum manche Zähne primitiver Knorpelfische diese Hülle zurück- oder erst gar nicht ausgebildet haben, gibt der Wissenschaft weiterhin Rätsel auf.

Setzen wir unsere Reise in der Entwicklungsgeschichte fort, so gelangen wir ins Erdmittelalter, wo es bereits eine Fülle an verschiedensten Formen und Kompositionen von Schmelzmikrostrukturen gab. Zu der äußeren Hülle aus Einzelkristallit sind unter anderem ein

Rasterelektronenmikroskopische Aufnahme von Zahnschmelz.
Oben: Einzelkristallit.
Unten: Komplexer Aufbau von wirrfasrigen und parallelen Schmelzkristallen.

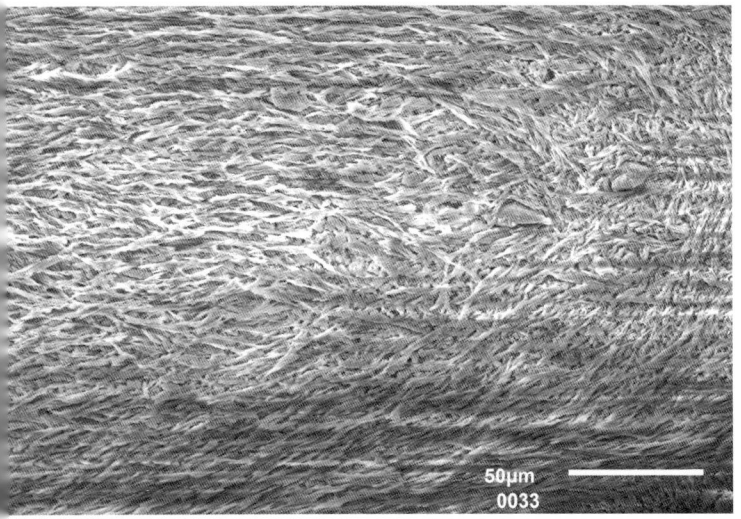

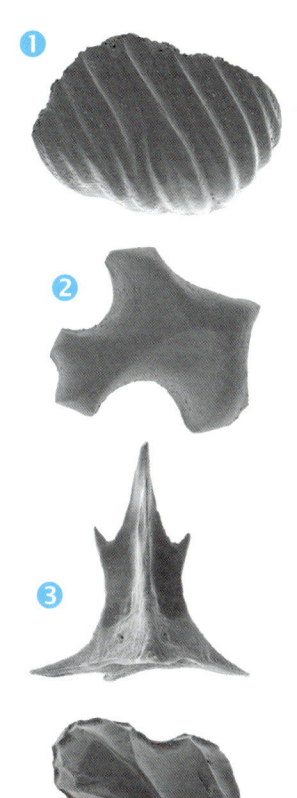

Funktionstypen der Hautschuppen

Anders als bei Zähnen können Hautschuppen nicht nur gebildet werden, wenn zuvor eine andere Schuppe abgeworfen wird, sondern auch, wenn das Tier wächst. Die so entstandenen Lücken werden sogleich von neuen Schuppen geschlossen. Die Form von Schuppen ist extrem divers und je nach Körperstelle optimal an bestimmte Erfordernisse angepasst. Im Wesentlichen werden hier vier gängige Funktionskategorien unterschieden:

Drag reduction
Dieser Schuppentyp ist durch seine Optimierung gegen den Strömungswiderstand von besonders hoher Bedeutung für pelagische Arten. ❶

Abrasion strength
Schuppen mit geringer Ornamentierung und deutlichen Abriebspuren werden als Schutz von Hartsubstraten in bevorzugt bodenlebenden Arten ausgebildet. ❷

Defence
Schuppen dieses Typs sind häufig spitz und entwickeln eine breite Basis (Wurzel), wodurch ein bestmöglicher Schutz gegen Ektoparasiten gewährleistet wird. ❸

General function
Zu dieser Gruppe zählen leicht ornamentierte Formen, die eine oder mehrere Aufgaben erfüllen können. ❹

parallel-lagiger und wirr-faseriger Schmelz hinzugekommen. Auch verschiedene Zahnpositionen innerhalb eines Kiefers können unterschiedliche Schmelzmuster ausbilden. Dies ist etwa bei Zähnen der Stierkopfhaie der Fall, eine Gruppe mit stark unterschiedlichen Zahntypen innerhalb des Gebisses – man spricht von einer gradient monognathen Heterodontie –, welche sich auf das Knacken von hartschaliger Beute spezialisierten. Vordere Zähne dieser Gruppe bestehen aus bis zu vier verschiedenen Schmelzkomponenten, während seitliche Zähne, die für das Zermahlen der Beute zuständig sind, lediglich aus zwei Lagen bestehen. Die Anpassungsfähigkeiten der Schmelzmikrostrukturen scheinen dadurch direkt mit der Ernährungsweise in Verbindung gebracht werden zu können. Jedoch gibt es immer wieder Ausnahmen, die gegen diese auf den ersten Blick schlüssig erscheinende Interpretation sprechen. Ein direkter Vergleich mit Zähnen durophager Rochen – sie zeichnen sich durch eine auf hartschalige Weichtiere spezialisierte Ernährungsweise aus – zeigt nämlich, dass ihre Zähne trotz hartschaliger Nahrung lediglich einen einfach aufgebauten Schmelz besitzen.

Ein weiterer interessanter Aspekt steckt hinter der Entwicklung parallel angeordneter Kristallitbündel. Diese Lage hat sich meist zwischen der äußeren einfach gebauten und der inneren wirr-fasrigen Lage in Zähnen moderner Haiarten entwickelt. Die Kristallitbündel verlaufen hierbei parallel zur Oberfläche des Zahnes. Mögliche positive Eigenschaften dieser Anordnung veranlassten bereits in den 1970er-Jahren den deutschen

> **Bionik – die Raffinessen der Natur**
> Inspiriert durch die Natur, nützen Materialforscher die perfekt angepasste Schuppenform von pelagischen Haiarten für die Optimierung des Strömungswiderstandes in Schwimmanzügen von Spitzensportlern. Dazu werden die für die Herstellung der Anzüge verwendeten Textilien mit synthetischen Haischuppen übersät, wodurch eine effektiv messbare Leistungssteigerung erreicht wird.

Paläontologen Wolf-Ernst Reif dazu, eine einflussreiche These zu formulieren. Er vermutete, dass diese speziell angeordneten Bündel die starken Drücke eines Bisses von den Zähnen in den Kiefer ableiten können und Haizähne daher besonders belastungsfähig seien.

Diese interessante Hypothese (wie auch die Anwendbarkeit dieser Schmelzmuster für die Differenzierung einzelner Taxa) hielt sich weit bis in das letzte Jahrzehnt. Doch kürzlich traten auch immer mehr Hautschuppen in den Fokus wissenschaftlicher Studien, die ebenfalls eine signifikante Diversität an verschiedenen Mikrostrukturen aufweisen. Durch die Ausbildung einfacher Kristallitbündel in Schuppen kann ein möglicher Zusammenhang zwischen druckableitenden Eigenschaften und der Ernährungsweise ausgeschlossen werden, da Hautschuppen keinerlei Drücken ausgesetzt sind.

Tatsächlich teilen sich Knorpelfische nicht nur Gemeinsamkeiten im Aufbau der Hautschuppen und Zähne, sondern auch einen permanenten Zahnwechsel. Um diesen zu ermöglichen, müssen stets neue Zähne gebildet werden, welche relativ locker im Gewebe sitzen. In Knorpelfischen werden diese wie auf einem Förderband in funktionale Stellung gebracht. Es wird vermutet, dass sich die Rate des Zahnwechsels im Laufe der Erdgeschichte merklich beschleunigte. So wird berechnet, dass urtümliche Vertreter wie *Leonodus carlsi* aus dem Devon eine um das Zehnfache langsamere Zahnwechselrate aufwiesen als moderne Haie. Dies wirkt sich auch indirekt auf die Häufigkeit der Zähne im Fossilbericht aus.

Zeig mir deine Zähne ...
... und ich weiß, wie du dich ernährst

Haie und Rochen besitzen neben ihren unterschiedlichen, perfekt an ihren jeweiligen Lebensraum angepassten Körperformen eine Vielzahl an Zahn- und Gebissformen. Diese zum Teil sehr unterschiedlichen Formen sind eine evolutionäre Anpassung an die bevorzugten Nahrungsquellen. Dabei werden nachfolgende sieben Gebisstypen entsprechend ihrer Hauptfunktion unterschieden.

Pack-Gebiss (clutching-type)

Das Pack-Gebiss ist ein Gebisstyp, der auf das Packen und Festhalten von meist kleinerer Beute spezialisiert ist. Bei diesem Gebiss sind in der Regel mehrere Reihen von Zähnen, sowohl im Ober- als auch im Unterkiefer, gleichzeitig in Funktion und die Einzelzähne haben oftmals kleine Nebenspitzen. Die Zähne beider Kieferhälften sehen ähnlich aus und sind schwer oder nicht unterscheidbar. Dieser Gebisstyp ist vor allem bei kleineren, in bodennah lebenden Arten weit verbreitet – wie zum Beispiel bei Katzenhaien (Familie Scyliorhinidae), Kragenhaien (Familie Chlamydoselachidae) oder vielen Ammenhaien.

Fanggebiss (tearing-type)

Das Fanggebiss ist ein „todsicheres" Werkzeug, um glatte oder schnell schwimmende Beute (meist Fische) fest und sicher zu packen. Dieser Gebisstyp ist durch hohe, schlanke und besonders spitze Zahnkronen gekennzeichnet, welche sich deutlich nach innen krümmen.

Die Zähne werden oft noch seitlich von kleinen Nebenspitzen flankiert. Im vorderen Bereich des Kiefers sind immer mehrere Reihen gleichzeitig in Gebrauch. Der typischste Vertreter, der diesen Typ perfektioniert hat, ist der Koboldhai (Gattung *Mitsukurina*), aber auch alle Sandtigerhaie (Gattungen *Carcharias, Odontaspis*) oder Makohaie (Gattung *Isurus*) besitzen diese Gebissform.

Schneidegebiss (cutting-type)

Das Schneidegebiss kann in zwei unterschiedlichen Formen vorkommen. Beiden gemein sind die labiolingual (also seitlich) abgeflachten Zähne. Die beiden Formen unterscheiden sich im Wesentlichen dadurch, dass sich entweder die Zähne beider Kieferhälften sehr ähnlich sehen oder sogar gleich sind (Homodontie), oder, dass sich die Ober- und Unterkieferzähne deutlich unterscheiden (Heterodontie).

Die erstgenannte Form ist durch spitze, meist dreieckige und breite, sehr kräftige Zahnkronen gekennzeichnet. Um den Schneideeffekt zu verstärken, sind die Schneidekanten vielfach noch sägeartig gezähnelt. Haie mit diesem Gebisstyp packen die oft im Verhältnis zur eigenen Körpergröße großen Beutetiere und „schneiden" durch heftig schüttelnde, seitliche Kopfbewegungen große Stücke aus ihren Opfern heraus. Auffallend sind die großen Formunterschiede bei Zähnen dieses Gebisstyps. Sie reichen von einfachen, typisch dreieckig geformten Zähnen (z. B. beim Weißen Hai, *Carcharodon carcharias*, oder bei zahlreichen Riffhaien der Gattung *Carcharhinus*) über kräftige, stark zum Mundwinkel hin geneigte Zähne (Tigerhai *Galeocerdo cuvier*, Gattung *Squalus*) bis hin zu den typischen „Sägezähnen", bei denen sich mehrere Spitzen sägeartig auf einer Wurzel befinden (z. B. Sechs- bzw. Siebenkiemerhaie der Gattung *Hexanchus, Notorynchus* oder *Heptranchias*). Wissenschaftler der University of Washington haben diese Unterschiede zum Anlass genommen, um herauszufinden, welche Gründe es für derart unterschiedliche Zahnformen geben könnte. Aufgrund des typischen Fressverhaltens der Haie war schnell klar, dass diese Bewegung des Kopfes und damit der Zähne bei der Bewertung der Säge- bzw. Schneideleistung von entscheidender Bedeutung sein muss. Die Untersuchungen haben ergeben, dass sich die Schneidewirkung der unterschiedlichen Zahntypen deutlich unterscheidet, aber auch, dass sich bestimmte Zahntypen schneller abnützen als andere. Diese Unterschiede können durch das unterschiedliche Nahrungsspektrum

Oben: Unterkiefer eines Katzenhais (Scyliorhinus retifer).
Unten: Typisches Fanggebiss eines Sandtigerhais (Carcharias taurus).

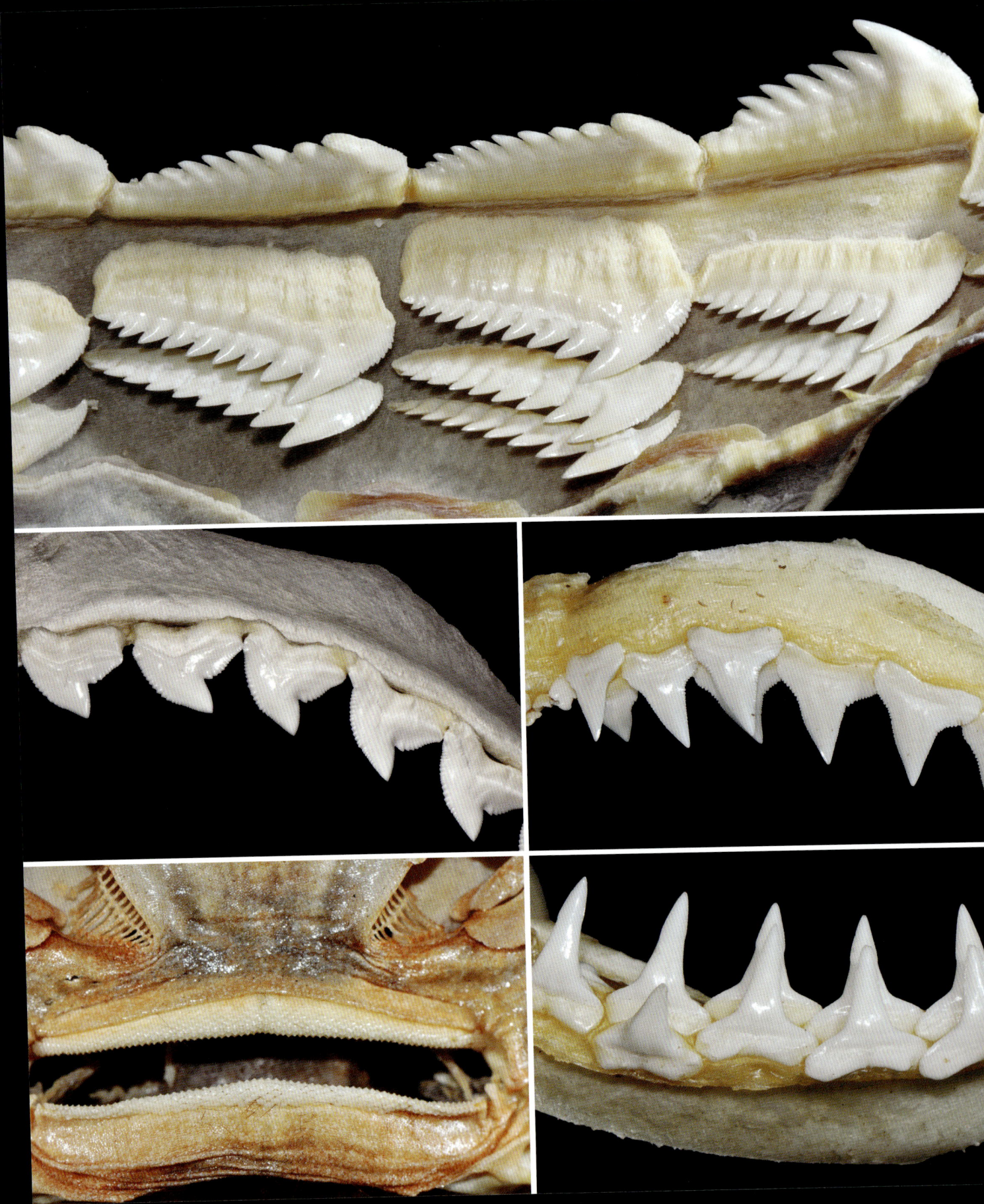

und Fressverhalten der Haie erklärt werden. Sechs- bzw. Siebenkiemerhaie, die langlebige Zähne (mit dafür geringer Schneidewirkung) besitzen, verschlucken ihre Beute oft als Ganzes. Tigerhaie, die viele verschiedene Beutetiere wie Meeresschildkröten, Dugongs und Seevögel fressen, beißen ihre Beute normalerweise vor dem Fressen in Stücke und benötigen deshalb stets messerscharfe Zähne.

Die zweite zu dieser Gruppe zählende Form kann man auch als Pack-Schneidegebiss (cutting-clutching type) bezeichnen. Charakteristisch für diesen Gebisstyp sind die deutlich unterschiedlichen Zähne im Ober- und Unterkiefer. Dabei übernimmt eine Kieferhälfte die Funktion des Packens und Festhaltens, die andere Kieferhälfte die des Schneidens. Auch hier werden nach dem Zubeißen durch heftiges Kopfschütteln oder durch drehende Körperbewegungen Stücke aus der Beute herausgeschnitten. Dieser Gebisstyp kommt bei vielen Riffhaien (Familie Carcharhinidae), aber auch bei den Grauhaien (Familie Hexanchidae) und vielen Dornhaien (z. B. Familie Dalatiidae, Somniosidae, Centrophoridae) vor. Die Schneidefunktion wird dabei sowohl im Oberkiefer (Riffhaie) als auch im Unterkiefer (Grauhaie, Dornhaie) realisiert.

Knack- oder Quetschgebiss (crushing type)

Im Knack- oder Quetschgebiss vieler Rochen und einiger bodenbewohnender Haie (z. B. Familie Triakidae, Gattung *Mustelus* und *Scylliogaleus*) sind die Zähne breit, niedrig und die Zahnspitzen fast ganz abgeflacht oder auch sehr stark reduziert. Mehrere eng beieinanderliegende und in Funktion befindliche Reihen bilden so ein zusammenhängendes „Pflaster". Die Oberflächen der Zähne können dabei stark variieren. Neben völlig glatten Zähnen (z. B. Familie Rajidae) kommen auch stark ornamentierte Zähne (z. B. Familie Dasyatidae) vor. Auch tritt bei einer Reihe von Rochengattungen ein sogenannter Sexualdimorphismus auf: Zähne männlicher Tiere unterscheiden sich hierbei deutlich vom Gebiss weiblicher Tiere. Sie bilden – im Gegensatz zu den Pflasterzähnen der Weibchen – deutliche Zahnspitzen aus, man kann in diesem Fall auch vom bereits beschriebenen Pack-Gebiss sprechen. Haie und Rochen mit einem Knack- oder Quetschgebiss ernähren sich überwiegend von bodenbewohnenden Wirbellosen wie etwa Krebstieren (Crustacea), Ringelwürmern (Polychaeta), Muscheln (Bivalvia), Kopffüßern (Cephalopoda), aber auch von kleinen Fischen.

Mahlgebiss (grinding type)

Das Mahlgebiss ist eine Gebissform, die heute bei drei Familien mit rund 30 Arten von Adler- bzw. Kuhnasen-Rochen vorkommt (Familie Myliobatidae mit den Gattungen *Aetomylaeus* und *Myliobatis*; Familie Aetobatidae mit der Gattung *Aetobatus*; Familie Rhinopteridae mit der Gattung *Rhinoptera*). Das Gebiss ist gekennzeichnet durch eine im Ober- und Unterkiefer durchgehende und flache Kauplatte, die aus einzelnen stabartigen Segmenten besteht. Die Nahrung dieser Rochen besteht im Wesentlichen aus hartschaligen Schnecken, Muscheln und Krebstieren.

Weitere besondere Gebissformen

Neben den bisher beschriebenen Gebissformen, die auch alle durch die später im systematischen Teil beschriebenen fossilen Arten belegbar sind, kommen noch zwei weitere Besonderheiten vor. Die Gruppe der Stierkopfhaie (Familie Heterodontidae) verfügt über eine Kombination aus Mahl- und Packgebiss, die in der Form nur bei diesen Haien vorkommt. Dabei bilden die hinteren Zähne im Gebiss eine durchgehende Kaufläche, die vorderen Zähne sind dagegen mehrspitzig und eignen sich zum Packen und Festhalten der Beute.

Verschiedene Gebisse rezenter Haie und Rochen.
Oben: Stumpfnasen-Sechskiemerhai (Hexanchus griseus).
Mitte: Oberkiefer von Tigerhai (Galeocerdo cuvier)
und Grauem Riffhai (Carcharhinus amblyrhynchos).
Unten: Unterkiefer von Geigenrochen (Rhinobatos lentiginosus)
und Grauem Riffhai (Carcharhinus amblyrhynchos).

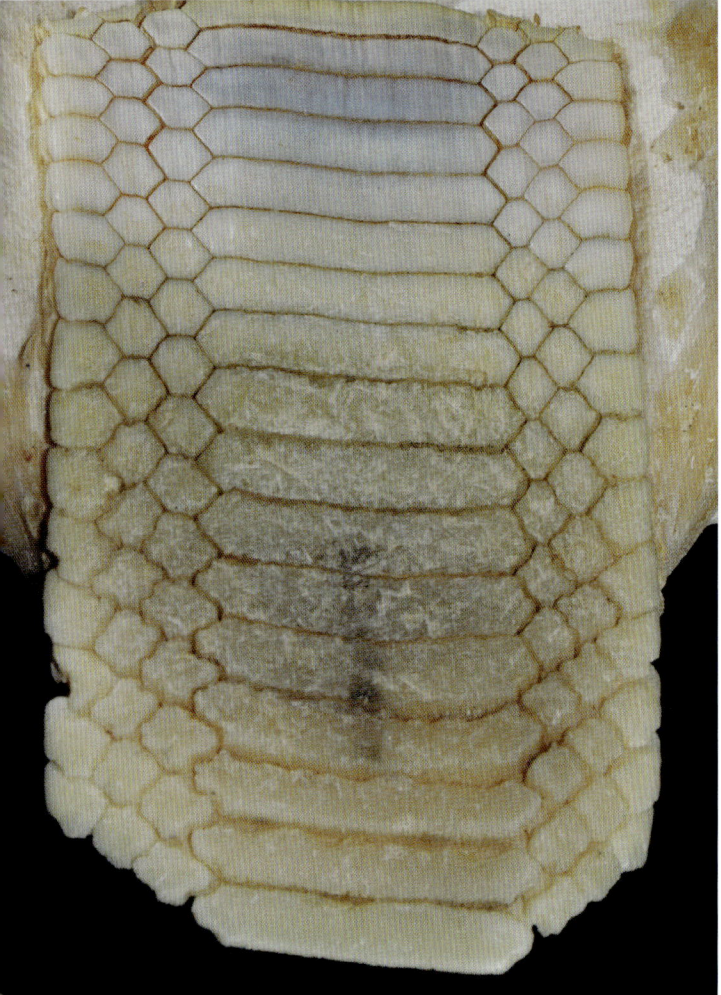

Verschiedene Gebisse rezenter Rochen.
Oben: Rhinoptera bonasus.
Unten: Myliobatis freminvillei.

Von dem Vorhandensein solch grundsätzlich unterschiedlicher Zahntypen (Heterodontie) wurde übrigens der Gattungsname dieser Haie abgeleitet.

Eine zweite Besonderheit unter den Haien und Rochen stellen die Filtrierer dar. Dabei handelt es sich um Arten, die sich auf das im Meer schwimmende Plankton spezialisiert haben und ähnlich den Bartenwalen große Mengen von Wasser filtrieren, um sich von den darin lebenden Kleinlebewesen zu ernähren. Bei den Haien sind dies neben dem Riesenhai (*Cetorhinus maximus*), der regelmäßig im Sommer zur Algenblüte vor England beobachtet werden kann, noch der Walhai (*Rhincodon typus*) und der Riesenmaulhai (*Megachasma pelagios*). Walhaie sind die größten heute lebenden Haie und mit einer Länge von mehr als 13 Metern die größten Fische überhaupt. Riesenmaulhaie, die bis zu 5,5 Meter lang werden können, wurden trotz ihrer beachtlichen Größe erst im Jahr 1976 entdeckt und wissenschaftlich beschrieben. Bei den Teufelsrochen, zu denen auch die Riff- und Riesenmantas (*Mobula alfredi, Mobula birostris*) gehören und die eine Spannweite von wahrscheinlich über 9 Meter erreichen können, hat diese Nahrungsspezialisierung sogar dazu geführt, dass die Oberkiefer zahnlos sind. Die Unterkieferbezahnung besteht aus bis zu 250 Reihen kleiner spitzer Zähne, die zu einem Band angeordnet sind. Haie wie z. B. die Riesenhaie (*Cetorhinus*) verfügen je Kieferhälfte über mehrere hundert sehr kleine und verkümmerte Zähne, die in mehreren Funktionsreihen in Form eines Zahnbandes angeordnet sind. Diese Zähne haben für die Nahrungsaufnahme keine Funktion mehr. Um ihre Nahrung aus dem Wasser zu filtern, haben sie ein eng stehendes Gitterwerk aus langen, dünnen Reusenstäben entwickelt. Diese aus den Hautzähnchen der Mundschleimhaut hervorgegangen Reusenstäbe können auch fossil gefunden werden.

Körperformen mit Sinn
Stromlinienförmig wie ein Torpedo oder flach wie eine Flunder

Schon seit mehr als 160 Millionen Jahren bewohnen die modernen Haie die Meere. Sie haben sich in dieser Zeit hervorragend an ihre Umwelt angepasst und alle nur denkbaren ökologischen Nischen der Weltmeere besetzt. Sie leben im flachen Wasser lichtdurchfluteter Küstenbereiche ebenso wie in der Weite des offenen Meeres; sie sind in den warmen Gewässern der tropischen Korallenriffe ebenso beheimatet wie im kalten Wasser der Polarregionen und in den dunkelsten Bereichen der Tiefsee. Meist gibt die Körperform des Hais schon einen Hinweis auf seinen bevorzugten Lebensraum. Ausdauernde und schnelle Schwimmer offener Ozeane sind stromlinienförmig gebaut und besitzen eine kräftige Schwanzflosse, die für einen dynamischen Antrieb sorgt. Dagegen ist für die bodenbewohnenden Haie und Rochen meist ein abgeplatteter, extrem flacher Körper mit flügelförmig vergrößerten Flossen charakteristisch. Der Räuber möchte in diesem Milieu unsichtbar bleiben und möglichst mit dem Untergrund verschmelzen, um dann blitzschnell zuschlagen zu können. Tiefseeformen haben meist eine dunkelbraune bis schwarze Hautfärbung. Ihre übergroßen, smaragdgrünen Augen befähigen sie, die letzten spärlichen Lichtreste einzufangen. Einige Exemplare sind auch mit Leuchtorganen ausgestattet. Damit lassen sich in der ewigen Dunkelheit der Tiefe Beutetiere anlocken und überwältigen. Im Flachwasserbereich tragen die Haie oft eine kräftige Färbung, die mit auffallender Musterung kombiniert sein kann.

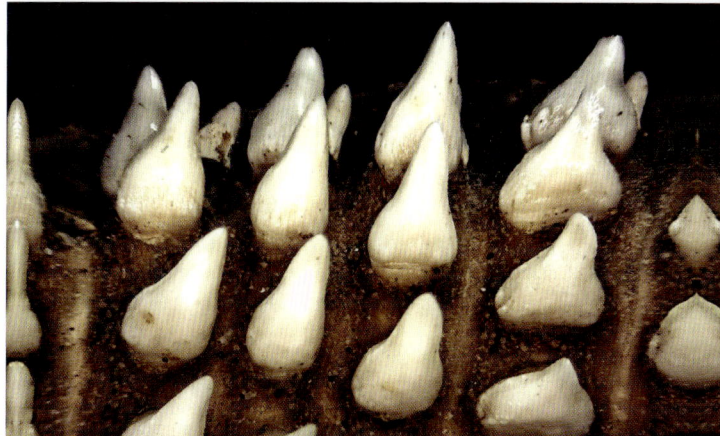

Verschieden Gebisse rezenter Haie.
Oben: Heterodontus mexicanus.
Mitte: Cetorhinus maximus
Unten: Rhincodon typus.
Links: Kopf eines Kleinen Schwarzen Dornhais (Etmopterus spinax).

WER SUCHET, DER FINDET!

Die Geologische (Schatz-)Karte

Fasziniert von der Vielfalt verschiedener Haizähne, finden Sie sich gedankenversunken in einem Museum wieder und träumen von eigenen Haizahnfunden. Sie können aufwachen – vom Traum zur Wirklichkeit ist es kein allzu weiter Weg, es erfordert nur einiges an Vorbereitung, und schon können Sie sich auf eigene Faust auf Haizahnsuche begeben!

Zuerst sollten Sie sich überlegen, welche Hai- oder Rochenzähne, oder, genauer gesagt, aus welcher Zeit die Objekte der Begierde stammen sollen. Sie werden im Laufe dieses Kapitels erfahren, dass diese Überlegung nicht irrelevant ist. Aber alles der Reihe nach.

Sie haben bestimmt schon von Geologischen Karten gehört. Ja genau, Sie erinnern sich richtig – das sind diese bunten Karten, welche den Eindruck vermitteln, Geologen hätten sehr viel Spaß daran, ihre Ergebnisse der Geländearbeit farblich darzustellen. Tatsächlich handelt es sich hierbei um ein ausgeklügeltes und leicht verständliches System, da jede Farbe einer bestimmten Zeit oder einem bestimmten Gesteins- oder Sedimenttyp der verschiedenen Erdzeitalter entspricht. Die Bedeutung der jeweiligen Farben und Signaturen werden stets am Rand der Karte vermerkt und sind somit international verständlich. Kurz gesagt: Wenn Sie mit Ihrer Familie einen Sommerurlaub im wunderschönen Raurisertal planen, um dort nicht nur Berge zu erklimmen, sondern auch nach Fossilien zu suchen,

Geologische Übersichtskarte von Österreich und angrenzenden Gebieten.

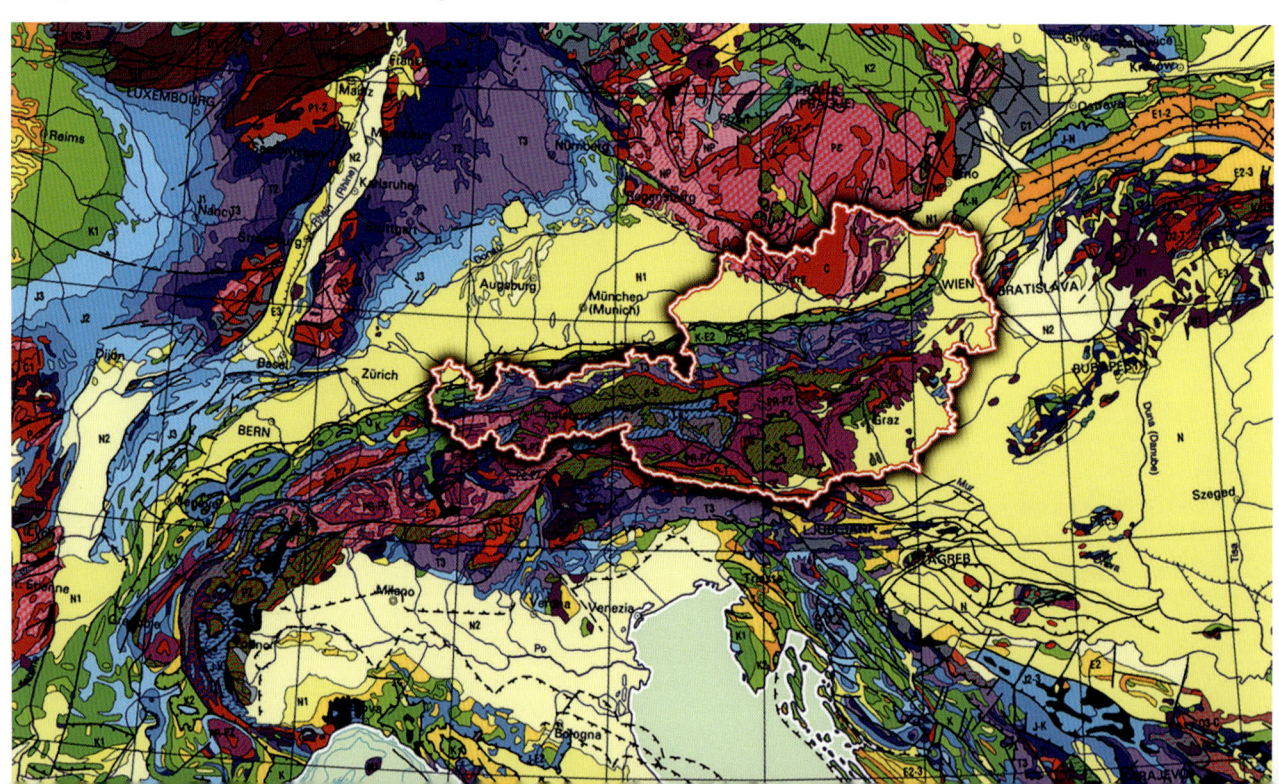

müssen wir Sie leider enttäuschen. Denn die Geologische Karte verrät, dass Sie sich in den Tauern im Kristallin befinden. Wir lassen nun unsere Blicke über die Geologische Karte schweifen, in unserem Beispiel jene von Österreich, und halten nach eher gelblichen Farben Ausschau. Gelbtöne entsprechen auf österreichischen Karten nämlich Sedimenten oder Ablagerungen aus der Paratethys. Auffällig ist hierbei ein breiter gelber Streifen, der sich über weite Teile der Schweiz und Süddeutschlands über Salzburg in Richtung Linz und mit einer starken Verengung bis weit über Wien ins nördliche Niederösterreich zieht. Dieser Streifen wird unter Geologen als Molassebecken bezeichnet, dessen Entstehung wir bereits besprochen haben.

Wasserstoffperoxid als Zahn-Zaubermittel

Nach der eingehenden Studie bunt gefärbter geologischer Karten finden Sie sich nun im Gelände wieder – und plötzlich sieht alles anders aus, als Sie sich das vorgestellt haben. Nützt man das schöne Wetter im Sommer, so ist meistens eine üppige Vegetation der Störfaktor Nummer eins. Wagt man sich als enthusiastischer Allwetter-Paläontologe oder Sammler auch zu kälteren Jahreszeiten ins Gelände, kehrt man meist voller Dreck zurück. Die Fundchancen sind jedoch wetterunabhängig, obwohl es manchmal sogar vorteilhaft sein kann, wenn ein starker Regenschauer die Oberfläche von etwaigem Schmutz befreit. Letzteres würde eher „gemütliche Sammler" bevorteilen, welche mittels außerordentlichen Sehvermögens ihre Blicke über den Boden schweifen lassen und die Oberfläche wortwörtlich abrastern. Gebückt wird sich selbstverständlich nur dann, wenn das Objekt der Begierde entweder durch seine Größe besticht, oder wenigstens vielversprechend glänzt.

Nimmt man sich jedoch vor, sowohl nach großen als auch nach kleinen Zähnen zu suchen, so ist dies mit beachtlichem Körpereinsatz verbunden. Wurde eine bestimmte Stelle für eine Probennahme auserkoren, so empfiehlt es sich, entweder vor Ort mit einem geeigneten Sieb die erste grobe Kornfraktion zu sieben oder direkt einige Kilogramm in einem Probensack einzupacken.

Im Labor oder im Waschraum zu Hause folgt eine erste Begutachtung der Sedimentbeschaffenheit. Sehr sandiges Material kann normalerweise ohne größere Hilfsmittel durch die gewünschten Siebgrößen gewaschen werden. Sollte das Material jedoch sehr tonig oder reich an organischen Resten sein, empfiehlt es sich auf bewährte Chemie zurückzugreifen. Wasserstoffperoxid wäre hier das Zauberwort, das Ihnen wahrscheinlich als Bleichmittel ein Begriff ist. Die kurze chemische Formel H_2O_2 enthält sowohl Wasserstoff als auch Sauerstoff, welches mittels organischer Bestandteile zu H_2O, also Wasser, und Sauerstoff umgewandelt wird. Bevor man sich jedoch für diese Methode entscheidet, sind wichtige Vorkehrungsmaßnahmen für die persönliche Sicherheit zu treffen. Wasserstoffperoxid ist freilich nicht so gefährlich, um gegen das Vermummungsverbot verstoßen zu müssen – jedoch sind Handschuhe, Laborkittel und ein Augenschutz Pflicht. Sofern keine gut durchlüfteten Räumlichkeiten zur Verfügung stehen, sollte dieses Vorhaben unbedingt im Vorgarten oder auf der Terrasse durchgeführt werden.

Um eine möglichst effiziente Reaktion zwischen der Chemikalie und dem zu lösenden Sediment zu erreichen, empfiehlt es sich, das Sediment zuvor zu trocknen. Das im wahrsten Sinne des Wortes staubtrockene Sediment wird nun in eine kleine Plastikwanne gefüllt und vorsichtig mit einer 3%igen Lösung übergossen. Nun wird sich gleich zeigen, ob Wasserstoffperoxid tatsächlich das Mittel der Wahl für die vorhandene Probe ist: Bilden sich vereinzelt kleine Bläschen, ist dies ein vielversprechendes Zeichen. Bitte rühren Sie die Probe mit einem alten Kochlöffel um und treten Sie zurück, in Kürze könnte es heiß werden.

Bei einer sehr starken Reaktion führt die Reaktionswärme zu einem regelrechten Aufkochen der Sedimentbrühe. Extreme Rauchentwicklung erinnert stark an eine Hexenküche, weshalb wir gleich nochmals empfehlen möchten, dies nicht in wohnlich dekorierten und geschlossenen Räumlichkeiten durchzuführen. In seltenen Fällen kann es zudem zu einem Überkochen oder gar einer kleinen Schlammexplosion kommen.

Ist die Reaktion abgelaufen, ist es empfehlenswert, den Rückstand vor einem ersten Auswaschen zu begutachten. Befinden sich noch kleine Bröckchen im sonst sehr gut gelösten Schlamm, ist eine Wiederholung der zuvor beschriebenen Prozedur nötig.

Der schlammige Rückstand kann nun durch geeignete Siebe gewaschen werden. Je nachdem, welche Hai- oder Rochenarten man finden möchte, sind verschiedene Siebgrößen empfehlenswert. Die Standardgrößen der Siebe umfassen 1 mm, 0,5 mm und 0,35 mm – sie sind nur im Fachhandel erhältlich. Ist man auch an Haischuppen interessiert, würde man noch eine Siebgröße von 0,25 mm anfügen.

Das Sieb mit der größten Maschenweite befindet sich an oberster Stelle, darunter folgen in absteigender Größe die feineren Siebe. Beginnen Sie mit einer kleinen Menge, füllen Sie diese vorsichtig in das oberste Sieb und durchspülen sie diese mit lauwarmem Wasser. Sobald lediglich klares Wasser in das darunter liegende Sieb gewaschen wird, ist die erste Probe fertig und wäscht nun das darunter liegende Sieb. Die Rückstände der Siebe werden anschließend in kleine Behälter gefüllt und getrocknet.

Sind die Proben trocken, beginnt das eigentliche Abenteuer – das Auslesen der Probe. Erst hier wird sich zeigen, ob die gewählte Stelle zur Probennahme ein Glückstreffer war oder nicht. Die Proben werden mithilfe einer Ausleseschale – ihr Boden ist schwarz lackiert und zur Orientierung mit einem aufgemalten Raster ausgestattet –, einem Einhaarpinsel und einem Mikroskop ausgepickt. Dazu wird eine kleine Menge in die Schale gestreut und mithilfe des vorgegebenen Rasters

abgesucht. Sind Zähne enthalten, werden sie mit dem angefeuchteten Einhaarpinsel in eine Frankezelle oder, je nach Größe des Zahnes, auf ein Klebepad für die Rasterelektronenmikroskopie transferiert. Für die Aufbewahrung kleiner Zähne gibt es neben Frankezellen auch die Möglichkeit, medizinische Leerkapseln als Behältnis zu verwenden. Bei dieser Aufbewahrungsmethode ist jedoch darauf zu achten, dass die Lagerräumlichkeit nicht allzu hoher Luftfeuchtigkeit ausgesetzt ist, da sich sonst die aus Gelatine bestehenden Kapseln zu lösen beginnen.

Sediment ist nicht gleich Sediment
Die Präparation mit Rewoquat

Nicht alle Sedimente besitzen die gleichen mineralogischen oder chemischen Bestandteile. Dies hat eine unterschiedliche Anwendung der Hilfsmittel zur Folge, die für eine erfolgreiche Präparation vonnöten sind.

Für feine Sedimente wie Ton und Mergel empfehlen wir das Tensid Rewoquat®. Dieses gelblich, dickflüssige bis gelartige Tensid ist jedoch durch die etwas höhere Preisklasse in der Anschaffung eher für eine direkte Präparation von Fossilien als für eine großangelegte Probenaufbereitung zu empfehlen. Ähnlich wie handelsübliche Tenside, die wir als Waschmittel im Alltag verwenden, jedoch in viel höherer Konzentration setzt Rewoquat® die Grenzflächenspannung von Feststoffen herab und ermöglicht dadurch den gewünschten Lösungsprozess. Vorab möchten wir auch bei dieser Chemikalie auf die besondere Handhabung und den persönlichen Schutz während der Anwendung hinweisen. Im Allgemeinen wird empfohlen, das zum Gebinde mitgelieferte Datenblatt aufmerksam zu lesen, da es sich bei Rewoquat® um ein umweltschädliches und entzündliches Hilfsmittel handelt.

Haben Sie sich mit den Sicherheitshinweisen vertraut gemacht, kann es auch schon losgehen. Bevor Sie jedoch mit der Anwendung beginnen, sollte der Haizahn gut von leicht entfernbarem Schmutz gereinigt und anschließend wieder getrocknet werden. Diesen Schritt, also das Trocknen, sollten Sie keinesfalls überspringen, da Rewoquat® mit Wasser geliert, es das Fossil folglich in eine Geleehülle einschließen würde und der gewünschte Effekt somit nicht erreicht wird. All jene, die etwas Geduld aufbringen und die Trockenzeit nach dem Waschen abwarten, werden meist mit einem guten Lösungsfortschritt belohnt.

Wir zählen natürlich zu den Geduldigen und haben nun die trockenen, vorgereinigten Fossilien vor uns liegen und sind bereit, sie in Rewoquat® einzulegen. Dazu empfehlen wir die Verwendung von Handschuhen und einer Schutzbrille. Als Gefäße bewähren sich am besten gut verschraubbare Einmachgläser, welche in unterschiedlicher Ausführung relativ leicht zu beschaffen sind. (Sollten sich bei Ihnen zu Hause nicht gerade gebrauchte Gläser stapeln, die darauf warten, zur Altglassammelstelle gebracht zu werden, empfehlen wir einen Einkauf mit großem Appetit auf Einlegegemüse im nächstgelegenen Supermarkt.)

Haben wir nun die benötigten Gläser vor uns, legen wir vorsichtig den ersten Zahn in das Glasgefäß und bedecken ihn mit dem Tensid. Der Deckel wird gut verschraubt und das Gefäß danach leicht geschwenkt, um etwaige Luftbläschen entweichen zu lassen. Der Lösungsprozess kann entweder relativ zügig erkennbar sein, oder aber auch deutlich verzögert auftreten. In dem Fall, dass sich nach ein bis zwei Tagen überhaupt keine Partikel gelöst haben, wäre es nicht das Mittel zur Wahl für das vorliegende Fossil. Dies ist meist auf einen zu hohen Kalkgehalt in der Matrix zurückzuführen.

Aber gehen wir davon aus, dass sich das Sediment gut vom Zahn löst – denn wir sind Optimisten. Nach kurzer Zeit ist deutlich zu erkennen, wie das Sediment langsam aufquillt und sich am Boden des Glasgefäßes sammelt. Zum Vorschein kommt ein wunderschöner Haizahn, der durch die schonende Anwendung all seine feinen Strukturen erkennen lässt.

Nun ist es an der Zeit, ihn von der Chemikalie zu befreien. Zu diesem Zweck, Sie ahnen es sicher bereits, ziehen Sie Ihre Schutzausrüstung an. Mittels einer Pinzette kann der Zahn leicht aus dem Glas gehoben werden und muss nun vom Rewoquat® befreit werden. Für diesen Schritt wäre ein kleines Sieb von Vorteil, worin der Zahn für den Waschvorgang positioniert wird. Mit warmem Wasser wird der Zahn nun gereinigt. Es wird Ihnen scheinen, als bestünde eine untrennbare Freundschaft zwischen der Chemikalie und Ihren schönen Fossilien – bleiben Sie geduldig, auch diese Freundschaft wird sich durch energisches Abspülen irgendwann lösen. Erst wenn sich kein Schaum mehr bildet, kann der Waschprozess als vollendet betrachtet werden. Das Fossil sollte jedoch noch für weitere Tage in reinem Wasser eingelegt werden.

Die mechanische Präparation
Eine weitere Alternative

Neben den beiden vorgestellten Möglichkeiten einer chemischen Aufbereitung gibt es auch die Möglichkeit, Zähne mechanisch zu reinigen. Der erste Schritt wäre hierbei der Versuch einer Grundreinigung mit einem Pinsel oder Zahnbürste. Ist das Sediment hartnäckig, darf gerne auch zu Präpariernadeln gegriffen werden. Der Umgang mit Nadeln will aber geübt sein, denn kleine unkontrollierte Bewegungen können schnell zu Schäden an den Fossilien führen. Sehr empfehlenswert ist es daher, die mechanische Präparation stets unter dem Mikroskop durchzuführen.

Eine weitere oder ergänzende Möglichkeit ist die Zuhilfenahme eines Ultraschallreinigers. Hierbei werden durch Frequenzen oberhalb von 18 kHz (18 000 Schwingungen pro Sekunde) Schmutzpartikel abgesprengt, ohne die Oberflächen der Fossilien zu beschädigen. Obwohl sich dies nun regelrecht nach einer unleistbaren Hightech-Methode anhört, gibt es tatsächlich einige Anbieter für günstigere Modelle, die Sie zudem zur Reinigung von Schmuck oder Brillen verwenden können.

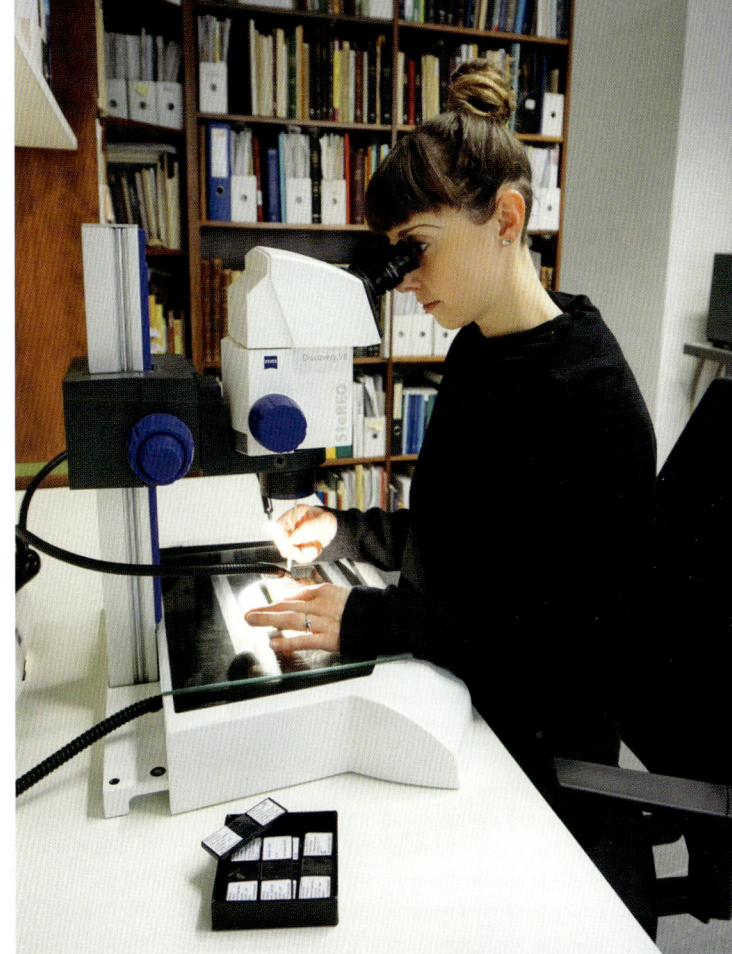

VOM FUNDSTÜCK ZUR BESTIMMUNG

Konnten die ersten Hai- und Rochenzähne gesammelt werden, wird die Freude meist mit dem Interesse begleitet sein, zu erfahren, zu welcher Gattung oder Art die vorliegenden Zähne gehören. Für eine bestmögliche Unterstützung werden wir Ihnen alle Zahnformen der unterschiedlichen Arten und ihre wichtigsten Erkennungs- und Unterscheidungsmerkmale vorstellen.

In den nachfolgenden Abschnitten geben wir Ihnen zunächst aber einen kurzen Überblick über die wichtigsten Begriffe und Regeln zu den Themen Nomenklatur und Taxonomie. Was verbirgt sich hinter den beiden Termini? Wie greifen sie ineinander und welche Bedeutung haben Sie für die Biologie und Paläontologie? Diese kurze Einführung in ein sehr komplexes – aber wichtiges – Thema wird Ihnen das nötige Basiswissen vermitteln, welches Sie auch bei der Bestimmung und Verwendung von weiterführender Literatur unterstützen wird.

Die binäre Nomenklatur als Grundlage

Das nomenklatorische Regelwerk stellt sicher, dass alle Beteiligten – egal, ob Wissenschaftler oder Hobbypaläontologen – über die gleiche Art, Gattung oder auch höhere Ordnungsstufe reden. Diskussionen über andere Bereiche der Paläontologie, wie zum Beispiel Paläoökologie (Beziehungen zwischen den urzeitlichen Lebewesen mit ihrer Umwelt), Paläoenvironment (urzeitliche Lebensräume), Paläobiogeographie (Verbreitungsgebiete) oder Phylogenetik (Verwandtschaftsverhältnisse der Lebewesen) werden dadurch erst möglich.

Unter Nomenklatur (lat. nomenclatura, Namensverzeichnis) versteht man in der Biologie bzw. Paläontologie ein formales Regelwerk, das die wissenschaftliche Benennung von Organismen regelt. Ziel der heute gültigen binären Nomenklatur ist es, aufgrund von eindeutiger und stabiler Namensgebung eine zuverlässige und unmissverständliche taxonomische Verständigung zu schaffen.

Beispielhaft wollen wir uns die binäre Nomenklatur für den größten Hai, der je gelebt hat – es ist der *Megalodon* – näher ansehen. Binär hat seinen Ursprung im lateinischen Wort „binarius" und bedeutet „zwei enthaltend". Artnamen bestehen demnach immer aus zwei Bestandteilen: zunächst aus dem Namen der Gattung, der als Substantiv immer mit einem Großbuchstaben beginnt, und einem kleingeschriebenen Attribut. Gibt man in eine Suchmaschine den Begriff „Megalodon" ein, erhält man mehrere Millionen Treffer. Scrollt man sich durch die Suchergebnisse, findet man unzählige

Otodus megalodon aus Agassiz' Werk „Recherches sur les poissons fossiles".

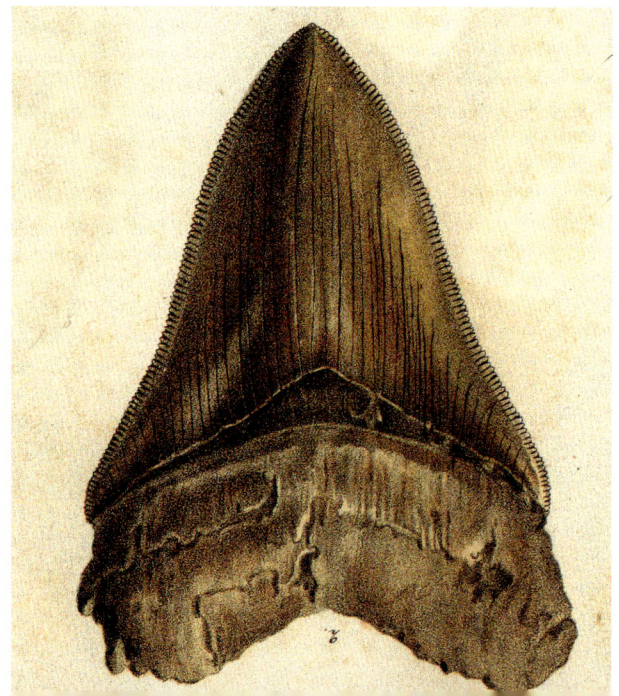

Beiträge, die sich mit dem Monster-, Urzeit- oder Riesenhai beschäftigen. Einen zweiteiligen Namen sucht man meist vergebens. Wer oder was ist nun ein *Megalodon*? Die Lösung ist sicherlich verblüffend. *Megalodon* ist eine Gattung fossiler Muscheln, kann aber auch der Artname eines ausgestorbenen Hais sein! James de Carle Sowerby (1787–1871) beschrieb im Jahr 1827 eine neue fossile Art von Muschel, die er *Megalodon cucullatus* nannte. Genau acht Jahre später entdeckte der Schweizer Ichthyologe Louis Agassiz (1807–1873) einen beeindruckenden fossilen Haifischzahn und bezeichnete diesen als *Carcharias megalodon*. Beide Namen sind heute noch gültig.

Wie nun wissenschaftliche Namen gebildet werden und welche Regeln hierbei zu beachten sind, soll nachfolgend im Detail beschrieben werden.

Das Gemälde des Malers Alexander Roslin von 1775 zeigt Carl von Linné wenige Jahre vor seinem Tod.

Geschichte der Nomenklatur

Die heute gültige zweiteilige zoologische Nomenklatur geht auf den berühmten schwedischen Naturforscher Carl von Linné zurück. Er führte 1753 mit seinem Buch *Species Plantarum* und 1758 mit der 10. Auflage von *Systema naturae* ein binäres System zur Benennung von Pflanzen- und Tierarten ein. Der bedeutende Unterschied zur vorher üblichen biologischen Namensgebung war, dass einem Gattungsnamen nur ein einziger Artname hinzugefügt wurde. Zuvor waren zwar bereits Gattungsnamen bekannt, die Art wurde jedoch durch eine Aufzählung von vermeintlich typischen Merkmalen definiert. Dies führte dazu, dass in verschiedenen Ländern gleiche Arten oftmals unterschiedlich benannt wurden. Ein vernünftiger wissenschaftlicher Austausch war nicht mehr möglich. Die von Linné eingeführte binäre Nomenklatur standardisierte die Form des biologischen Namens, konnte aber mangels verbindlicher Regeln nicht erreichen, dass gleiche Arten in allen Ländern gleich bezeichnet wurden.

Um diesen Zustand zu beenden, versuchte man ein allgemein gültiges Regelwerk zu entwickeln. 1842 wurde aus diesem Grund von einer Kommission der British Association for the Advancement of Science ein erstes Regelwerk, der sogenannte Strickland Code, entwickelt. Die darin festgelegten Regeln wurden zwar von zahlreichen wissenschaftlichen Gesellschaften und Ländern akzeptiert, waren aber international noch nicht verbindlich. Erst im Zuge von fünf Internationalen Kongressen der Biologie zwischen 1889 und 1901 gelang es, die allgemein gültigen „Règles internationales de la Nomenclature zoologique" in drei Sprachen zu verabschieden. Die wichtigsten Regeln der darauf basierenden und heute gültigen 4. Ausgabe des International Code of Zoological Nomenclature (abgekürzt ICZN und nachfolgend „Code" genannt) behandeln im Wesentlichen das Verfahren der Einführung von neuen zoologischen Namen und die Gültigkeit bestehender Namen. Die jeweils aktuell gültige Version des Codes in englischer Sprache ist im Internet unter www.iczn.org/the-code/ abrufbar. Anhand von Beispielen werden im nächsten Kapitel die Regelungen der zoologischen Nomenklatur vertiefend erklärt.

Zentrale Regelungen der zoologischen Nomenklatur

Einführung neuer Namen

Bis heute wurden rund 2 Millionen Tier- und Pflanzenarten beschrieben. Von den rezenten (also heute noch lebenden) Knorpelfischen, zu denen die Haie, Rochen und Chimären gehören, sind aktuell, Stand Oktober 2021, 1 252 verschiedene Arten bekannt, von fossilen Knorpelfischen wurden bisher dagegen mehr als 3 000 Arten beschrieben. In den letzten 10 Jahren wurden alleine rund 150 neue rezente und 330 fossile Hai- und Rochenarten entdeckt und beschrieben.

Zu den wichtigsten Regeln des Codes zählen die Vorschriften, die festlegen, wie neue Namen in der Zoologie bzw. Paläontologie eingeführt werden. Damit ein neuer Name Gültigkeit erlangt, muss er neben den formalen Anforderungen (Schreibweise) und der Festlegung von Typusmaterial (dazu später mehr) in einem durchgehend binominalen Werk – das bedeutet in einer Arbeit, die alle Arten im Sinne des Codes beschreibt – publiziert worden sein. Als publiziert gelten hierbei Arbeiten, die gedruckt und kostenlos oder käuflich erhältlich sind. Im Falle der heute gängigen elektronischen Publikationen müssen diese Arbeiten zusätzlich im „Official Register of Zoological Nomenclature" (Zoo Bank) registriert und auf einem Server dauerhaft gespeichert werden. Zusätzlich ist eine Beschreibung unabdingbar, in der die wesentlichen Merkmale angeführt sind – inklusive der Nennung des Typmaterials. Neben den genannten Voraussetzungen müssen die neuen Namen zwingend in lateinischer Schrift veröffentlicht und mit einem eindeutigen Hinweis auf die Neubeschreibung versehen werden. Üblicherweise werden bei neuen Namen die Zusätze „sp. nov.," „gen. nov." oder „fam. nov." verwendet – das sind die lateinischen Abkürzungen für „species nova", „genus nova" oder „familia nova" (lat. novus = neu).

Synonyme und Homonyme

Ein wichtiger nomenklatorischer Grundsatz ist das sogenannte Prioritätsprinzip. Darunter versteht man, dass grundsätzlich der älteste verfügbare Artname – soweit er unter Beachtung der Regeln des Codes gebildet und veröffentlicht worden ist – Vorrang vor allen anderen verwendeten Namen hat. Dieses Prinzip wird zum einen angewendet, wenn zum Beispiel aufgrund neuer Forschungsergebnisse festgestellt wird, dass für eine Art unterschiedliche wissenschaftliche Namen (Synonyme) existieren. Dies kommt insbesondere bei den fossilen Hai- oder Rochenarten sehr oft vor und liegt daran, dass oftmals neue Arten aufgrund von Unterschieden benannt worden sind, bei denen sich später herausstellt, dass diese Unterschiede ihren Ursprung etwa in der ontogenetischen Entwicklung haben (beispielsweise können sich Zähne junger Individuen von erwachsenen Individuen unterscheiden), im Geschlecht (unterschiedliche Zähne bei Männchen und Weibchen) oder in der Stellung im Gebiss (zum Teil sehr deutliche Unterschiede zwischen Ober- oder Unterkieferzähnen oder vorderen, seitlichen oder hinteren Zähnen). Als Beispiel dafür kann hier die fossile Art *Hemipristis serra* Agassiz, 1835 genannt werden. Neben dieser Art beschrieb Agassiz gleichzeitig *Hemipristis paucidens* Agassiz, 1835. Tatsächlich handelt es sich hierbei jedoch um einen Unterkieferzahn von *Hemipristis serra* – und damit um ein Synonym der vorgenannten Art. Da beide Arten zum gleichen Zeitpunkt publiziert worden sind, gibt es in diesem Fall keinen „älteren" Namen – und der erste Wissenschaftler, der diesen Fehler bemerkt und im Rahmen einer Publikation behebt, kann sich einen der beiden Namen als gültigen aussuchen. Im vorliegenden Fall hat Agassiz selbst den Fehler bemerkt und die Art *paucidens* zurückgenommen, also sie zu einem Synonym von *Hemipristis serra* erklärt.

Der zweite Fall, bei dem das Prioritätsprinzip Anwendung findet, betrifft Fälle, bei denen für unterschiedliche Gattungen oder Arten der gleiche Name vergeben worden ist (Homonym). Auch dieser Fall kommt aus den oben beschriebenen Gründen bei Fossilien häufig vor.

Als Beispiel sei hier der Fall einer neuen Gattung von Kragenhaien (Familie Chlamydoselachidae) aus dem Eozän von St. Pankraz (Salzburg) genannt. 1983 wurde von dem Münchner Paläontologen Fritz Pfeil für diese neu aufgestellte Gattung der Name *Thrinax* vergeben. Rund 30 Jahre später, im Jahr 2012, stellte sich jedoch heraus, dass dieser Gattungsname bereits 1885 von dem Entomologen Friedrich Wilhelm Konow für eine neue Blattwespen-Gattung eingeführt worden ist. Obwohl man später feststellte, dass diese Blattwespen-Gattung ein Synonym einer schon 1835 beschriebenen Gattung (*Strongylogaster* Dahlbom, 1835) ist, kann dieser Name nicht mehr für andere Neubeschreibungen genutzt werden. Darum wurde von Pfeil für die Kragenhaigattung ein neuer Name – *Proteothrinax* – eingeführt. Aber auch dieser Name war nicht lange in Gebrauch: Schon 2019 stellte der französische Paläoichtyologe Henri Cappetta eine neue Gattung von Kragenhaien auf (*Rolfodon* Cappetta, Morrison and Adnet, 2019) und stellte die ursprünglich beschriebene Art zu dieser Gattung.

Schreibweise

Der Code enthält auch eine ganze Reihe von Regelungen bezüglich der korrekten Schreibweise von Namen. Die wichtigsten davon sollen am Beispiel der weit verbreiteten fossilen Sandtigerhaiart *Carcharias acutissimus* (Agassiz, 1843) kurz dargestellt werden.

Der Artname besteht immer aus dem groß und kursiv geschriebenen Gattungsnamen („*Carcharias*"), dem stets klein und kursiv geschriebenen Artnamen („*acutissimus*") und, alternativ, Angaben zum Erstautor mit der Jahreszahl der Veröffentlichung („Agassiz, 1843"). Steht der Autorenname wie in unserem Beispiel in Klammern, bedeutet dies, dass die Art vom Autor ursprünglich einer anderen Gattung zugeordnet worden ist. Agassiz ging bei seiner Beschreibung davon aus, dass die Art zur Gattung *Lamna* gehört und benannte sie deshalb *Lamna acutissima*. Grundsätzlich muss die vom Erstautor gewählte Schreibweise einer Art verwendet werden. Dies gilt nicht für die geschlechtsspezifische Endung des Artnamens. Da es sich bei dem Artnamen „*acutissima*" um ein lateinisches Adjektiv im Nominativ Singular handelt, müssen das Geschlecht des Artnamens und des Gattungsnamens übereinstimmen. Der ursprüngliche Gattungsname *Lamna* und der Artname „*acutissima*" sind beide feminin. Nachdem die Art heute zur Gattung *Carcharias* gestellt wird, dieser Gattungsname aber maskulin ist, muss die Endung des Artnamens angepasst werden und lautet richtigerweise *acutissimus*. Darüber hinaus darf ein Artname keine diakritischen Zeichen (z. B. á, â, …), Umlaute oder Sonderzeichen (z. B. Bindestriche) enthalten. Für höhere Taxa (Familiengruppen) werden die Endungen vorgeschrieben (-oidea für Überfamilie, -idae für Familie, -inae für Unterfamilie, -ini für Tribus, -ina für Untertribus).

Festlegung von Typmaterial

Ein wichtiger Bestandteil von Erstbeschreibungen neuer Arten ist die Festlegung des namenstragenden Typus. In der Nomenklatur wird unter einem Typus ein Belegexemplar der neu beschriebenen Art bezeichnet, bei dem die wesentlichen Merkmale, die zur Abgrenzung von anderen, ähnlichen Arten dienen, vorhanden sind. Neben dem Holotypus, dem namenstragenden Exemplar, das im Rahmen der Erstbeschreibung ausdrücklich angegeben werden muss, werden oftmals weitere

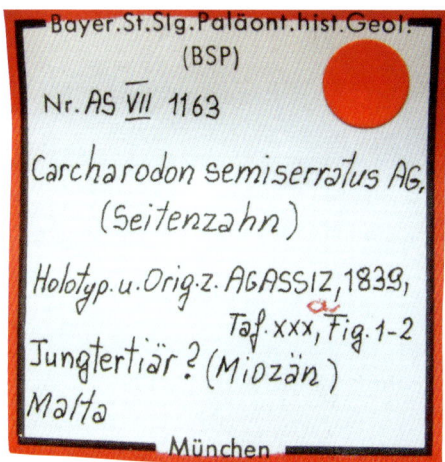

Typischer Sammlungszettel eines Holotyps.

Holotyp von Carcharodon semiserratus.

Exemplare bestimmt, die sogenannten Paratypen. Diese sollen in erster Linie die Variationsbreite der Merkmale dokumentieren. Im Falle von fossilen Hai- oder Rochenzähnen würde es sich anbieten, mit den Paratypen die verschiedenen Positionen im Gebiss zu dokumentieren. Typen müssen in wissenschaftlichen Sammlungen immer besonders gekennzeichnet werden und werden außerdem oftmals separat in der sogenannten Typensammlung aufbewahrt. Bei paläontologischen Sammlungen werden die Etiketten vom Typmaterial in der Regel mit einem roten Rand markiert; auf dem Fossil selbst kann an nicht störender Stelle ein roter Punkt angebracht sein.

Offene Nomenklatur

Jeder, der sich mit biologischen bzw. paläontologischen Themen etwas intensiver beschäftigt, stößt irgendwann auf so kryptische Abkürzungen wie beispielsweise „aff.", „ex gr." oder auch „cf.", die sich zwischen Gattungs- und Artnamen befinden, bzw. auf das oft gebrauchte „sp." anstelle eines Artnamens. Was bedeuten diese Abkürzungen nun eigentlich und sind sie überhaupt zulässig? Alle diese Kürzel sind Ausdruck einer sogenannten offenen Nomenklatur. Besonders bei Fossilien kommen diese Abkürzungen oftmals zum Einsatz, da der Erhaltungszustand des Fundstückes manchmal eine genaue Bestimmung nicht zulässt. Ein weiterer häufiger Grund liegt darin, dass es sich bei den meisten Fundstücken nur um Teile (einzelne Knochen, Zähne, Schalen usw.) des ehemaligen Organismus handelt. Anhand derartiger Reste wäre es auch bei den heute lebenden Nachfahren dieser Tiere oftmals nicht möglich, eine eindeutige Artbestimmung vorzunehmen. Auch bei Hai- oder Rochenzähnen tritt dieses Problem oftmals auf. Dies liegt in einigen Fällen sicher an fehlenden Kenntnissen darüber, ob bzw. wodurch sich einzelne Arten anhand zahnmorphologischer Merkmale unterscheiden lassen. Zum anderen hat die Artabgrenzung und anschließende Beschreibung nur anhand von Zähnen ihre Grenzen. Der Artstatus einiger als eigenständige Art beschriebener Fossilien ist daher in manchen Fällen skeptisch zu betrachten. Ein typisches Beispiel dafür ist die Gattung der Laternenhaie (*Etmopterus*), deren Vertreter heute in allen Weltmeeren vorkommen. Obwohl von einigen Fundstellen hervorragend erhaltenes Material aller Gebisspositionen vorliegt, kann im Moment keine Bestimmung auf Artniveau erfolgen. Von dieser Gruppe gibt es rezent mehr als 40 verschiedene Arten und es ist derzeit völlig unklar, ob sich diese große Anzahl von Arten überhaupt anhand der Zähne unterscheiden lässt. Von zahlreichen Hai- und Rochengattungen, aber auch von einer Reihe von Arten (z. B. dem Kurzflossenmako *Isurus oxyrinchus*, dem Riesenhai *Cetorhinus maximus* oder dem Kalifornischen Adlerrochen *Myliobatis californica*) weiß man heute, dass sie bereits seit dem Miozän existieren. Aus diesem Grund muss bei vermeintlich neuen Arten aus diesem relativ jungen Zeitabschnitt immer geprüft werden, ob es sich nicht um eine heute noch lebende Art handelt. Dies ist aber nur möglich, wenn genaue Kenntnisse über die bekannten rezenten Arten vorliegen. Um diese Unsicherheiten in der Bestimmung insbesondere von Fossilien zu dokumentieren, sollte und wird auf eine offene Nomenklatur zurückgegriffen.

Folgende Abkürzungen werden dabei benutzt:

? Die Platzierung eines Fragezeichens nach der Gattung oder nach der Art bedeutet, dass die Zuordnung zu der entsprechenden Gattung/Art unsicher ist. Das Fragezeichen darf aber nicht bei unbestimmbaren Arten verwendet werden. Stattdessen muss der Zusatz „sp." nach dem Gattungsnamen gewählt werden.

cf. Das Kürzel (von „confer", vergleichen, zusammentragen) wird verwendet, wenn man Exemplare nicht sicher bestimmen kann (etwa wegen mangelhafter Erhaltung), eine Zuordnung zu einer bekannten Art aber vermutet wird.

aff. Diese Abkürzung (von „affinis", verwandt) wird verwendet, wenn man der Auffassung ist, dass es sich eigentlich um eine neue Art handelt, eine Beschreibung mit dem vorliegenden Material jedoch nicht/noch nicht möglich ist und man die Fundstücke vorübergehend zu dieser ähnlichen Art stellt.

sp. Das Kürzel wird verwendet, wenn die Gattung eindeutig bestimmbar ist, die Art jedoch entweder noch unbeschrieben ist („n. sp." oder „sp. nov.") oder das Exemplar einer spezifischen Art nicht eindeutig zuzuordnen ist.

Taxonomie
Ordnung im Chaos

Der Mensch war schon seit jeher bemüht, seine gewonnenen Erkenntnisse zu ordnen und zu strukturieren. Aus diesen Bemühungen resultiert die bereits dargestellte und von Carl von Linné entwickelte binominale Nomenklatur. Gleichzeitig führte Linné neben der Art und Gattung (Genus) weitere hierarchische Niveaus ein – und zwar die Ordnung (Ordo), die Klasse (Classis) und das Reich (Regnum). Erst später wurde das System um Familie (Familia, zwischen Gattung und Ordnung) und Stamm (Phylum, zwischen Klasse und Reich) erweitert. Die oberste taxonomische Einheit, die Domäne, wird heute in drei Gruppen unterteilt: in die Bakterien (Bacteria), die Archaeen (Archaea, Urbakterien) und Eukaryoten (Lebewesen, deren Zellen, die Eucyten, einen echten Kern besitzen).

Dieses komplette Ordnungssystem wird auch unter dem Begriff „Taxonomie" zusammengefasst. Der Begriff kommt aus dem Griechischen und beschreibt die Theorie und Praxis der biologischen oder paläontologischen Einteilung [altgriechisch τάξις, táxis, Ordnung; und νόμος, nómos, Gesetz]. Neben den hier am Beispiel des Tigerhaies dargestellten Grundeinheiten werden in der wissenschaftlichen Literatur oftmals noch weitere Einheiten (z. B. Kohorte, Tribus, Überfamilie, Unterordnung, Überordnung) dazwischen verwendet. Die zusätzliche Definition derartiger Einheiten ist jedoch umstritten. Oftmals werden damit nicht immer neue biologische Erkenntnisse ausgedrückt, sondern wird eher die Ordnungsliebe einzelner Wissenschaftler befriedigt. Manche moderne Taxonomen verwenden aus diesen Gründen heute keine Kategorien oberhalb der Gattung mehr.

Mit diesem Ordnungssystem sollen die verwandtschaftlichen Beziehungen der Organismen zueinander dargestellt werden. Grundsätzlich soll damit ausgedrückt werden, dass alle Arten, die in einer niedrigeren

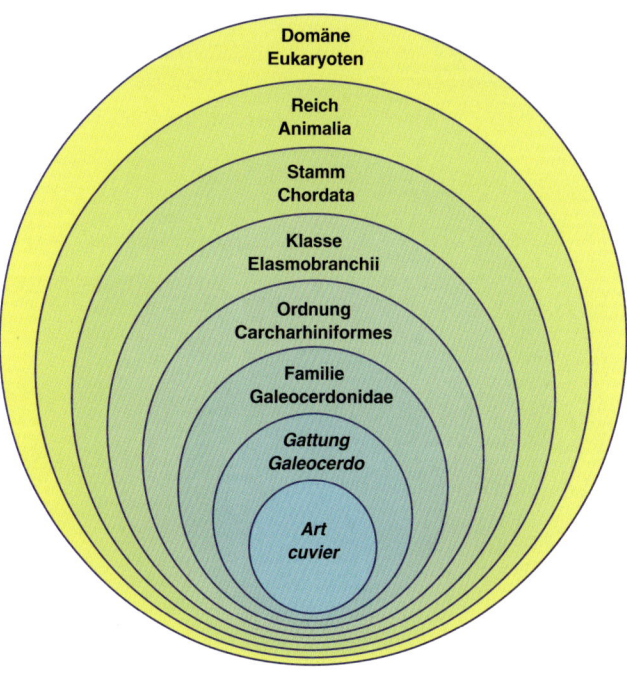

hierarchischen Stufe (z. B. Gattung) zusammengefasst werden, näher miteinander verwandt sind und mehr gemeinsame Eigenschaften teilen, als die der nächsthöheren Stufen. Einschränkend muss hier jedoch deutlich gemacht werden, dass dieses System bis zu einem gewissen Grad willkürlich ist. Insbesondere bei fossilen Organismen können mögliche verwandtschaftliche Beziehungen nur mehr anhand der vorhandenen und fossil erhalten gebliebenen Überreste angenommen werden.

Grundlage jeder taxonomischen Überlegung ist die zentrale Einheit, die Art. Bereits auf dieser niedrigsten Ebene treten schon die ersten Schwierigkeiten auf. In der Wissenschaft gibt es zahlreiche Artbegriffe. Eine der am weitesten verbreiteten Vorstellungen ist jene, die eine Art „als eine Gruppe von Individuen definiert, die sich untereinander kreuzen können und fruchtbare Nachkommen erzeugen". Dieser gängige Artbegriff ist jedoch mit einer Reihe von Mängeln behaftet. So kann er zum Beispiel nicht bei Organismen mit ungeschlechtlicher Vermehrung gelten, ist bei räumlich oder zeitlich getrennten Arten nicht überprüfbar und wird in der Wissenschaft in bestimmten Fällen nicht angewandt. Ein besonders bekanntes Beispiel für den letzten Fall finden wir in unserer eigenen Evolutionsgeschichte. Gleichzeitig neben dem modernen Menschen (*Homo sapiens*) lebten zwei weitere Menschenarten, der Neandertaler (*Homo neanderthalensis*) und der Denisova-Mensch. Genetisch lassen sich diese drei „Menschentypen" eindeutig unterscheiden. Fest steht allerdings auch, dass sich im Erbgut heutiger Menschen noch Bestandteile dieser beiden Frühmenschen befindet, was nur möglich ist, wenn es zu Kreuzungen zwischen diesen drei Arten gekommen ist und diese Nachkommen fortpflanzungsfähig waren.

Nachdem in der modernen Biologie zur Artbestimmung DNA-Analysen eine immer größere Bedeutung einnehmen, ist es in der Paläontologie nur aufgrund herkömmlicher morphologischer Merkmale möglich, Arten oder höhere Taxa zu definieren und zu unterscheiden. Dieses Konzept wird als Morphospezies-Konzept bezeichnet. Eine besondere Herausforderung ist es für jeden Paläontologen, der eine neue Art definieren möchte, zu entscheiden, ob es sich bei den festgestellten abweichenden Merkmalen um die natürliche Variationsbreite einer Art, oder es sich bereits um eine neue Art handelt. Zum einen sind oftmals nur Teile des Organismus fossil überliefert (bei Knorpelfischen meist nur die Zähne), zum anderen sind die Kenntnisse über die Veränderungen von Merkmalen innerhalb einer Art auch heute selbst bei rezenten Arten noch oftmals lückenhaft. Wir wissen in vielen Fällen nicht, ob sich morphologische Merkmale zum Beispiel erst im Laufe der Entwicklung ändern, ob es Unterschiede zwischen

Oberkieferzähne von Makrelenhaien (Carcharodon carcharias, Isurus oxyrinchus und Lamna nasus).

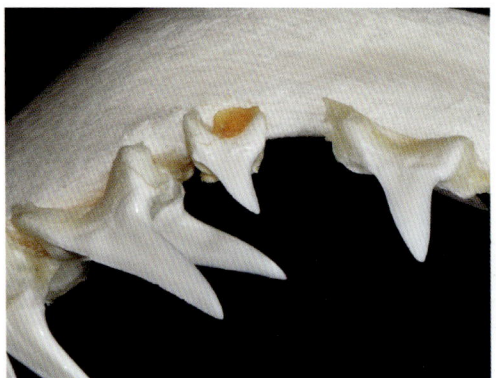
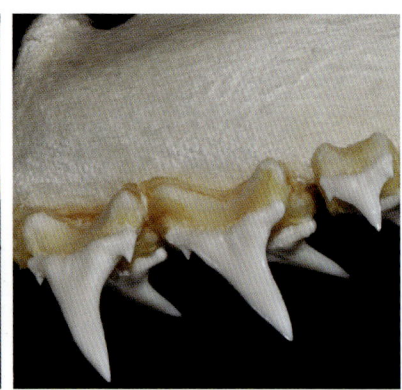

den Geschlechtern gibt, jahreszeitliche Variationen vorkommen oder wie sich bestimmte Krankheiten auf morphologische Merkmale auswirken.

Betrachtet man dieses Problem an einem konkreten Beispiel von Haizähnen, so wird jedem sicherlich die Schwierigkeit, in der ein Taxonom steckt, schnell bewusst. In der Abbildung sehen wir die Oberkieferzähne von heute lebenden Vertretern der Familie der Makrelenhaie (Lamnidae). Von den heute mehr als 500 bekannten Haiarten werden in dieser Familie nur fünf Arten mit drei Gattungen zusammengefasst: der Weiße Hai (Gattung *Carcharodon*), die Makohaie (Gattung *Isurus*) und die Makrelenhaie (Gattung *Lamna*).

Obwohl die drei Gattungen eng miteinander verwandt sind und in einer Familie zusammengefasst werden, zeigen sie doch sehr unterschiedliche Zahnmerkmale. Die Zähne des Weißen Hais sind breit, stark gezähnelt und ohne Nebenspitzen. Zähne von *Lamna* haben Nebenspitzen, sind jedoch ungezähnelt, und Zähne der Makohaie weisen keine Nebenspitzen und keine Zähnelung auf.

Der einzige Ausweg aus dieser Misere liegt im intensiven Studium der zahnmorphologischen Merkmale der heute noch lebenden Haie und Rochen. Nur wenn wir wissen, wie variabel die Zähne einer Art sein können, können wir fossile Zähne bestimmen. Vergleichsweise einfach ist dies bei fossilen Arten von Gattungen, von denen noch rezente Vertreter leben. Um bei dem oben genannten Beispiel des Tigerhais zu bleiben, ist die Zuordnung von fossilen Zähnen zu dieser Gattung einfach und eindeutig.

Um jedoch fossile Zähne von Arten, die heute keine lebenden Verwandten mehr haben, klassifizieren zu können, kann man sich neuer Methoden bedienen, die ihren Ursprung in DNA-Analysen haben. Natürlich wird man sich hierbei sofort die Frage stellen, wie das möglich sein soll. Mit modernsten Analysemethoden ist es zwar inzwischen machbar, fossile DNA – sogenannte aDNA (ancient DNA) – zu sequenzieren. Dies ist aber nur bis zu einem gewissen Alter und bei bestimmten Lagerungsverhältnissen möglich. Für die viele Millionen Jahre alten Zähne unserer Haie und Rochen scheidet dies jedoch aus. In diesem Fall geht man einen anderen Weg. In einem ersten Schritt werden die zahnmorphologischen Merkmale der in Frage kommenden Gruppe (z. B. Ordnung oder Familie) der heute noch lebenden Vertreter definiert und codiert. Anschließend kommt es zur Analyse der Informationen aus der DNA dieser rezenten Tiere. In einem dritten Schritt werden nun die zuvor definierten zahnmorphologischen Merkmale der fossilen Art bestimmt und entsprechend codiert. Mittels Spezialsoftware können diese Daten in der Folge miteinander in Beziehung gesetzt werden. Als Ergebnis erhält man einen Stammbaum, der die wahrscheinlichsten verwandtschaftlichen Beziehungen darstellt.

Für die im Buch auf Seite 118 dargestellte ausgestorbene Haigattung *Palaeocentroscymnus* wurde auf diese Weise ermittelt, dass sie mit hoher Wahrscheinlichkeit zur Familie der Schläferhaie (Somniosidae) zu stellen ist und nicht zu den Laternenhaien (Etmopteridae), wie noch in der ursprünglichen Erstbeschreibung vermutet wurde.

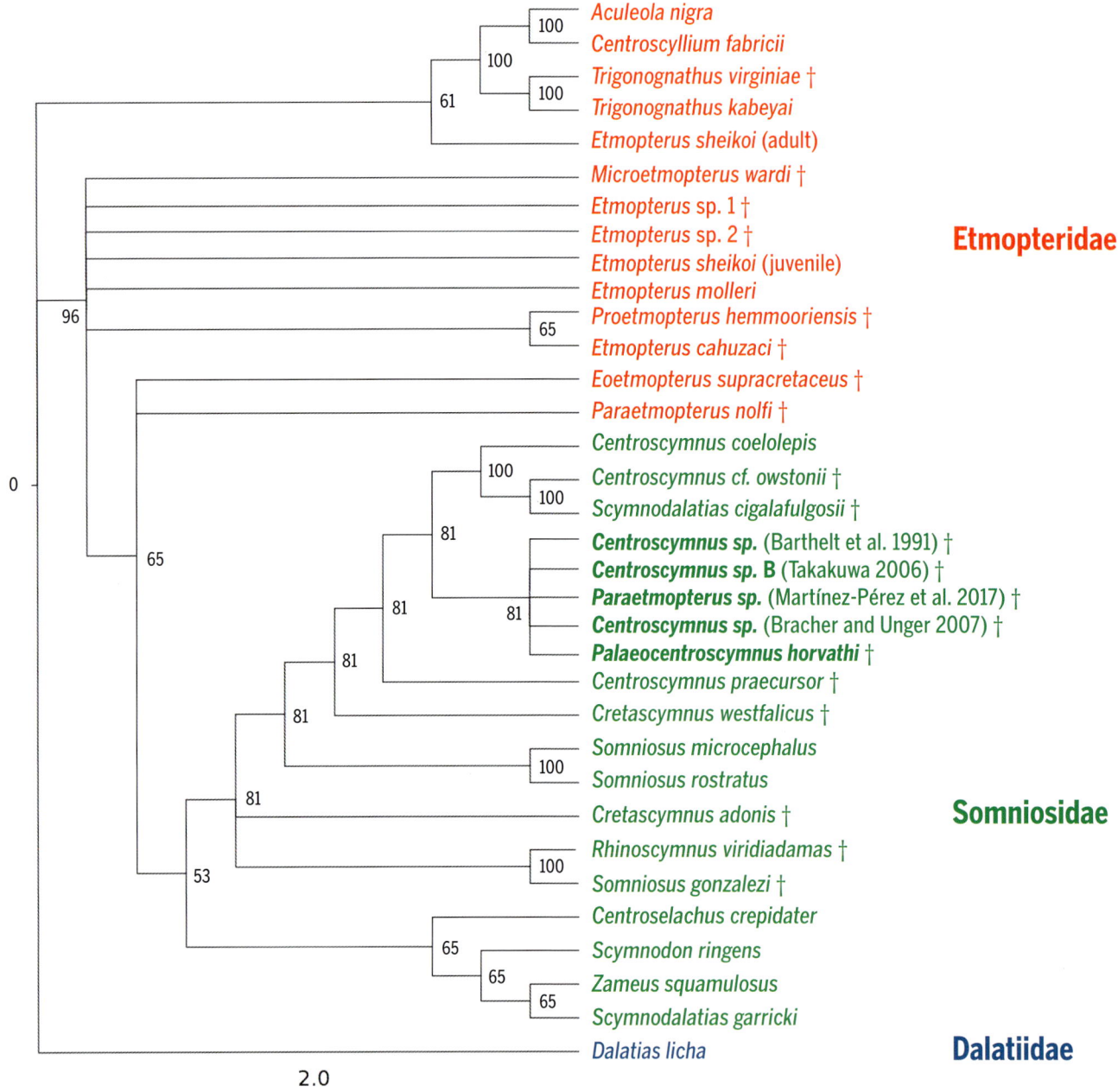

B

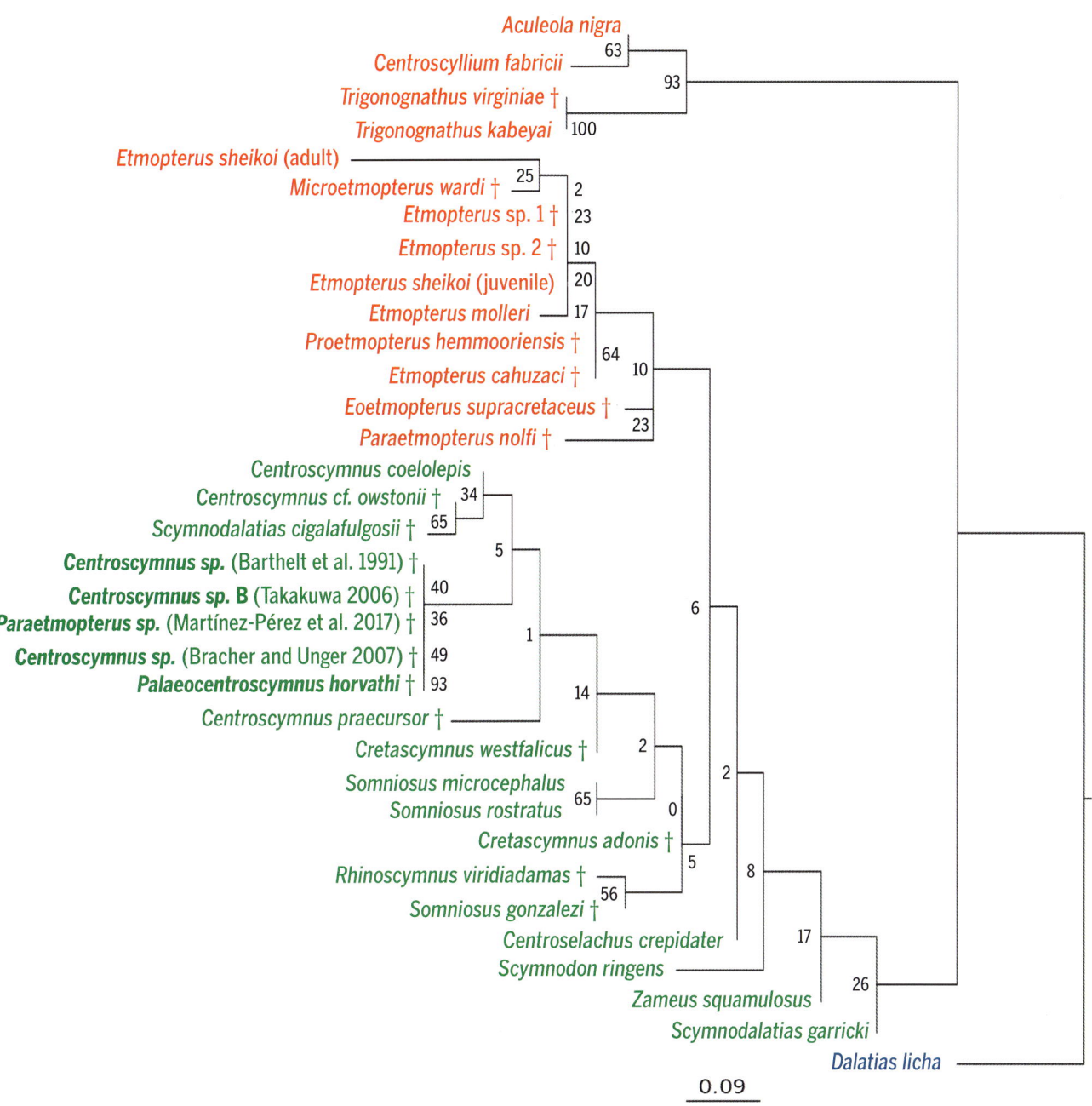

Phylogenetischer Baum, der die verwandtschaftlichen Beziehungen der genannten Haiarten darstellt. Links auf der Grundlage einer Parsimonie-Analyse von 31 Zahnmerkmalen und rechts mittels einer Maximum-Likelihood-Analyse. Deutlich erkennbar ist, dass anhand der in Oberösterreich gefundenen Zähne nachgewiesen werden konnte, dass die auf Seite 118 dargestellte ausgestorbene Haigattung Palaeocentroscymnus nicht zu den Laternenhaien (Etmopteridae), sondern zu den Schläferhaien (Somniosidae) gehört.

SYSTEMATISCHER TEIL

Wir werden die aus der Molasse bekannten und dokumentierten Hai- und Rochenarten nun im Detail beschreiben. Die Reihung folgt der üblichen Klassifizierung nach Ordnung, Familie und Gattung. Den Artbeschreibungen stellen wir Informationen über die heute lebenden Vertreter der jeweiligen Ordnungen voran. Exkurse, die sich immer einem übergreifenden Thema widmen, sollen das Interesse an dieser faszinierenden Tiergruppe noch weiter wecken.

Die Bestimmung von fossilen Hai- und Rochenzähnen ist ohne die genaue Kenntnis der Zahnmerkmale der heute noch lebenden Arten nicht möglich. Leider wird in der modernen Biologie bei der Beschreibung von neu entdeckten Haien oder Rochen oftmals auf die detaillierte Dokumentation der Zahnmerkmale verzichtet, da zahlreiche andere anatomische Merkmale zur Verfügung stehen. Diesem Umstand ist es geschuldet, dass wir heute noch immer nicht wissen, ob es bei allen Arten möglich ist, die Art eindeutig anhand eines einzelnen Zahnes zu bestimmen. Das liegt sowohl an den sehr verschieden aussehenden Zähnen innerhalb eines Gebisses, an Unterschieden innerhalb der Geschlechter oder am Alter. Auch bei sehr diversen Gattungen – das sind Gattungen, die viele (oftmals endemische) Arten beinhalten – wissen wir heute noch viel zu wenig über mögliche artspezifische Unterschiede der Zähne.
Die Beschreibung und Benennung mit Artnamen bei isoliert gefundenen fossilen Zähnen kann niemals endgültig sein. Bedingt durch die stetig zunehmenden Kenntnisse in diesem Forschungsbereich, werden und müssen sich immer wieder Änderungen ergeben. Die inzwischen fast zweihundertjährige Geschichte der Paläontologie belegt dies auf eindrucksvolle Weise an zahlreichen Beispielen.
Auch viele der hier vorgestellten Zähne sind seit ihrer Entdeckung mit einer Reihe von unterschiedlichen Art- oder Gattungsnamen in der wissenschaftlichen Literatur bezeichnet worden. Die genannten Artnamen stellen den aktuellen Stand der wissenschaftlichen Forschung dar.
Um zahnmorphologische Merkmale eindeutig beschreiben zu können, ist es notwendig, auf eine bestimmte – in der Fachliteratur gebräuchliche – Terminologie zurückzugreifen. Die nachfolgenden beiden Abbildungen sollen die wichtigsten Ausdrücke visuell darstellen und für Sie greifbar machen. Darüber hinaus finden Sie am Ende des Buches ein Glossar, in dem diese Fachbegriffe nochmals einzeln erklärt werden.

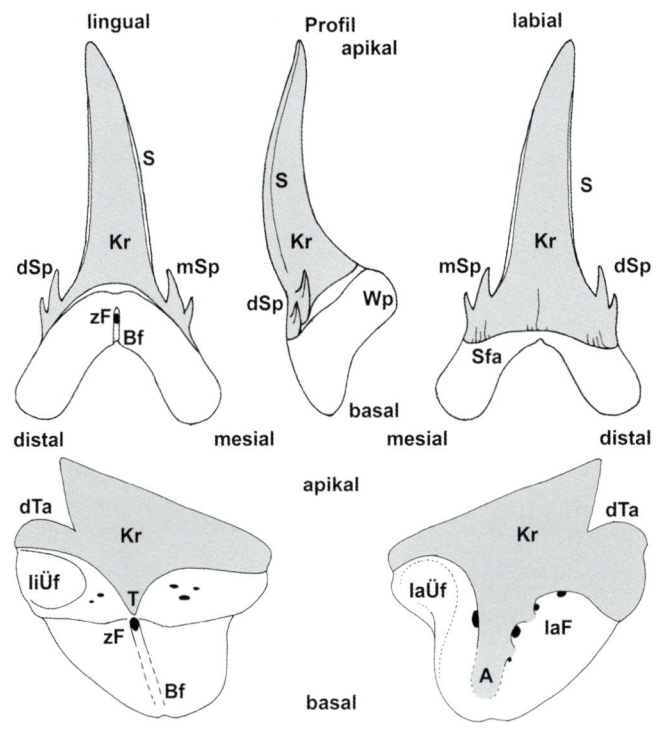

Erklärung der Abkürzungen

Krone:

A	Apron/Zahnkronenfortsatz
dSp	distale Seitenspitzen/distale Dentikel
dTa	distaler Talon
Kr	Krone
laD	labiale Depressionsfläche
laK	labiale Kronenfläche
liK	linguale Kronenfläche
mSp	mesiale Seitenspitzen/mesiale Dentikel
S	Schneide/Schneidekante
T	Tablier
tvG	transversaler Grat

Wurzel:

Bf	Basalfurche/Nährfurche
Fo	Foramina
laF	labiale Foramina
laÜf	labiale Überlappungsfläche
liÜf	linguale Überlappungsfläche
Sfa	Schmelzfalten
Wa	Wurzelast
Wp	Wurzelprotuberanz
zF	zentrales Foramen

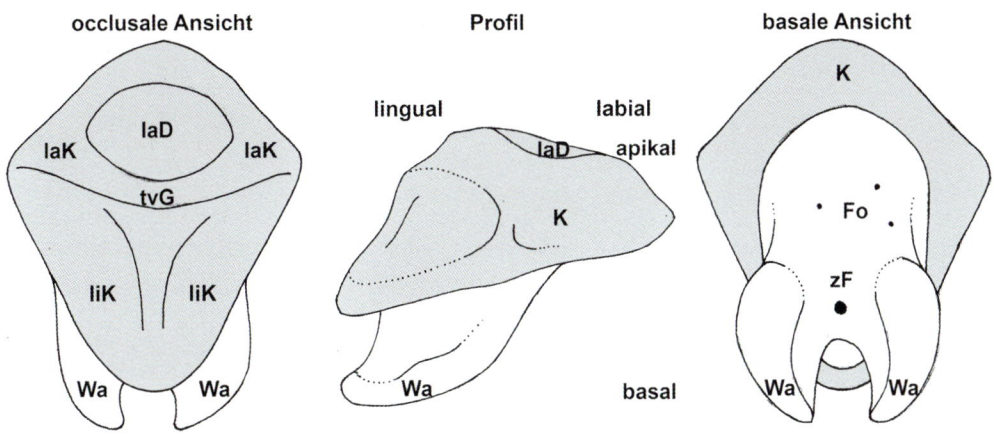

Legende Verbreitung:

 sehr selten   selten mittlere Häufigkeit   häufig   sehr häufig

Hexanchiformes
Grauhaie oder Kammzähnerhaie

Haie dieser Ordnung, die rezent nur aus zwei Familien (Chlamydoselachidae/Kragenhaie und Hexanchidae/Kammzähnerhaie) und sieben Arten bestehen, gehören zu den ursprünglichsten Vertretern dieser Tiergruppe. Fossile Nachweise reichen bis in die Zeit des frühen Juras (vor ca. 200 Millionen Jahre) zurück. Heute kommen diese meist sehr großwüchsigen Tiere weltweit vor und besiedeln unterschiedlichste Lebensräume. Man kann sie in flachen, küstennahen Gewässern genauso antreffen wie in Tiefen bis zu 2 500 Metern. Nachdem 2009 die zweite rezente Art der Kragenhaie (*Chlamydoselachus africana*) entdeckt und beschrieben wurde, folgte nur wenige Jahre später die „Wiederentdeckung" einer dritten *Hexanchus*-Art. Aufgrund genetischer Untersuchungen konnte 2018 festgestellt werden, dass es sich bei der unter dem Namen *Hexanchus nakamurai* bekannten Art tatsächlich um zwei getrennte Arten handelt, nämlich um die im Atlantik vorkommende Art *Hexanchus vitulus* und die im Pazifik und Indischen Ozean verbreitete Art *Hexanchus nakamurai*.

Breitnasen-Siebenkiemerhai (Notorynchus cepedianus).

Breitnasen-Siebenkiemerhai (Notorynchus cepedianus).

Äußerlich lassen sich diese Haie relativ einfach von anderen Haien unterscheiden, da alle Haie dieser Ordnung sechs oder sieben Kiemenspalten besitzen. Haie aller anderen Ordnungen verfügen mit Ausnahme einer Gattung von Sägehaien (*Pliotrema*) über fünf Kiemenspalten. Allen gemeinsam ist auch das Fehlen einer zweiten Rückenflosse; und im Gegensatz zu ihren nächsten Verwandten, den Dornhaien, besitzen sie eine Afterflosse.

Obwohl die Zähne der Kragenhaie und der Kammzähnerhaie morphologisch völlig unterschiedlich sind, können sie aufgrund der jeweiligen ungewöhnlichen Form einfach und eindeutig von allen anderen Haiarten unterschieden werden. Zähne der Kammzähnerhaie besitzen im Unterkiefer breite, mehrspitzige Zähne, die kammartig ausgebildet sind. Zähne der Kragenhaie bestehen aus drei annähernd gleich großen kräftigen Spitzen, die fast senkrecht auf einer flachen Wurzel sitzen.

Fossile Zähne dieser Ordnung gehören, da meist selten zu finden, zu den Glanzstücken einer jeden Sammlung. Bisher konnten in der Molasse fünf Gattungen nachgewiesen werden, wovon die Gattung *Paraheptranchias* bisher nur im nordalpinen Ablagerungsraum dokumentiert werden konnte. Alle anderen vier Gattungen sind hingegen weltweit zu finden.

Atmung, Bewegung und Schlaf

„Haie müssen immer schwimmen, um nicht zu ersticken." Solch eine oder ähnliche Aussagen liest man immer wieder! Nur leider stimmen sie nur zum Teil. Haie und Rochen haben sich an die unterschiedlichsten Lebensräume und Ernährungsangebote angepasst, und das spiegelt sich auch in der Form und Funktion der Kiemenspalten wider.

Laternenhaie der Gattung Etmopterus leben in Bodennähe und sind verhältnismäßig langsame Schwimmer, erkennbar an den kurzen Kiemenspalten.

Die meisten der heute rund 1 200 bekannten Haie und Rochen besitzen fünf Kiemenspalten, nur sieben (sechs Hai- und eine Rochenart) besitzen sechs und nur zwei Haiarten haben sieben Paar Kiemenspalten.

Ebenfalls zu den Knorpelfischen gehören die Chimären oder Seekatzen. Diese nahen Verwandten der Haie und Rochen verfügen im Gegensatz dazu nur über vier Kiemenspalten je Körperseite, die noch dazu mit einem einzigen verknorpelten Kiemendeckel geschützt werden.

Sieht man sich die Form, Größe und Lage der Kiemenöffnungen an, kann man in vielen Fällen schon Rückschlüsse auf bestimmte Lebensweisen oder Ernährungsgewohnheiten ziehen. Viele Haie und die meisten Rochen leben bodennah (benthisch). Manche graben sich als Lauerjäger sogar teilweise ein, wie zum Beispiel die äußerlich den Rochen sehr ähnlichen Meerengelhaie (Gattung *Squatina*). Andere hingegen sind nur im offenen Meer anzutreffen und als schnelle Schwimmer und Jäger bekannt, oder folgen als Filtrierer langsam schwimmend den Planktonschwärmen (pelagisch). Die letzte Gruppe umfasst die pelagischen Haie und Rochen. Sie zählen zu den Arten, die immer in Bewegung sein müssen, um genügend Sauerstoff zu erhalten, da sie keine aktive Atmung besitzen. Diese Arten nutzen zum Atmen überwiegend ihren Antrieb und schwimmen deshalb mit geöffnetem Maul (ram ventilation), sodass stets sauerstoffhaltiges Wasser über die Kiemen strömen kann und über die seitlichen, durchwegs geöffneten Kiemenschlitze wieder austritt. Zumindest hier trifft also die eingangs erwähnte Aussage zu, dass Haie schwimmen müssen, um nicht zu ersticken. Im Vergleich zur Gesamtzahl der bekannten Arten kommt diese Form der Atmung jedoch nur bei verhältnismäßig wenigen Arten vor. Erkennbar sind diese Arten auch an den besonders langen Kiemenspalten.

Die sicherlich längsten Kiemenspalten, die fast um den gesamten Kopf reichen, hat hierbei der Riesenhai oder Basking Shark (*Cetorhinus maximus*). Dieser Hai, der sich trotz seiner Größe von bis zu 10 Meter Länge ausschließlich von Plankton ernährt, muss ständig sehr große Mengen Wasser über seine Kiemen strömen lassen, um auf diese Weise genügend Nahrung aus dem Wasser zu filtern.

Die zweite Gruppe praktiziert eine aktive Atmung und öffnet und schließt das Maul in regelmäßigen Abständen. Beim Öffnen wird dabei Wasser angesaugt, beim Schließen zusammengedrückt, über die Kiemen geleitet und durch die Kiemenschlitze wieder ausgestoßen. Durch diese Saugtechnik (suction ventilation) sind diese Arten auch in der Lage, im Ruhemodus oder still am Boden liegend zu atmen. Ob sie hierbei auch schlafen können, ist noch ungeklärt. Eine erst kürzlich durchgeführte intensive Recherche von australischen Haiforschern über Aktivitätsmuster und Schlafverhalten bei Knorpelfischen konnte nur vorläufige Belege für Schlaf bei Haien und Rochen, die atmen, ohne zu schwimmen, feststellen. Beweise für Schlaf bei kontinuierlich schwimmenden Knorpelfischen liegen derzeit jedoch nicht vor.

Die bewegungsärmere Lebensweise samt dadurch bedingten geringeren Sauerstoffbedarf der aktiv atmenden Haie und Rochen kann man an den verhältnismäßig kurzen Kiemenspalten leicht ablesen.

Erwähnt werden muss in diesem Zusammenhang noch, dass die Lage und Länge der einzelnen Kiemenspalten auch wichtige Merkmale zur Artbestimmung darstellen. Bei einer vor wenigen Jahren durchgeführten Untersuchung von 185 verschiedenen Haiarten wurden 16 verschiedene Merkmale der Kiemenspaltenlänge und -position sowie der Abstand zueinander definiert. Diese äußeren und leicht erkennbaren Merkmale, die in den unterschiedlichsten Kombinationen vorkommen können, eignen sich am lebenden Tier folgerichtig sehr gut zur Bestimmung der Art oder Gattung.

Hexanchus agassizi Cappetta
1976

Wesentliche Unterscheidungsmerkmale

- kammförmige Zähne
- Hauptspitze meist mit mesial gezackter Schneidekante
- Oberkieferzähne in Form und Größe sehr divers
- Unterkieferzähne aus jeweils 6–10 Kammzähnchen aufgebaut
- Wurzel rautenförmig

Synonyme
Hexanchus hookeri, Hexanchus collinsonae

Habitat
Die Gattung ist weit verbreitet in tropischen und temperierten Gewässern in Wassertiefen von nahe der Oberfläche bis 1 800 Metern; Jungtiere heute lebender Vertreter leben bevorzugt in küstennahen Gewässern, wohingegen erwachsene Tiere hauptsächlich in tieferen Gewässern anzutreffen sind.

Beschreibung
Die Zähne von *Hexanchus agassizi* weisen eine stark ausgeprägte dignathe sowie eine monognathe Heterodontie auf.

Die Zähne des Oberkiefers weisen eine besonders starke monognathe Heterodontie auf, welche sich in der Zunahme der Seitenspitzen verdeutlicht. Die Zähne der vordersten Zahnpositionen besitzen noch keine Kammzähnchen, sondern bestehen aus einer spitzen Hauptspitze mit deutlicher distaler Neigung. Je seitlicher die Zahnposition, desto mehr Seitenspitzen sind entwickelt, jedoch ist

Der Stumpfnasen-Sechskiemerhai (*Hexanchus griseus*), einer der drei rezenten Vertreter dieser Gattung, erreicht eine Körperlänge von über 5 Metern und gehört damit zu den Giganten unter den bekannten Haien. Unangefochtene Spitzenreiter sind der Walhai (*Rhincodon typus*) mit einer maximalen Länge von mehr als 18 Metern, gefolgt vom Riesenmaulhai (*Cetorhinus maximus*) mit über 10 Meter. Der größte Rochen, der Riesenmanta (*Mobula birostris*), kann eine „Flügelspannweite" von rund 9 Metern erreichen.

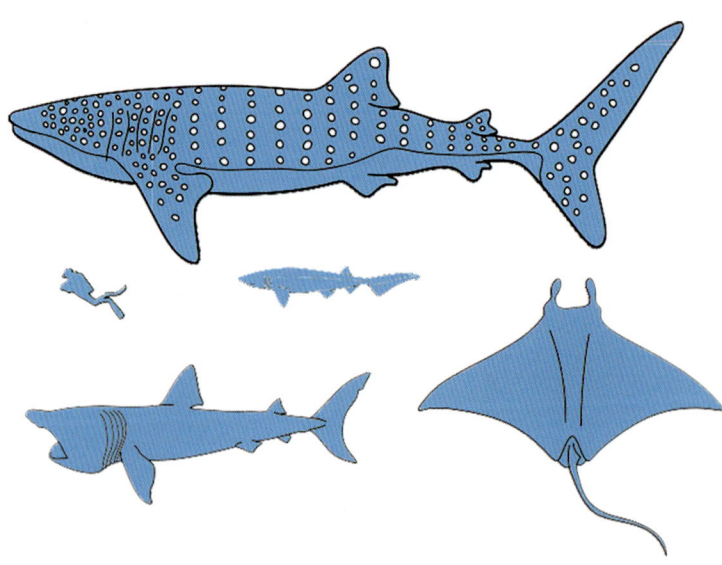

die erste Hauptspitze stets am prominentesten und längsten. Umso weiter sich die Zähne zum Mundwinkel hin befinden, umso flacher werden sie und verlieren neben der charakteristischen Form auch an Größe.

Die Zähne des Unterkiefers zeigen, bis auf die Symphysenzähne, stets die typische Kammform. Die Hauptspitze sitzt hierbei am mesialen Ende des Zahnes und repräsentiert die größte Spitze des gesamten Zahnkammes. Die Kammzähnchen verlieren von der Hauptspitze bis zur letzten distalen Spitze graduell an Höhe. Die Schneidekante der Hauptspitze ist mesial an der Zahnbasis leicht gezackt und verläuft dann ab der halben Zahnhöhe fortlaufend glatt über alle nachfolgenden Kammzähnchen. Sowohl die Hauptspitze als auch die Kammzähnchen sind stark nach distal geneigt.

Die Wurzel ist bei allen Zahnpositionen rautenförmig und flach ausgebildet. Kleinere Foramenöffnungen verteilen sich in einem regelmäßigen Muster über die gesamte Wurzelfläche.

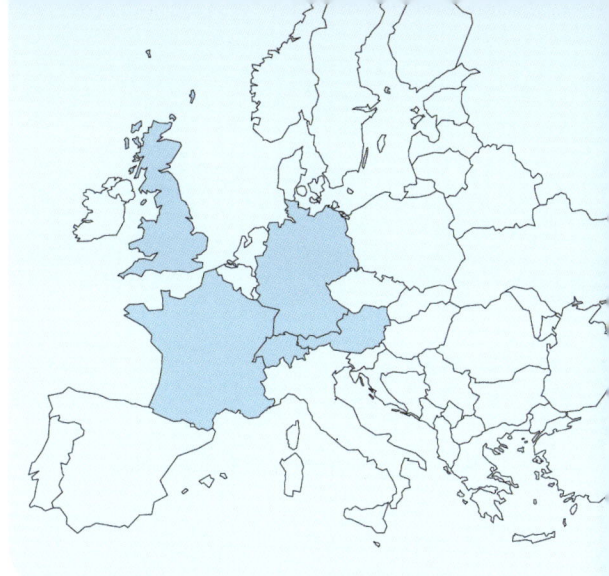

Höhe ≤ 9 mm
Breite ≤ 17 mm

Systematik
Hexanchiformes – Hexanchidae

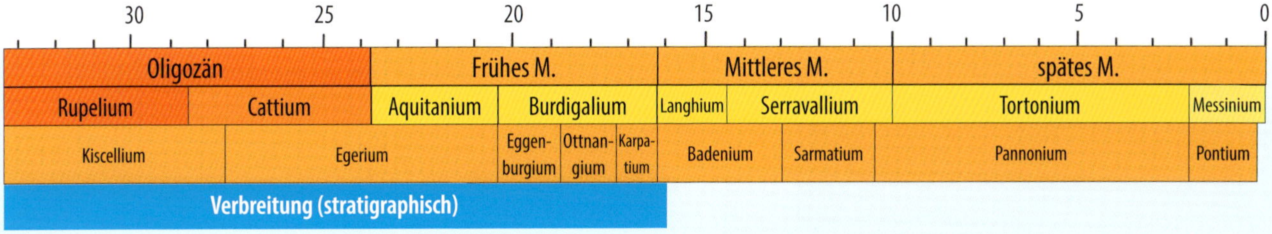

Heptranchias sp.

Wesentliche Unterscheidungsmerkmale

- mehrspitzige Unterkieferzähne
- zweite Spitze des Unterkieferzahnes stets kleiner als nachfolgende
- sigmoidale Oberkieferzähne

Heptranchias perlo, der Spitzkopf-Siebenkiemerhai, erhielt seinen Namen nach den markanten, nach hinten immer kleiner werdenden sieben Kiemenspalten. Neben der Gattung *Notorynchus* ist es der einzige Hai mit sieben Kiemenspalten.

Synonyme
keine

Habitat
Die Gattung ist heute auf eine Art beschränkt, die weltweit verbreitet ist. Die relativ kleinwüchsigen Haie (max. rund 140 Zentimeter lang) bewohnen überwiegend Tiefwasserhabitate bis maximal 1 000 Meter.

Beschreibung
Die Zähne von *Heptranchias* weisen eine deutliche disjunkt monognathe Heterodontie auf.

Die **Oberkieferzähne** der Gattung variieren in ihrer Form sehr deutlich. Die anterioren Zähne sind stets höher als breit und zeigen eine schlanke, sehr deutlich nach distal geneigte sigmoidal gekrümmte Spitze. Dabei haben die Zähne nahe der Symphyse, weder distal noch am unteren Rand der mesialen Schneidekante, keine weiteren kleinere Seitenspitzen. Sowohl die linguale als auch labiale Kronenseite ist glatt und konvex gekrümmt. Der basale Umriss der Kronen ist hierbei elliptisch. Die mesiale Schneidekante reicht bis zur Basis der Krone. Die niedere Wurzel ragt mesial und distal deutlich über die Kronenbasis hinaus. Die lateralen Zähne haben eine kräftige, nach distal geneigte Hauptspitze, die distal von keiner bzw. einer undeutlich ausgeprägten, sehr kleinen Nebenspitze flankiert wird. Der mesiale Schneiderand kann ein bis zwei Nebenspitzen aufweisen, ist ansonsten jedoch glatt. Die Wurzel ist nieder und im Umriss rechteckig. Die rezente Art hat im Oberkiefer 9–11 derartige Zähne. Die sehr markanten **Unterkieferzähne** sind labio-lingual stark abgeflacht und erreichen maximal eine Breite von ca. 15 Millimetern. Die dominante Hauptspitze ragt in der Regel deutlich über die nachfolgenden distalen Nebenspitzen hinaus. Am mesialen Kronenrand der Hauptspitze befinden sich meist zwei Nebenspitzen, wovon die zweite deutlich größer ausgebildet ist und annähernd die Größe der ersten distalen Nebenspitze erreichen kann. Die der Hauptspitze distal nachfolgenden vier bis neun Nebenspitzen nehmen zuerst an Größe zu und anschließend wieder ab. Die Wurzel, die einen annähernd rechteckigen Umriss zeigt, ist relativ nieder. Der einzige rezente Vertreter hat lediglich fünf derartige Unterkieferzähne je Kieferhälfte. Im Unterkiefer ist zwischen den großen Lateralzähnen in der Mitte in der Regel ein Symphysenzahn ausgebildet. Dieser meist annähernd symmetrische Zahn ist im Verhältnis relativ klein. Oftmals steht eine Spitze senkrecht, die an beiden Seiten von zwei bis drei Seitenspitzen flankiert wird.

Systematik
Hexanchiformes – Hexanchidae

Höhe: ≤ 10 mm
Breite ≤ 15 mm

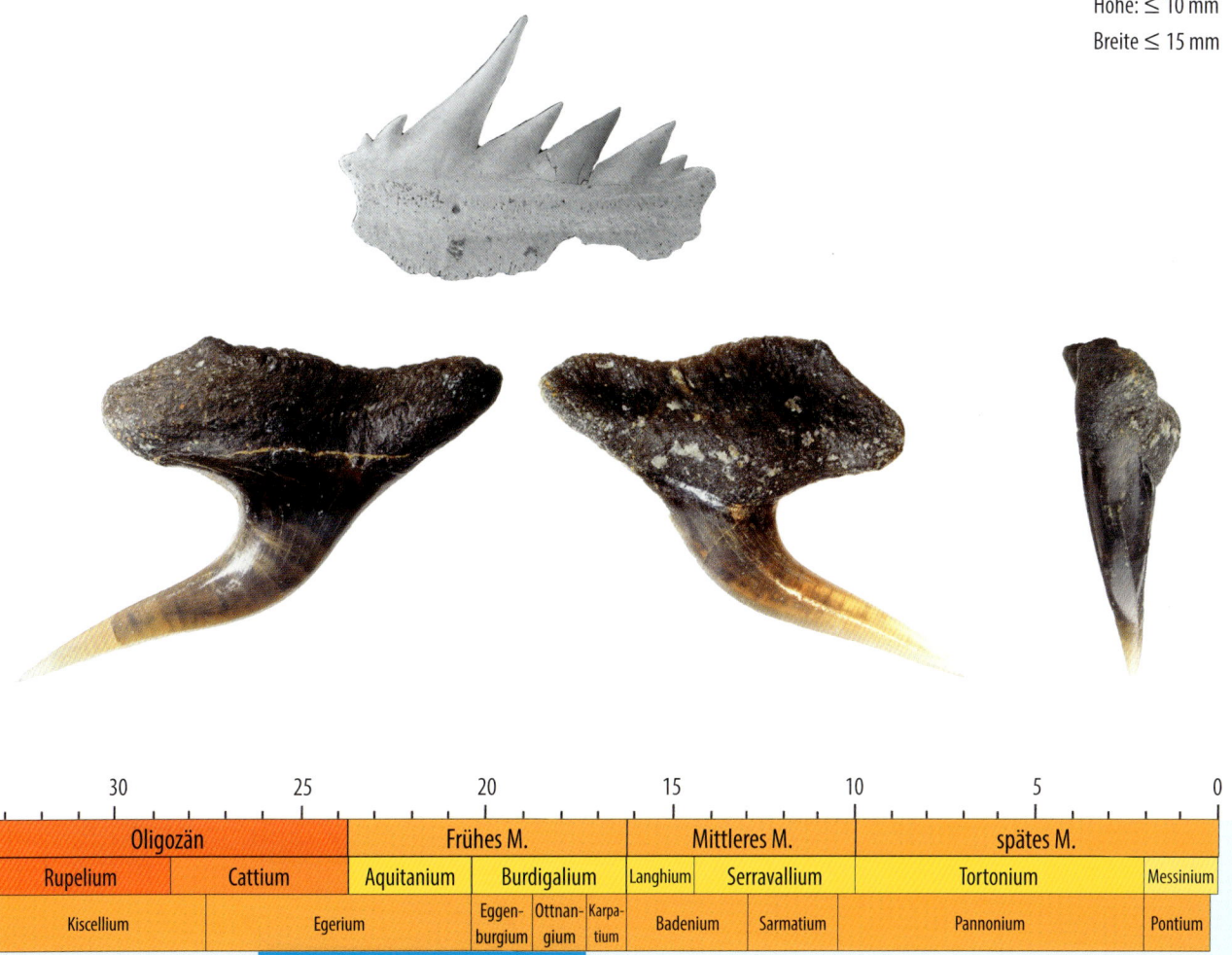

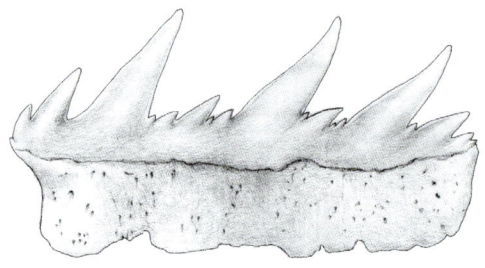

Paraheptranchias repens
(Probst, 1879)

Wesentliche Unterscheidungsmerkmale

- mehrspitzige Unterkieferzähne
- mehrere Zwischenspitzen
- sigmoidale Oberkieferzähne
- rechteckige Wurzel

Synonyme
Notidanus avenionensis

Habitat
Die Gattung ist ausgestorben. Anhand der Zähne ist eine nahe Verwandtschaft zur heute noch existierenden Gattung *Heptranchias* wahrscheinlich.

Beschreibung
Die Zähne von *Paraheptranchias* weisen eine deutliche disjunkt monognathe Heterodontie auf.

Die Parasymphysenzähne und anterioren **Oberkieferzähne** haben kräftige, sigmoidal gekrümmte und nach distal geneigte einspitzige Kronen. Die Zahnkronen sind labial und lingual konvex gewölbt. Die mesialen und distalen Schneidekanten reichen nicht bis zur Kronenbasis. Die Wurzel der vorderen Oberkieferzähne ist kräftig und flach und stets deutlich breiter als die Kronenbasis. Die lateralen Oberkieferzähne ähneln morphologisch den Unterkieferzähnen. Vor der Hauptspitze, beziehungsweise zwischen Hauptspitze und der ersten größeren Nebenspitze, können weitere deutlich kleinere Zwischenspitzen ausgebildet sein. Die nahezu rechteckige Wurzelplatte ist labio-lingual komprimiert. Überlappungsflächen sind nicht vorhanden.

Die rezente vergleichbare Art *Heptranchias perlo* kommt weltweit vor. Da von der ausgestorbenen, sehr markanten Art außerhalb der Paratethys keine weiteren Nachweise existieren, kann von einer endemischen Art ausgegangen werden, die wahrscheinlich mit zunehmender Versüßung und Austrocknung dieses Meeresbeckens ausgestorben ist.

Unterkiefer eines Spitzkopf-Siebenkiemerhais (Heptranchias perlo).

Die sehr markanten **Unterkieferzähne** sind labio-lingual stark komprimiert. Die Zähne bestehen aus einer Abfolge von bis zu vier großen, markanten Hauptspitzen, zwischen denen stets mehrere unterschiedlich große Zwischenspitzen vorhanden sind. Vor der ersten Hauptspitze befinden sich ein bis zwei kleinere Nebenspitzen, wovon die zweite deutlich größer ausgebildet ist, welche auch annähernd die Größe der ersten distalen Zwischenspitze erreichen kann. Die Wurzel, die einen annähernd rechteckigen Umriss zeigt, ist relativ nieder. Rezente Vertreter der Gattung *Heptranchias* haben in der Regel nur fünf solch großer Unterkieferzähne je Kiefernhälfte. Zwischen den beiden Kieferhälften ist hier ein symmetrischer, deutlich kleinerer Symphysenzahn vorhanden. Da sowohl die grundlegende Zahnmorphologie als auch die Zahngrößen beim rezenten Vertreter *Heptranchias perlo* mit dieser fossilen Art vergleichbar sind, kann von einer ähnlichen Maximalgröße (ca. 140 Zentimeter) ausgegangen werden.

Höhe ≤ 9 mm
Breite ≤ 18 mm

Systematik
Hexanchiformes – Hexanchidae

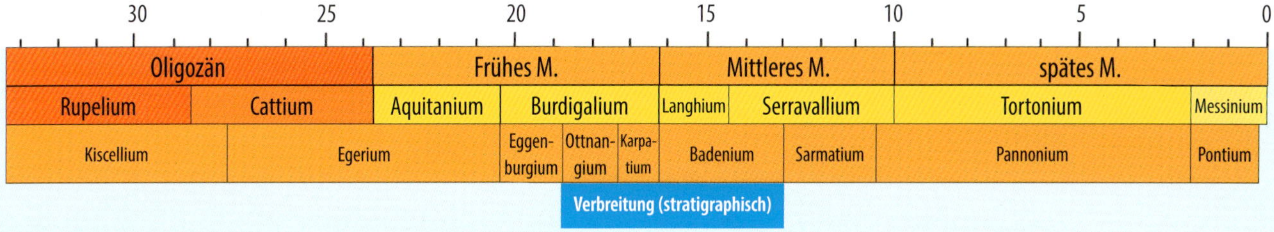

Notorynchus primigenius
(Agassiz, 1835)

Wesentliche Unterscheidungsmerkmale

- mehrspitzige Unterkieferzähne
- kontinuierliche Größenabnahme der Nebenspitzen
- kräftige, aufrechte Oberkieferzähne
- hohe, rechteckige Wurzel

Synonyme

Notidanus plectrodon, Notidanus diffusidens, Notidanus marginalis, Notidanus recurvus, Notidanus thevenardi

Habitat

Der einzige rezente Vertreter der Gattung, der Breitnasen-Siebenkiemerhai (*Notorynchus cepedianus*), der bis zu 50 Jahre alt werden kann, ist lebendgebärend (bis zu 104 Jungtiere pro Wurf) und annähernd weltweit in küstennahen Gewässern verbreitet. Die Art fehlt allerdings im Mittelmeer und im östlichen Atlantik.

Beschreibung

Die Zähne von *Notorynchus* weisen eine deutliche disjunkt monognathe Heterodontie auf.

Die Zähne von *Notorynchus primigenius* wurden bereits von Agassiz im Jahr 1835 wissenschaftlich beschrieben. Aufgrund der auffallend markanten Unterkieferzähne und der weltweiten Verbreitung in oligozänen und miozänen Sedimenten sind Zähne dieser Art leicht zu bestimmen und in vielen Sammlungen vorhanden.

Ähnlich wie die Zähne der anderen Gattungen der Familie Hexanchidae haben die Parasymphysenzähne und anterioren **Oberkieferzähne** kräftige und leicht nach distal geneigte einspitzige Kronen. Die Zahnkronen sind labial und lingual stark konvex gewölbt, sodass sich an der Basis der Zähne ein annähernd kreisrunder Querschnitt ergibt. Die Wurzel dieser Zähne ist massiv, fast quadratisch und weist lingual eine ausgeprägte Wurzelprotuberanz auf. Die lateralen Oberkieferzähne sind breiter, haben im vorderen Bereich eine kräftige, sehr stark geneigte Nebenspitze. Die Anzahl der Nebenspitzen nimmt bei hinteren Zähnen kontinuierlich zu und erreicht meist drei Nebenspitzen. Der letzte Zahn vor den morphologisch völlig unterschiedlichen Mundwinkelzähnen ähnelt bereits den Unterkieferzähnen und kann in seltenen Fällen bis zu sechs gleichmäßig in der Größe abnehmende Nebenspitzen haben. Die Mundwinkelzähne sind – wie bei allen

Breitnasen-Siebenkiemerhaie gehören, was ihr Nahrungsspektrum betrifft, zu den sogenannten Generalisten. Neben Fischen und anderen Haien stehen auch größere Meeressäuger wie z. B. Robben auf dem Speiseplan. Dabei wurde beobachtet, dass diese Haie sowohl als Einzelgänger als auch in sozialen Gruppen auf die Jagd gehen.

Notorynchus cepedianus.

Vertretern dieser Familie – sehr klein und pflasterförmig. Eine Unterscheidung bei diesen Zähnen zwischen Ober- und Unterkiefer ist in der Regel nicht möglich.

Die charakteristischen **Unterkieferzähne** sind labio-lingual stark komprimiert. Sie bestehen aus bis zu sieben nach distal geneigten Zahnspitzen. Sie nehmen in ihrer Größe kontinuierlich ab. Die Hauptspitze überragt alle nachstehenden Nebenspitzen. Ihre mesiale Schneidkante ist von der Basis bis etwa zur Hälfte der Zahnkronenhöhe sehr grob gezähnelt. Die Wurzel ist hoch und flach und hat im Umriss annähernd die Form eines rechtwinkligen Trapezes. Auf der Wurzelfläche befinden sich beidseitig zahlreiche kleine Foramina. Der Symphysenzahn des Unterkiefers ist in der Regel annähernd symmetrisch ausgebildet. Meist wird eine aufgerichtete Hauptspitze in der Zahnmitte beidseitig von bis zu vier kleineren Nebenspitzen flankiert.

Verbreitung: weltweit; Nachweise liegen aus fast allen west- bzw. mitteleuropäischen Ländern vor, wobei die Verbreitung nach Osten hin offenbar abnimmt. Es fehlen z. B. Nachweise aus Griechenland, Bulgarien, Serbien oder Kroatien.

Systematik
Hexanchiformes – Hexanchidae

Höhe ≤ 30 mm
Breite ≤ 35 mm

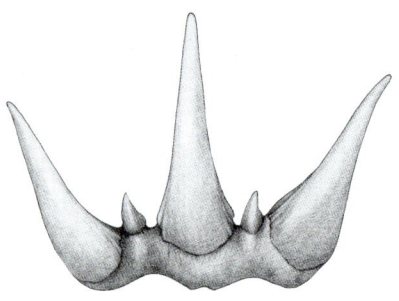

Rolfodon bracheri
(Pfeil, 1983)

Wesentliche Unterscheidungsmerkmale

- drei sehr schlanke Hauptspitzen
- zwei kleine, intermediäre Nebenspitzen
- flache, weit nach lingual gezogene Wurzel

Synonyme

keine; die Zähne dieser Art wurden bis vor kurzem der Gattung *Chlamydoselachus* zugerechnet.

Habitat

Die nahe verwandte rezente Gattung *Chlamydoselachus* ist global verbreitet in tiefen Gewässern bis 1 300 Meter Wassertiefe. Kragenhaie leben in Bodennähe und werden nur äußerst selten an der Wasseroberfläche gesichtet.

Beschreibung

Die Zähne von *Rolfodon* weisen eine schwach ausgeprägte gradient monognathe Heterodontie auf.

Die auffälligen Zähne von *Rolfodon bracheri* bestehen aus drei Hauptspitzen, wobei die mittlere Spitze merklich größer ist als das äußere Paar. Zwischen den drei Hauptspitzen befindet sich je eine kleine Nebenspitze.

Die großen Hauptspitzen sind dolchartig, schlank und stark nach lingual geneigt. Sowohl die Hauptspitzen als auch die intermediären Nebenspitzen sind nicht durch ein Schmelzband verbunden, sondern stehen als isolierte Spitzen auf der Wurzel. Beide Kronenflächen sind in der Profilansicht konvex gekrümmt und leicht sigmoidal geschwungen. Die Schneidekanten sind besonders gut entwickelt und reichen von der Zahnspitze bis zur Zahnbasis. Die kleinen intermediären Nebenspitzen tragen ebenfalls gut entwickelte Schneidekanten. Die Schmelzoberfläche kann sowohl eine Ornamentierung in Form von parallelen und zum Teil auch netzartigen Strukturen aufweisen, wie auch durchgehend glatt ausgebildet sein.

Der Übergang von den einzelnen Zahnspitzen zur Wurzel ist sehr abrupt und deutlich erkennbar. Die Wurzel ist besonders flach ausgebildet und stark nach lingual verlängert. Der linguale Wurzelrand ist häufig zur zentralen Hauptspitze hin eingeschnitten und trägt in dieser Furche ein großes zentrales Foramen.

Kragenhaie gelten als lebende Fossilien, da sich diese Haie seit den letzten 80 Millionen Jahren kaum verändert haben. Zähne als älteste Nachweise dieser Familie datieren aus der späten Kreidezeit und stammen aus Angola oder aus der Antarktis.

Chlamydoselachus anguineus.

Systematik
Hexanchiformes – Chlamydoselachidae

Höhe ≤ 12 mm

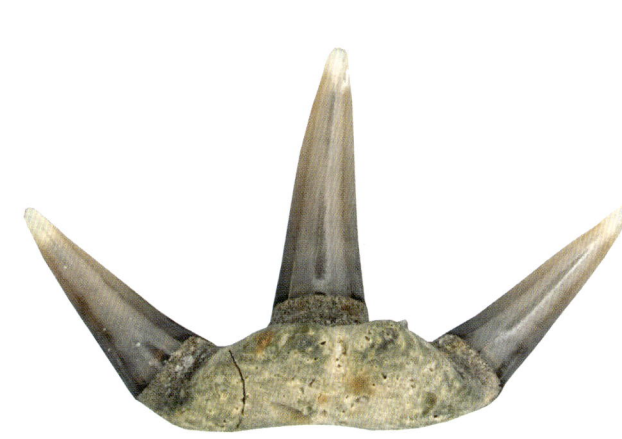

Verbreitung (stratigraphisch)

Echinorhiniformes
Nagelhaie

Die taxonomische Stellung dieser Ordnung, die rezent nur aus einer einzigen Familie und Gattung mit zwei Arten besteht (*Echinorhinus brucus*, *Echinorhinus cookei*), ist umstritten. Einige Wissenschaftler vertreten die Auffassung, dass diese Ordnung zu Unrecht festgelegt worden sei und deren einzige Familie (Echinorhinidae) zur Ordnung der Dornhaie (Squaliformes) gehöre. Genetische Untersuchungen der verschiedenen Haiarten belegen jedoch, dass die Nagelhaie enger mit den Säge- und Engelhaien verwandt sind, als mit den Dornhaien. Heute geht man davon aus, dass sich die Nagel-, Säge- und Engelhaie bereits während der Trias oder des Juras (vor rund 200 bis 150 Millionen Jahren) von den Dornhaien abspalteten und sich seither unabhängig voneinander weiterentwickelt haben. Eine grafische Übersicht der anhand dieser Untersuchungen nachgewiesenen verwandtschaftlichen Beziehungen kann der Internetseite „Chondrichthyan Tree of Life" (https://sharksrays.org/) entnommen werden.

Nagelhai (Echinorhinus brucus), Tafel 144 aus McCoys „Natural history of Victoria" (1890).

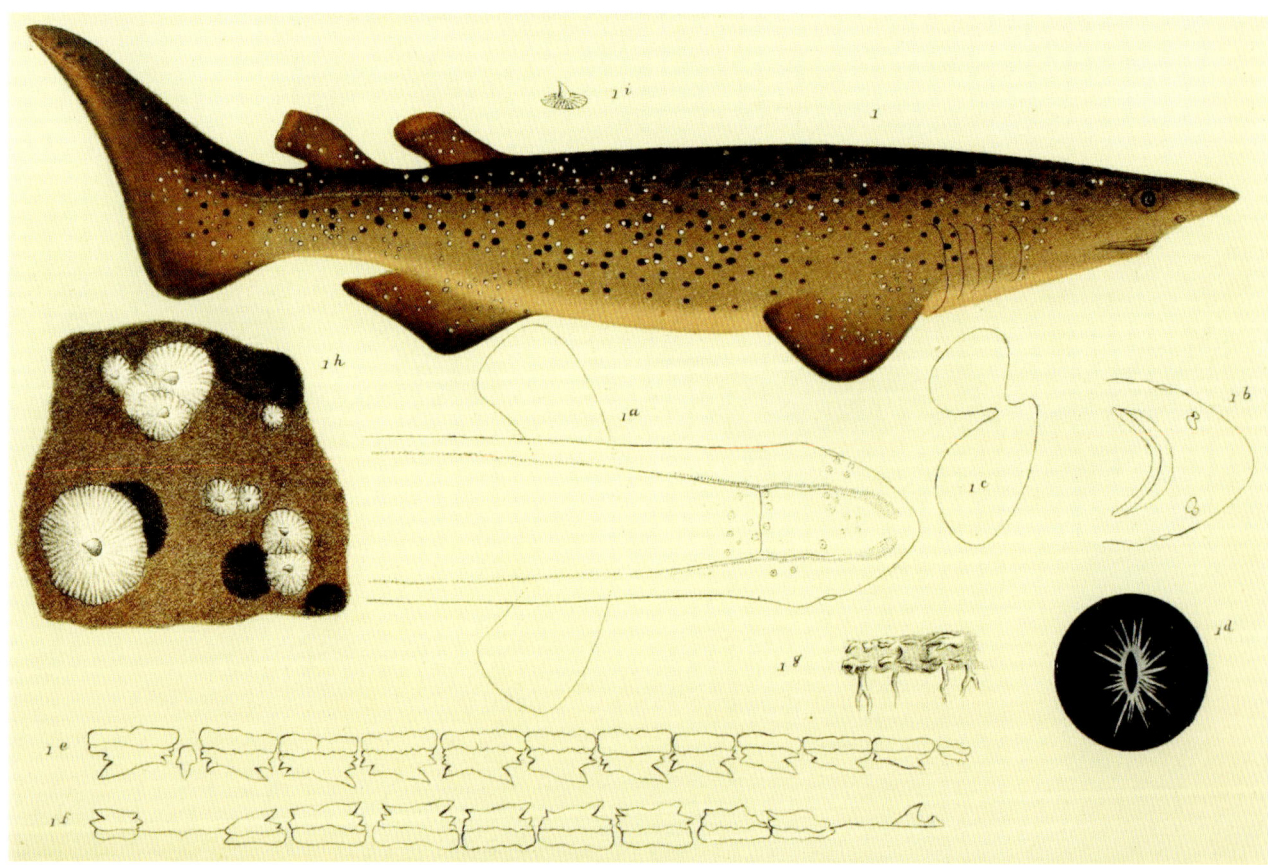

Nagelhaie besitzen zwei kleine, weit hinten angeordnete und dornlose Rückenflossen, jedoch keine Analflosse, eine stumpfe und breite Schnauze und erreichen eine Körperlänge von 3 bis 4 Metern. Ihren Namen erhielten sie aufgrund der markanten und ungewöhnlich großen dorn- oder nagelartigen Schuppen, die unregelmäßig über den ganzen Körper verteilt sind. Die Zähne dieser Tiere sind in beiden Kieferhälften relativ ähnlich und besitzen – insbesondere bei den erwachsenen Tieren – neben einer Hauptspitze auch mesiale und distale Seitenspitzen. Fossile Nachweise sind weltweit sehr selten, an einigen wenigen Fundstellen kann man diese Zähne mit etwas Glück aber durchaus finden.

Unterkieferzähne eines erwachsenen Nagelhais (Echinorhinus brucus).

Mit und ohne Afterflosse

Wie bereits schon im Zusammenhang mit den Kiemenspalten erwähnt, sind die Form, Größe, Anzahl und Position der einzelnen Flossen der Knorpelfische ein Ausdruck ihrer Lebensweise. Anhand dieser äußeren Merkmale lassen sich zum Teil schon bestimmte systematische Einteilungen vornehmen. Grundsätzlich werden bis zu fünf verschiedene Arten von paarigen bzw. unpaarigen Flossen unterschieden. Die Bezeichnung richtet sich dabei üblicherweise nach der Lage der Flossen, wobei diese bei Rochen aufgrund ihrer Körperform etwas schwieriger auszumachen ist.

Brustflosse (Pectorale, *pinna pectoralis*)

Bauchflosse (Ventrale, *pinna ventralis*)

1./2. Rückenflosse (Dorsale, *pinna dorsalis*)

Schwanzflosse (Caudale, *pinna caudalis*)

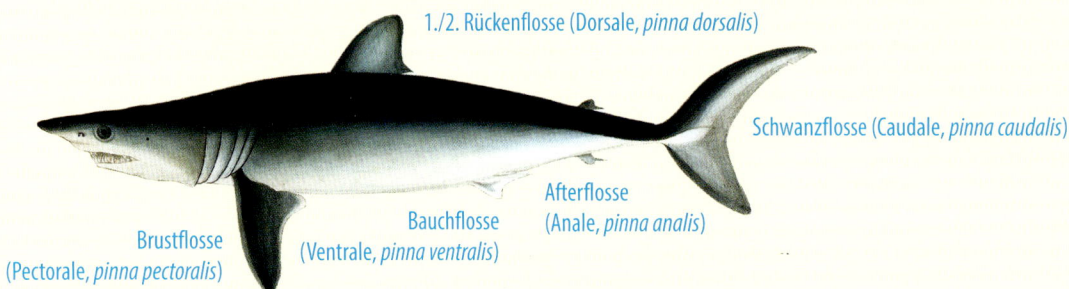

Zu den paarigen Flossen zählen die Brustflossen (Pectorale, *pinna pectoralis*) und Bauchflossen (Ventrale, *pinna ventralis*; im Englischen oftmals auch als „pelvic fins" bezeichnet). Diese beiden Flossentypen sind bei allen Haien und Rochen ausgebildet. Bei den meisten Rochen sind die Brustflossen stark vergrößert und bilden mit den Bauchflossen mehr oder weniger eine Einheit, die dem Tier den typischen runden/ovalen Umriss verleiht. Dies ist der gängigen bodenbewohnenden (benthisch) Lebensweise der Rochen geschuldet. Bei den meisten Rochen dienen die Brustflossen als Antrieb. Durch wellenförmige Bewegungen der Brustflossen – man spricht vom sogenannten Undulieren – oder durch ein Auf- und Abschlagen – so zum Beispiel machen es die Teufelsrochen, es erinnert an die Flügelbewegung der Vögel – wird eine Vorwärtsbewegung bewirkt.

Bei den Haien übernehmen die Brustflossen in erster Linie eine Stabilisierungs- und Steuerungsfunktion beim Schwimmen. Eine Besonderheit stellen die Bauchflossen männlicher Knorpelfische dar. Der rückwärtige Teil der Flossen wächst bis zur Geschlechtsreife zu paarigen, röhrenförmigen Geschlechtsorganen (den sogenannten Klaspern) heran.

keine Analflosse vorhanden

Batoidea (Rochen)

Squatiniformes (Engelhaie)

Pristiophoriformes (Sägehaie)

Echinorhiniformes (Nagelhaie)

Squaliformes (Dornhaie)

Analflosse vorhanden

eine Rückenflosse

Hexanchiformes (Grau- und Kragenhaie)

zwei Rückenflossen

Carcharhiniformes, Lamniformes
Orectolobiformes, Heterodontiformes

Neben den beiden stets vorhandenen paarigen Flossentypen können noch bis zu drei weitere unpaarige Flossen ausgebildet sein.

Die After- oder Analflosse (Anale, *pinna analis*) fehlt bei Rochen stets. Haie der Ordnungen Echinorhiniformes (Nagelhaie), Squaliformes (Dornhaie), Squatiniformes (Engelhaie) und Pristiophoriformes (Sägehaie) besitzen ebenfalls keine Afterflosse. Bei allen anderen Haiordnungen ist dieser Flossentyp vorhanden. Grau- oder Kragenhaie besitzen eine Rückenflosse, alle anderen Haie haben zwei Rückenflossen (Dorsale, *pinna dorsalis*). Bei Rochen können zwei, eine oder keine ausgebildet sein. Die Schwanzflosse (Caudale, *pinna caudalis*) fehlt bei einigen Rochen komplett, so z. B. bei der Familie der Stechrochen (Dasyatidae) oder bei der Familie der Teufelsrochen (Mobulidae). Dies liegt an der veränderten Art der Fortbewegung, wodurch diese Flossen bei diesen Tieren die ursprüngliche Funktion verloren haben.

Makrelenhai

Die Form der Schwanzflossen bei Haien, die – im Gegensatz zu den meisten Rochen – ihren Vortrieb durch kräftige seitliche Schläge erzeugen, kann man im Wesentlichen in vier verschiedene Gruppen einteilen. Grundsätzlich besteht die Schwanzflosse aus einem oberen (dorsalen) und einem unteren (ventralen) Flossenlappen (Lobi). Vertreter der Familie der Heringshaie (im Bild rechts oben), die zu den schnellsten Schwimmern gehören, haben etwa eine annähernd symmetrische Schwanzflosse. Bei diesen hoch spezialisierten und schnellen Jägern wird das Ende des Körpers zusätzlich durch einen deutlichen und kräftig ausgeprägten Kiel (Kaudalkiel) verstärkt. Zudem sind die zweite Rückenflosse, die Analflosse und die Bauchflossen im Verhältnis sehr klein ausgebildet.

Sandtigerhai

Bei den meisten Haiarten ist im Gegensatz dazu der obere Teil der Schwanzflosse größer und kräftiger entwickelt. Außerdem ist der Winkel der oberen Lobe zu der Körperachse (heterozerkaler Winkel) wesentlich flacher und es fehlen die seitlichen Kiele. Zu dieser Gruppe von Haien gehören zum Beispiel die meisten Riffhaie oder der Sandtigerhai.

Leopardenhai

Die dritte Gruppe, welche die meist bodennahen und langsam schwimmenden Haie umfasst, zeichnet sich durch einen stark reduzierten, zum Teil sogar fehlenden unteren Flossenlappen aus. Hierzu zählen viele Ammen- und Katzenhaie (im Bild als Vertreter dieser Gruppe: der Leopardenhai).

Portugiesendornhai

In der vierten Gruppe finden sich die Dornhaie wieder. Diese meist kleinen Haie, die vorwiegend in der Tiefsee in Bodennähe leben, weisen eine abgerundete Form des oberen Teils der Schwanzflosse (epicaudal lobe) auf (siehe im Bild rechts unten).

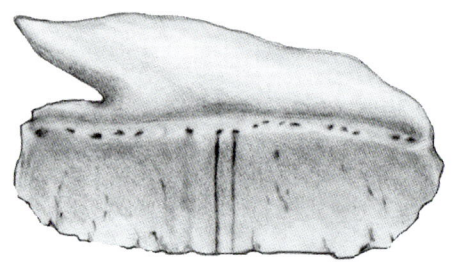

Echinorhinus pfauntschi
Pfeil, 1983

Wesentliche Unterscheidungsmerkmale

- stark geneigte Hauptspitze
- kräftige Hauptspitze mit geschwungener Schneidekante
- distale Seitenspitzen möglich
- niedere, rechteckige Wurzel
- kleine Foramina

Im Gegensatz zu den meisten fossilen Arten, die oftmals nur distal Seitenspitzen entwickelten, unterscheiden sich die Zähne der heute lebenden Arten durch die großen mesialen und distalen Seitenspitzen deutlich von denen ihrer Vorfahren.

Nagelhai (Echinorhinus cookei).

Synonyme
Echinorhinus pollerspoecki

Habitat
Rezent sind zwei *Echinorhinus*-Arten bekannt, die beide weltweit bis in Tiefen von 1 100 Metern vorkommen.

Beschreibung
Wie bei allen *Echinorhinus*-Arten lassen sich die Ober- und Unterkieferzähne nur schwer voneinander unterscheiden (sehr schwach ausgeprägte dignathe Heterodontie).
Die Zähne von *Echinorhinus pfauntschi* sind sehr stark labio-lingual komprimiert. Die Hauptspitze, die immer nach distal geneigt ist, ist im unteren Bereich kräftig und breit und läuft im oberen Drittel schlank und spitz aus. Die Krone großer Exemplare reicht nicht über den distalen Zahnrand hinaus. Die mesiale Schneide ist in ihrer ganzen Länge grob gekerbt; manchmal kann an ihrem Basalrand eine kleine Nebenspitze ausgebildet sein. Die distale Schneide ist glatt. Sie setzt sich durch eine scharfe Kerbe vom höckerförmigen, distalen Talon bzw. von der insbesondere bei adulten Exemplaren vorhandenen kräftigen Nebenspitze ab. Am unteren Rand der Kronenbasis treten lingual – etwas deutlicher als labial – niedrige,

vertikal verlaufende Schmelzfalten auf, die in unregelmäßiger Verteilung über die ganze Zahnbreite verstreut sind. Die Wurzel ist nieder und lingual ist deutlich ein direkt unterhalb der Kronenbasis verlaufender Wulst (Wurzelprotuberanz) erkennbar. Auf der gesamten Wurzelfläche sind ungewöhnlich viele Foramina ausgebildet.

Deutlich unterscheidbar sind die Zähne von juvenilen Exemplaren. Ähnlich wie bei den rezenten Arten werden die großen dominanten Nebenspitzen erst im erwachsenen Stadium gebildet. Zähne von Jungtieren haben keine Seitenspitzen, der mesiale Kronenrand ist normalerweise glatt und ohne erkennbare Kerbung, und die Hauptspitze ragt deutlich über das Ende der Wurzel hinaus. Dieser jugendliche Zahntyp wurde irrtümlich einer eigenen Art zugerechnet (*Echinorhinus pollerspoecki*). Wenn sich die Zähne im Laufe der Entwicklung des Tieres verändern, also zum Beispiel die Zähne juveniler Tiere anders aussehen als bei adulten Tieren, wird das als „ontogenetische Heterodontie" bezeichnet.

Überlappungsflächen sind niemals vorhanden.

Systematik
Echinorhiniformes – Echinorhinidae

Höhe ≤ 11 mm
Breite ≤ 20 mm

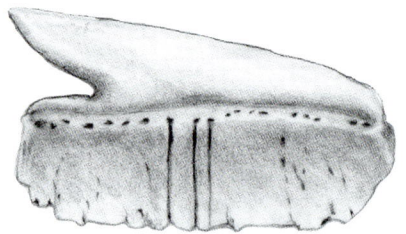

Echinorhinus schoenfeldi
Pfeil, 1983

Wesentliche Unterscheidungsmerkmale

- stark geneigte Hauptspitze
- schlanke Hauptspitze mit gerader Schneidekante
- niedere, rechteckige Wurzel
- kleine Foramina

Synonyme
Echinorhinus cf. riepli

Habitat
Rezent sind zwei *Echinorhinus*-Arten bekannt, die beide weltweit bis in Tiefen von 1 100 Metern vorkommen.

Beschreibung
Wie bei allen *Echinorhinus*-Arten lassen sich die Ober- und Unterkieferzähne nur schwer voneinander unterscheiden (sehr schwach ausgeprägte dignathe Heterodontie).

Die Zähne dieser *Echinorhinus*-Art sind sehr stark labio-lingual komprimiert und besitzen eine relativ schlanke, in der Regel deutlich nach distal geneigte Hauptspitze. Die Hauptspitze reicht dabei mindestens bis zum distalen Rand des Zahnes, oftmals sogar leicht darüber hinaus. Der normalerweise deutlich fein gekerbte mesiale Kronenrand weist nur eine schwache konvexe Wölbung im vorderen Drittel der Krone auf. Eine Einkerbung, wie sie zum Beispiel bei *Echinorhinus pfauntschi* im unteren Drittel des Kronenrandes ausgeprägt ist, fehlt. Mesiale Nebenspitzen sind grundsätzlich nicht vorhanden. Bei Zähnen von adulten Tieren kann jedoch distal vor dem äußersten distalen Rand eine spitz aufgerichtete oder stumpfe Nebenspitze ausgebildet sein. Der distale Talon ist niedrig und kurz ausgebildet. Vom basalen Kronenrand sind gerade bei adulten Zähnen labial und lingual kurze und feine Schmelzfalten ausgebildet.

Charakteristisch für diese Haigattung sind die sehr großen, nagelförmig ausgebildeten Hautschuppen, wie sie vergleichbar sonst nur bei Rochen vorkommen.

Nagelhai (Echinorhinus brucus) aus McCoy (1890).

Die Wurzel ist lingual relativ hoch mit einer deutlich ausgeprägten Protuberanz kurz unterhalb der Kronenbasis. Oftmals ist das zentrale linguale Foramen und eine einfache oder doppelte Basalfurche gut erkennbar und entwickelt. Daneben weist die Wurzel zahlreiche kleine linguale und labiale Foramina auf.
Überlappungsflächen sind nicht vorhanden.

Systematik
Echinorhiniformes – Echinorhinidae

Höhe ≤ 5 mm
Breite ≤ 7 mm

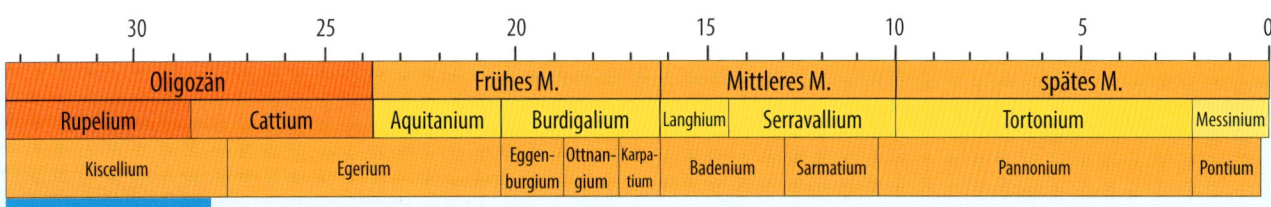

Squatiniformes
Engelhaie

Haie, die aussehen wie Rochen – mit dieser kurzen und prägnanten Aussage kann man die Engelhaie treffend beschreiben. Diese Ordnung beinhaltet derzeit nur eine einzige Familie (Squatinidae) und ist damit monotypisch. Als monotypisch bezeichnet man ein Taxon (z. B. eine Ordnung, Familie oder Gattung), das nur aus einer einzigen nächstniedrigeren Hierarchieeinheit besteht. Somit sind alle Ordnungen, die nur eine Familie beinhalten, monotypische Ordnungen. Dies trifft zurzeit nur auf folgende Hai-Ordnungen zu: Echinorhiniformes (Nagelhaie), Squatiniformes (Engelhaie), Pristiophoriformes (Sägehaie) und Heterodontiformes (Stierkopfhaie). Bei Rochen gibt es keine monotypischen Ordnungen.

Engelhaie kommen heute weltweit vor und bevölkern vorwiegend die Bereiche der Kontinentalschelfe. Aktuell kennt man 24 verschiedene rezente Arten, die überwiegend in den flacheren Meeresbereichen anzutreffen sind, jedoch auch bereits in Tiefen jenseits der 500 Meter nachgewiesen wurden.

Engelhaie (Squatina) und Ausschnitt aus seinem Kiefer.

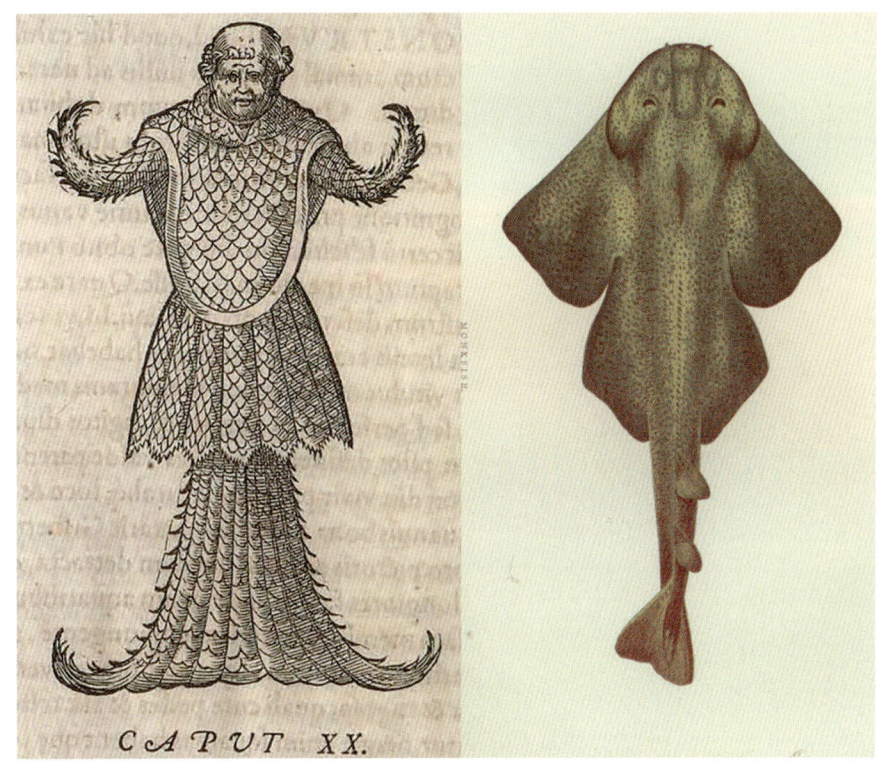

Seemönch von Guillaume Rondelet (1555), rechts daneben ein Seeteufel aus Jonathan Couches „History of the Fishes of the British Islands" (1877).

Aufgrund ihres besonderen Körperbaus sind diese Haie leicht zu erkennen und können nicht mit anderen Gattungen verwechselt werden. Auch ist die Bezahnung der Meerengelhaie sehr charakteristisch. Vollständig erhaltene Zähne besitzen eine einzelne aufrechte Spitze, die auf einer großen, flachen und dreieckigen Wurzelplatte sitzt.

Wegen ihrer besonderen Körperform erregten diese Tiere schon früh die Aufmerksamkeit der Menschen. In Tierbüchern des Mittelalters finden sich immer wieder Abbildungen von sogenannten Meermönchen. Dieses fiktive Tier, das erstmals um 1200 von dem englischen Wissenschaftler Alexander Neckam beschrieben wurde, hat eine große Ähnlichkeit mit den Umrissen eines Meerengelhais. Man vermutet heute, dass diese Illustrationen und Geschichten über Meermönche möglicherweise auf Fänge von diesen Haien, die zum Teil auch als Mönchshaie bezeichnet wurden, zurückgehen.

Die Nahrung der Meerengelhaie besteht hauptsächlich aus Fischen, kleinen Rochen, Weichtieren und Krebsen, die sie als Lauerjäger auf dem Boden liegend erbeuten. Dazu graben sich die Tiere im Sand bzw. Schlick ein und warten geduldig auf die Beute, die sie dann blitzartig regelrecht einsaugen und verschlingen. Meerengelhaie sind in ihrem Bestand aufgrund Überfischung stark gefährdet.

Oben: Sägehai.
Unten: Sägerochen.

Wie unterscheiden sich Haie und Rochen?

Vergleicht man das äußere Erscheinungsbild einiger Rochen- und Haigruppen, wie zum Beispiel die Sägehaie (Pristiophoridae) mit den Sägerochen (Pristidae), oder die Meerengelhaie (Squatinidae) mit den Geigen- oder Gitarrenrochen (z. B. Rhinidae oder Rhinobatidae), mag man darüber verwundert sein, dass diese sich so ähnlich sehenden Tiere stammesgeschichtlich nicht nahe verwandt sind und es sich einmal um Haie und einmal um Rochen handelt. Am einfachsten kann man die beiden Gruppen an der Lage der Kiemenspalten unterscheiden. Diese befinden sich bei Haien stets seitlich am Körper, bei den Rochen dagegen immer auf der Körperunterseite. Ein weiteres Unterscheidungsmerkmal ist an den großen Brustflossen erkennbar. Diese sind bei Rochen zum Kopf hin verlängert und im Gegensatz zu den Haien nicht abgesetzt, sondern bilden mit dem Körper eine Einheit. Zusätzlich zu den bisher genannten äußerlich erkennbaren Unterschieden können noch die Lage des Mauls und der Nasenöffnung genannt werden. Beide sind bei den Rochen ebenfalls stets auf der Körperunterseite zu finden, bei Haien dagegen vorne am Kopf.

Oben: Rostrum eines Sechskiemer-Sägehais (Pliotrema).
Unten: Rostrum eines Sägerochens (Pristis).

Die zum Teil sehr großen Ähnlichkeiten von Vertretern beider Großgruppen rühren von den vergleichbaren Lebensweisen dieser Tiere her und sind das Ergebnis eines evolutionären Anpassungsprozesses. Solche getrennt und unabhängig voneinander verlaufenden Entwicklungen, die zu gleichen oder ähnlichen Merkmalen bei unterschiedlichen Tiergruppen führen, werden in der Biologie als Analogie/analoge Merkmale bzw. konvergente Entwicklung bezeichnet. Von Analogie spricht man immer dann, wenn die Ähnlichkeit eines Merkmals nicht auf einen gemeinsamen Vorfahren zurückgeführt werden kann. Das Gegenteil von Analogie wird als Homologie (altgriechisch ὁμολογεῖν, *homologein*, „übereinstimmen") bezeichnet. Diese liegt vor, wenn die untersuchten Merkmale auf einen gemeinsamen Vorfahren zurückzuführen sind. Ein gerade für Fossiliensammler bedeutendes homologes Merkmal aller Plattenkiemer (Elasmobranchii) ist der permanente Zahnwechsel, der bei den Haien zum Begriff „Revolvergebiss" geführt hat. Er ist der Grund dafür, dass in marinen Sedimenten Haifischzähne regelmäßig und an manchen Fundstellen sogar massenhaft zu finden sind.

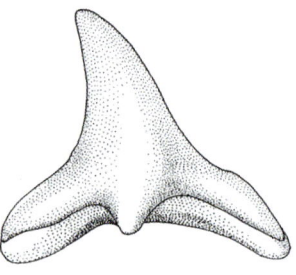

Squatina sp.

Wesentliche Unterscheidungsmerkmale

- eine einzige zentrale Hauptspitze
- labialer Apron
- symmetrischer Talon
- keine Nebenspitzen
- basale Wurzelfläche dreieckig

Die Gattung *Squatina* gehört neben den Gattungen *Etmopterus*, *Apristurus*, *Squalus*, *Carcharhinus* und *Mustelus* zu den artenreichsten Haigattungen, die in der Paratethys mit mindestens einer Art vertreten war. Aufgrund der schwer zu unterscheidenden morphologischen Zahnmerkmale einiger rezenter Arten empfehlen manche Autoren, auf eine Bestimmung auf Artniveau im Neogen zu verzichten.

Japanischer Engelhai (Squatina japonica).

Synonyme

Ob man die fossilen Zähne der Meerengelhaie eindeutig einzelnen Arten zuordnen kann, ist noch nicht geklärt. In der Molasse werden diese Zähne oftmals der Art *Squatina subserrata* zugerechnet.

Habitat

Aufgrund der hohen Diversität innerhalb der Gattung können rezente Engelhaie in kühlen bis hin zu tropischen Gewässern sowie zwischen seichten Buchten bis zu Wassertiefen von 500 Metern angetroffen werden. Engelhaie leben bodennahe.

Beschreibung

Die Zähne von *Squatina* besitzen eine ausgeprägte disjunkt monognathe Heterodontie sowie eine dignathe Heterodontie.

Die **anterioren Zähne** weisen eine symmetrische Krone mit einer relativ geraden Hauptspitze auf, die sich stark nach lingual neigt. Die Zähne sind meist entweder etwas breiter als hoch (Oberkiefer) oder höher als breit (Unterkiefer) und besitzen mesial und distal einen gleich entwickelten Talon ohne Nebenspitzen. Die anterioren Zähne des Unterkiefers sind dabei deutlich größer als jene des Oberkiefers. Die Schneide teilt die Zahnkrone in eine gleichmäßig stark konvex gekrümmte Lingual- und Labialseite. Sie setzt sich mesial und distal auf dem mäßig hohen und langen Talon fort. Labial besitzen Zähne von Engelhaien einen charakteristischen (jedoch schmalen) Apron, welcher sich als Fortsatz bis unter den basalen Rand der Wurzel erstreckt. Die Wurzel ist in basaler Ansicht beinahe dreieckig, flach oder leicht konkav mit einem Zentralforamen. In orolingualer Ansicht besitzt die Wurzel eine stark ausgeprägte Uvula, welche die Wurzel in zwei Hälften teilt. Neben diesem auffälligen Wulst befinden sich linguale Foramina, die subparallel zu dem lateralen Talon verlaufen.

Laterale Zähne sehen jenen in anteriorer Position sehr ähnlich, unterscheiden sich jedoch durch die seitlich weit ausgezogenen Talons.

Daraus resultierend sind laterale Zähne im Ober- und Unterkiefer breiter als hoch und haben eine leichte distale Neigung.

Systematik
Squatiniformes – Squatinidae

Pristiophoriformes
Sägehaie

Pristiophoriforme Haie (Familie: Pristiophoridae) zeichnen sich durch eine flache, stark verlängerte und sägeartige Schnauze aus, an deren Unterseite sich zwei Barteln befinden. Weltweit wurden bis heute zehn rezente Arten von Sägehaien beschrieben, die sich auf zwei Gattungen verteilen: sieben *Pristiophorus*- und drei *Pliotrema*-Arten. Die Gattungen lassen sich durch die Anzahl der Kiemenschlitzpaare (fünf bei *Pristiophorus* und sechs bei *Pliotrema*) und das Vorhandensein oder Fehlen von Zacken an den Rostraldornen (nicht gezahnt bei *Pristiophorus* und gezahnt bei *Pliotrema*) leicht unterscheiden.

Sägehaie sind relativ kleine (meist 1,0 bis 1,5 Meter lang), lebendgebärende Haie, die küstennahe bis tiefe Meeresbereiche auf den Kontinentalschelfen und -hängen bewohnen. Als typische Grundhaie bevorzugen sie sandige, kiesige oder schlammige Bereiche. Über die Biologie ist bis heute nur wenig bekannt.

Genetischen Analysen haben gezeigt, dass die Sägehaie eine Klade mit den Dornhaien (Squaliformes) und Meerengelhaien (Squatiniformes) – jedoch unter Ausschluss der Grauhaie (Hexanchiformes) – bilden. Unter einer Klade oder monophyletischen Gruppe wird in der Biologie eine systematische Einheit verstanden, die den letzten gemeinsamen Vorfahren und alle seine Nachfahren enthält. Das bedeutet im vorliegenden Fall, dass man davon ausgehen muss, dass es einen gemeinsamen Vorfahren der drei genannten Ordnungen gegeben hat.

Fossil trifft man meist auf die Rostralzähne der Sägehaie – besser gesagt auf ihre Rostraldornen, da der Begriff „Zähne" hier irreführend und nicht zutreffend ist. Bei den Rostraldornen

Kopf von Pliotrema.

Detail eines Rostrums der Gattung Pliotrema.

handelt es sich um umgewandelte und spezialisierte Dermaldentikel. Kürzlich publizierte detaillierte Untersuchungen der Rostraldornen und Zähne der fossilen und rezenten Sägehaiarten haben gezeigt, dass sich die Rostraldornen für eine Artbeschreibung nicht eignen, da sie zu wenige morphologische Unterscheidungsmerkmale aufweisen. Grundsätzlich ist es deshalb nur anhand der Zähne möglich, einzelne Arten zu unterscheiden. Die winzigen Zähne, die meist nur 1–2 Millimeter breit werden, können eigentlich nur durch Schlämmen des Sediments gefunden werden. Im Gegensatz dazu sind die Rostraldornen, die schon einmal mehr als 10 Millimeter hoch werden, auch im Gelände mit freiem Auge zu finden. In den Molasseablagerungen gehören sie zu den regelmäßigen Funden.

Die Lorenzinischen Ampullen – der sechste Sinn der Knorpelfische

Im Jahr 1678 veröffentlichte der italienische Naturwissenschafter Stefano Lorenzini seine anatomischen Forschungsergebnisse über den Zitterrochen (Gattung *Torpedo*). Bei der Untersuchung des Rochens fielen ihm zahlreiche Poren auf, die überwiegend vorne am Kopf zu finden waren. Er entfernte die Haut an diesen Stellen und stellte fest, dass sich darunter je eine gelgefüllte durchsichtige Röhre befand. Diese sehr unterschiedlich dicken Röhrchen vereinten sich tief im Schädel des Tieres zu mehreren größeren Gallertmassen. Zuerst vermutete er, dass es sich hierbei um Schleimdrüsen handeln könnte, verwarf diese These aber wieder und ging später von einer „mehr versteckten Funktion" aus, über die er sich noch keinen exakten Reim machen konnte.

Die Funktion dieser gelgefüllten Röhrchen blieb noch mehrere hundert Jahre ungeklärt. Erst im späten 19. Jahrhundert, mit der Erforschung des sogenannten Seitenlinienorgans der Fische und im Zuge der Entwicklung besserer Mikroskope, konnten die Forscher erkennen, dass jedes Röhrchen in einer Ampulle endete, aus der jeweils ein feiner Nerv austritt. Diese Nervenfasern treten an der Schädelbasis ins Gehirn ein. Aus diesen Befunden schlossen die

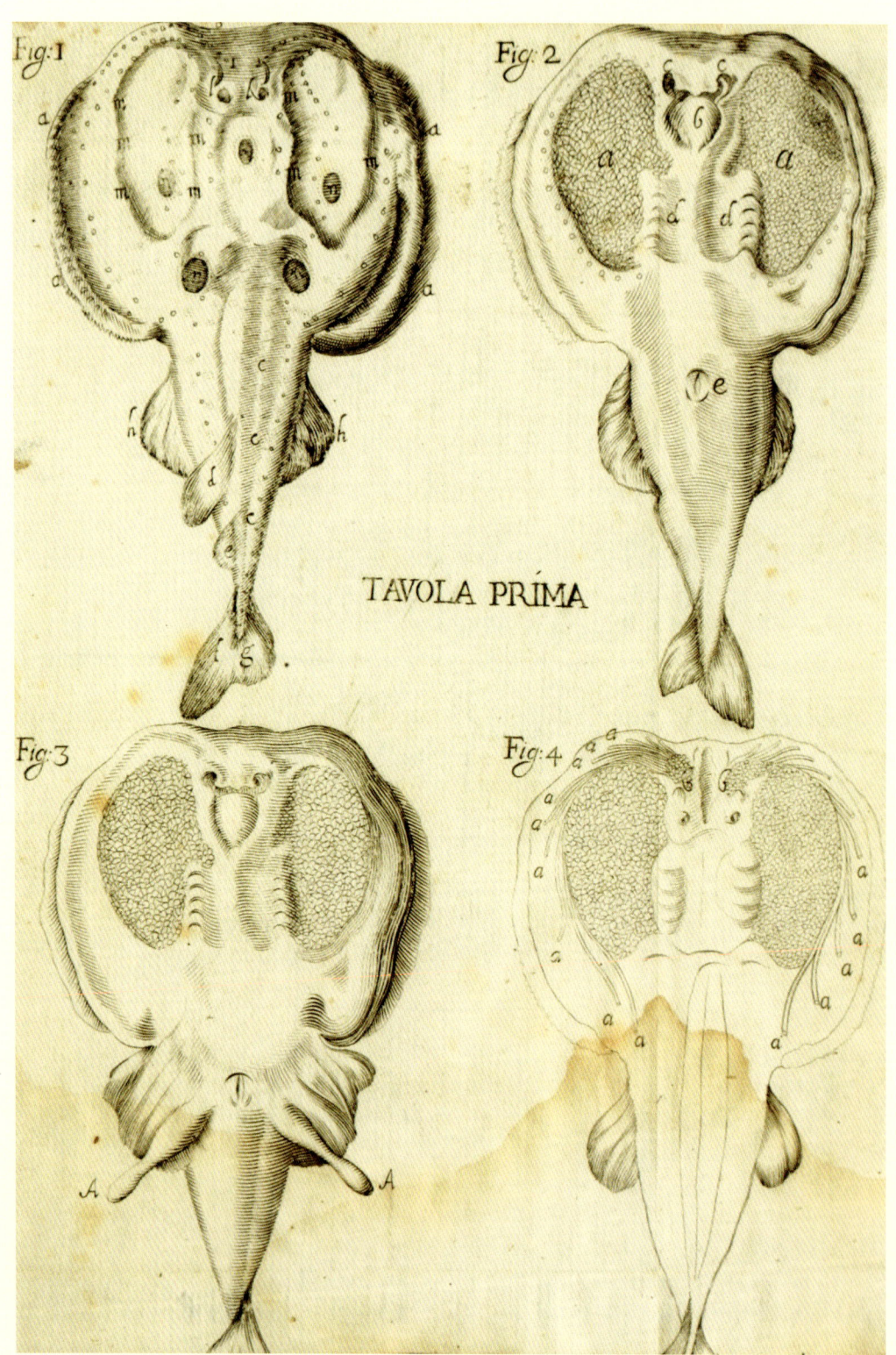

Tafel 1 der von Stefano Lorenzini 1678 publizierten Untersuchungsergebnisse über den Zitterrochen (Gattung Torpedo).

Anatomen, dass es sich um eine besondere Form von Sinnesorgan handeln musste. Die tatsächliche Funktion blieb aber weiterhin im Dunklen.

Erst durch die Forschungen Anfang des 20. Jahrhunderts von Alexander Sand von der Meeresbiologischen Gesellschaft in Plymouth und später durch Richard W. Murray von der Universität Birmingham konnte dokumentiert werden, dass dieses hochempfindliche Sinnesorgan auf Berührung, Druck, Temperatur, Salzgehalt und elektrische Felder reagierte. In Bezug auf die Wahrnehmung elektrischer Felder war Murray von der Empfindlichkeit des Organs völlig überrascht. Er stellte fest, dass das Organ noch Spannungen von einem millionstel Volt in einer Entfernung von einem Zentimeter im Meerwasser registrierte.

Später durchgeführte Messungen von Hirnwellen mit hochempfindlichen Messgeräten ergaben eine noch viel höhere Sensitivität! Die Forscher stellten fest, dass die Lorenzinischen Ampullen sogar auf Spannungen von zehn milliardstel Volt auf einen Zentimeter Entfernung reagierten. Dieses im Tierreich einmalig empfindliche Sinnesorgan ermöglicht es den Knorpelfischen, die ganz schwachen elektrischen Felder um Meerestiere zu registrieren. Diese elektrischen Felder entstehen durch den unterschiedlichen Salzgehalt des Meerwassers und den Zellen der im Meer lebenden Organismen, ähnlich wie etwa bei elektrochemischen Batterien.

Links: Lorenzinische Ampullen bei einem Kleingefleckten Katzenhai (Scyliorhinus canicula).
Rechts: Querschnitt durch den vorderen Teil des Kopfes eines Fuchsdrescherhais (Alopias vulpinus), der die Lorenzinischen Ampullen zeigt, die von einem gelartigen Gewebe umgeben sind. Bei der netzartigen Struktur handelt es sich um Nervenfasern.

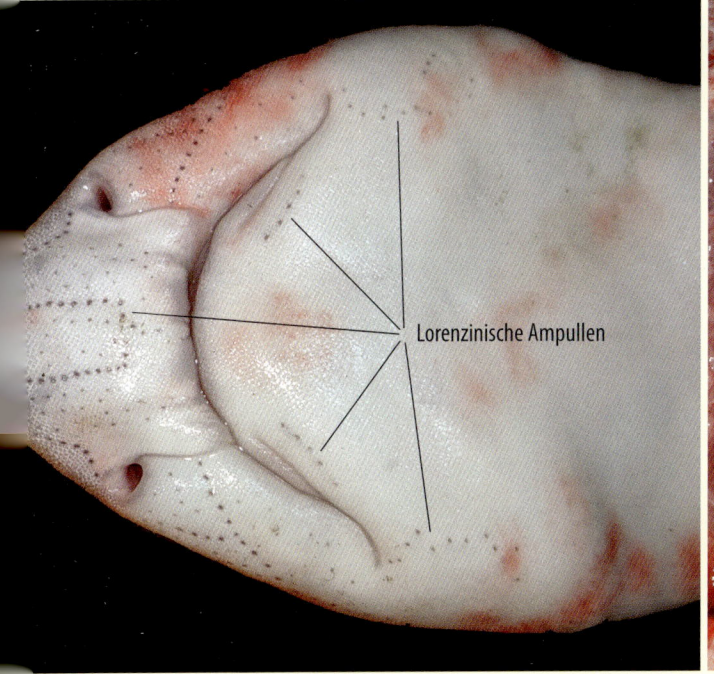

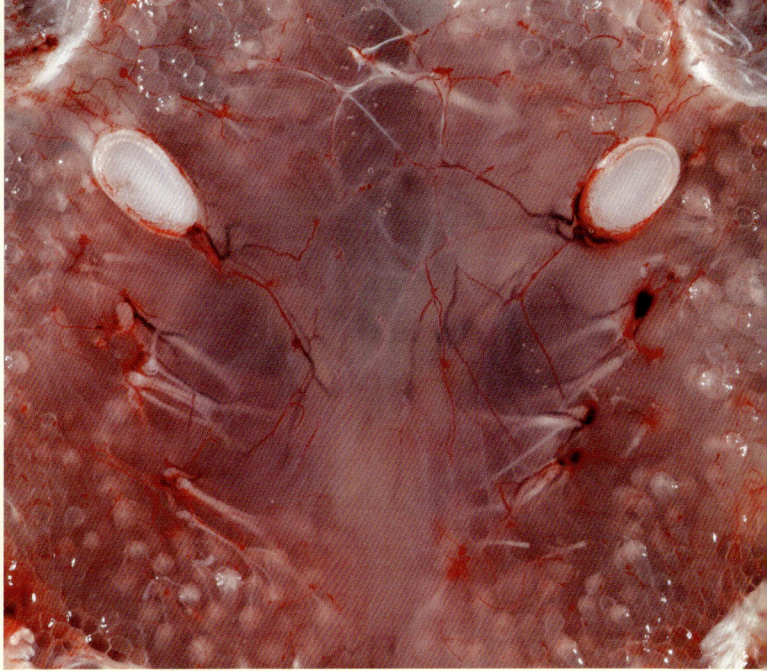

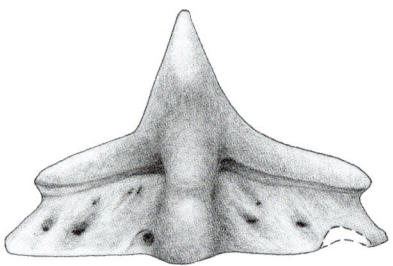

Pristiophorus austriacus
Reinecke, Pollerspöck, Motomura, Bracher, Dufraing, Günther & Von der Hocht, 2020

Wesentliche Unterscheidungsmerkmale

- eine zentrale Hauptspitze
- kein labialer Apron
- keine Schmelzfalten
- niedere Krone
- niedere Wurzel

Synonyme
keine

Habitat
Die Verbreitung der modernen Sägehaie ist auf den Indischen Ozean, Nordwest- und Südostatlantik und den westlichen Pazifik beschränkt. Sägehaie leben bodennahe.

Beschreibung
Die Zähne von *Pristiophorus austriacus* besitzen eine ausgeprägte gradient monognathe Heterodontie.

Die Art besitzt mittelgroße typische pristiophoride Zähne. Die zentrale Hauptspitze ist sowohl bei anterioren als auch bei lateralen Zähnen aufrecht bzw. leicht nach distal geneigt. Links und rechts neben der Hauptspitze besitzen sie mesial und distal einen gleich entwickelten Talon ohne Nebenspitzen. Die labiale Kronenfläche ist konvex und glatt ohne vertikalen Grat und ohne Ornamentation an den basalen Kronenflächen; ein Apron fehlt oder ist nur sehr schwach ausgebildet. Die latero-lingualen Kronenflächen sind glatt

Sägehaie sind lebendgebärend. Aus diesem Grund könnte man vermuten, dass die Rostraldornen eine Gefahr bei der Geburt darstellen könnten. Die Sägehaie haben dieses Problem auf verblüffende Weise gelöst: Die Jungen werden mit dem Kopf voran geboren, die Rostraldornen liegen bei der Geburt am Rostrum an, sind noch nicht vollständig kalzifiziert, dafür aber flexibel und werden erst ca. 8 Tage nach der Geburt aufgerichtet.

Sägehai der Gattung Pliotrema.

oder mit einem Quergrat versehen. Die mesial und distal verlaufenden Schneidekanten erstrecken sich durchgehend von der Spitze der Krone zu den lateralen Kronenrändern. Die Uvula ist konisch ausgebildet, mäßig breit und lang. Die anaulacorhize Wurzel ist dreieckig und seitlich fast so breit oder breiter als die Kronenbasis. Es sind nur wenige Foramina an den latero-lingualen Wurzelflächen und axial an der labialen Wurzelfläche vorhanden.

Systematik
Pristiophoriformes – Pristiophoridae

Höhe ≤ 1 mm
Breite ≤ 1,6 mm

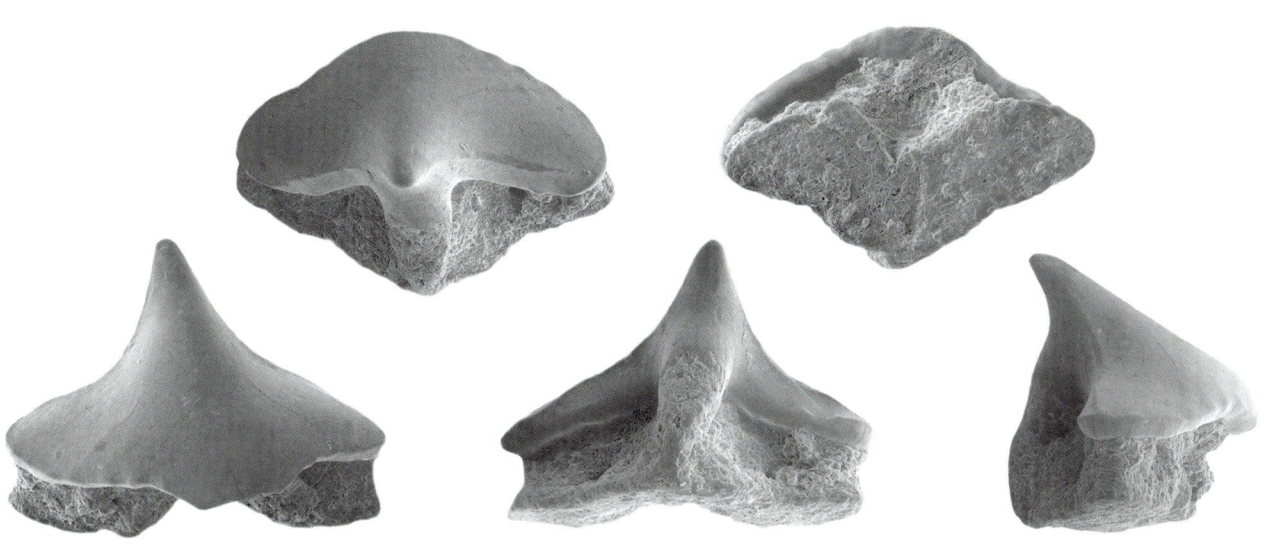

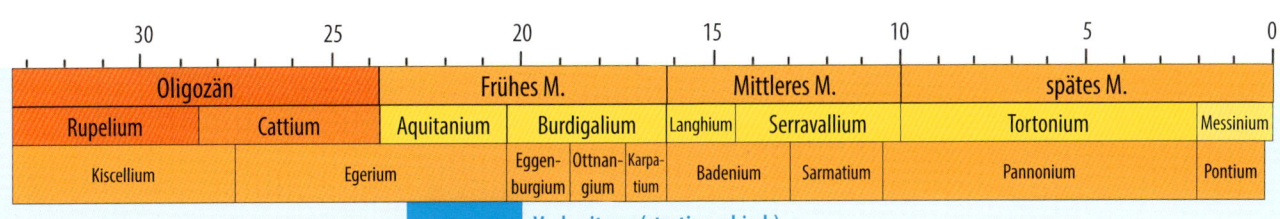

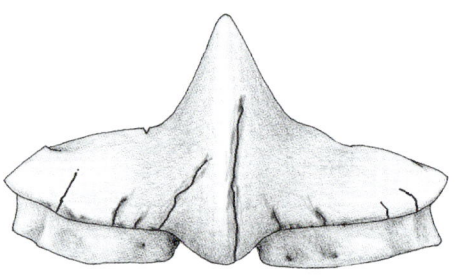

Pristiophorus striatus
Underwood & Schlögl, 2013

Wesentliche Unterscheidungsmerkmale

- eine zentrale Hauptspitze
- labiales Apron fehlt
- markante Schmelzfalten
- niedere Krone
- Wurzel niedriger als Krone

Synonyme
keine

Habitat
Die Verbreitung der modernen Sägehaie ist auf den Indischen Ozean, Nordwest- und Südostatlantik und den westlichen Pazifik beschränkt. Sägehaie leben bodennahe.

Beschreibung
Die Zähne von *Pristiophorus striatus* besitzen eine ausgeprägte gradient monognathe Heterodontie.

Die Art besitzt kleine bis mittelgroße typische pristiophoride Zähne. Die Zähne haben eine aufrechte bzw. leicht nach distal geneigte Krone, die beidseitig von einem sehr breiten, niederen und in der Höhe gleichmäßig abfallenden Talon flankiert wird. Die labiale Kronenfläche ist konvex gekrümmt und weist mehrere unregelmäßig verteilte und deutlich hervortretende Schmelzfalten auf. Eine dieser Schmelzfalten reicht annähernd bis zur Spitze der Krone, die anderen sind unterschiedlich lang und verlaufen annähernd parallel. Die deutlichen und scharfen Schneidekanten verlaufen von der Spitze

Die ältesten fossilen Nachweise der Gattung *Pristiophorus* stammen aus Kreideablagerungen des Libanons und wurden bereits 1932 von dem berühmten englischen Paläontologen Sir Arthur Smith Woodward beschrieben.

Pristiophorus tumidens, Sahel Alma, Santonium, Kreide.

über die beiden leicht welligen Talons bis zur Basis des Zahnes. Ein labiales Apron ist nicht erkennbar. Die Wurzel ist sehr nieder. Lingual ist die Krone stark konvex gekrümmt, Schmelzfalten oder eine Ornamentation sind nicht vorhanden.

Bei allen Zähnen ist lingual eine deutliche Uvula ausgebildet.

Systematik
Pristiophoriformes – Pristiophoridae

Höhe ≤ 0,8 mm
Breite ≤ 1,3 mm

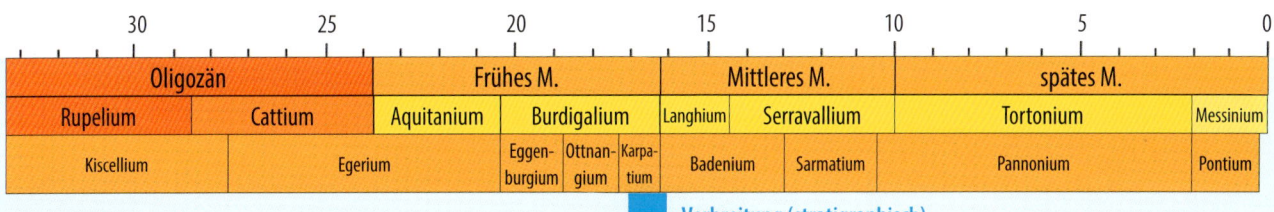

Verbreitung (stratigraphisch)

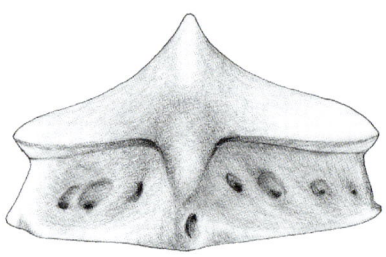

Pristiophorus suevicus
Jaekel, 1890

Wesentliche Unterscheidungsmerkmale

- eine zentrale Hauptspitze
- breites labiales Apron
- meist keine Schmelzfalten
- hohe Krone
- Wurzel niedriger als Krone

Synonyme
keine

Habitat
Die Verbreitung der modernen Sägehaie ist auf den Indischen Ozean, Nordwest- und Südostatlantik und den westlichen Pazifik beschränkt. Sägehaie leben bodennahe.

Beschreibung
Die Zähne von *Pristiophorus suevicus* besitzen eine ausgeprägte gradient monognathe Heterodontie.

Die Art besitzt mittelgroße bis große, typisch pristiophoride Zähne. Die Zähne der vorderen Reihen haben eine aufrechte Krone, die mesial und distal von einem mäßig breiten Talon flankiert werden. Seitenspitzen sind nicht vorhanden. Die labiale Kronenfläche ist konvex gekrümmt und in der Regel glatt. Vereinzelt kann ein sehr schwach ausgebildeter axialer Grat im oberen Bereich der Krone sichtbar sein. Unterhalb des beidseitigen Talons sind labial gelegentlich einige subvertikale Schmelzfalten vorhanden. Das labiale Apron ist breit und gerundet. Es kann aber auch bilobig (zweigeteilt) ausgebildet sein. Die deutlich ausgeprägten mesialen und distalen Schneidekanten verlaufen durchgehend von der Spitze bis zur Basis der

Im Gegensatz zu den Barteln anderer Haie, die in der Regel Modifikationen der vorderen Nasenklappe sind und daher im Bereich der Nasenlöcher liegen, befinden sich die Barteln von Sägehaien weit vor den Nasenlöchern in der Mitte des Rostrums.

Links: Chiloscyllium.
Rechts: Pliotrema.

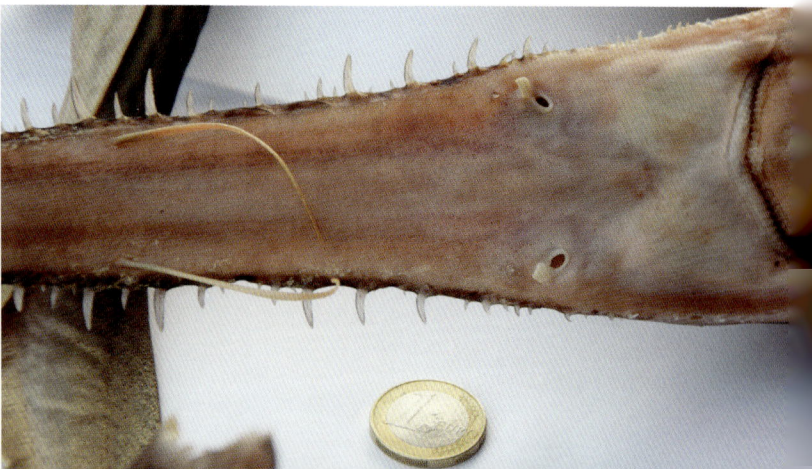

Krone. Die lingualen Kronenflächen sind niedrig und glatt, manchmal sind schwache Schmelzfalten erkennbar. Die Wurzel ist voluminös und niedriger als die Krone, auf der Labialseite weist sie eine deutliche Vertiefung auf.

Die Zähne der seitlichen bzw. posterioren Reihen haben eine niedrigere, aufrechte oder leicht nach distal geneigte Krone. Die beidseitigen Talons sind deutlich breiter und flacher als bei Zähnen der vorderen Reihen. Die Merkmale der labialen und lingualen Kronenflächen sowie das Apron sind mit denen der vorderen Zähne vergleichbar.

Die Uvula ist verhältnismäßig kräftig und dick ausgebildet.

Systematik
Pristiophoriformes – Pristiophoridae

Höhe ≤ 1,2 mm
Breite ≤ 2,2 mm

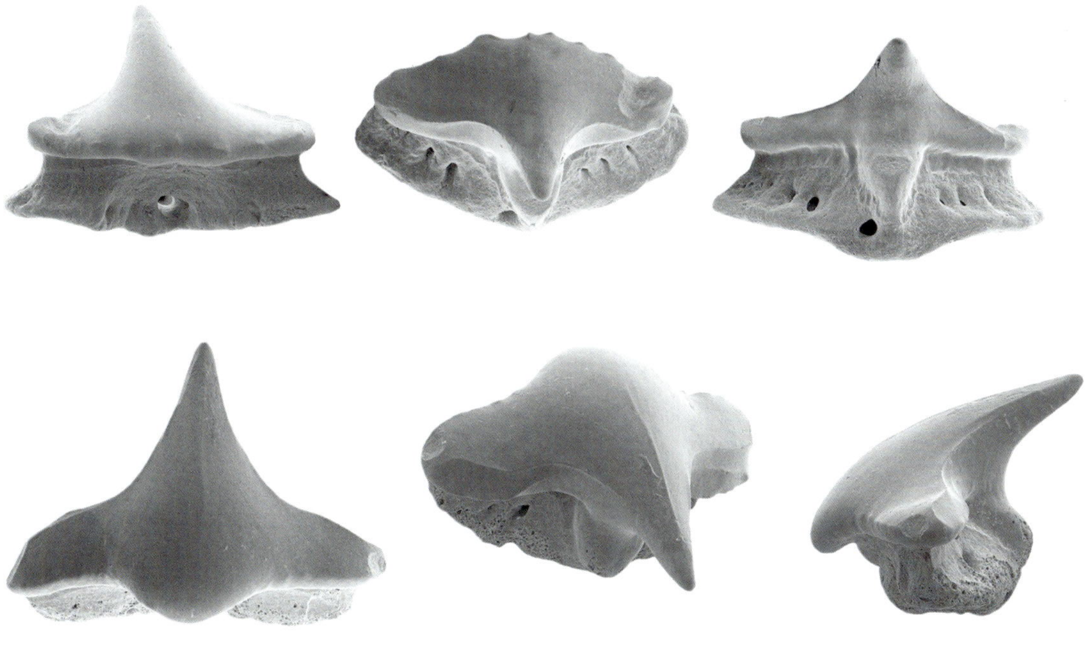

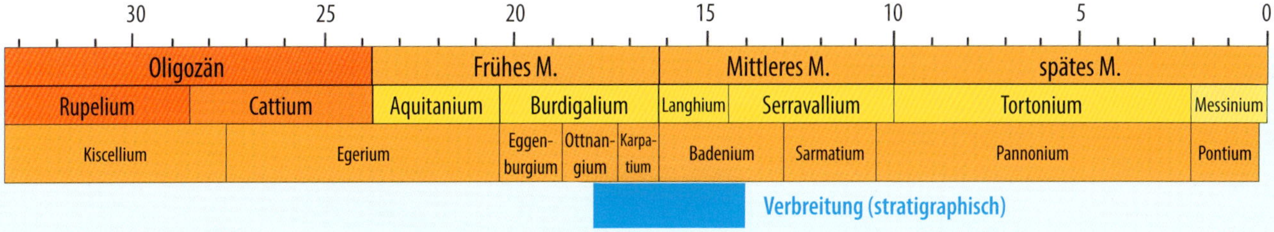

95

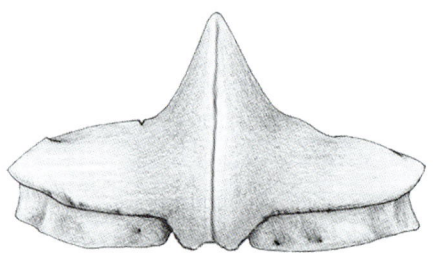

Pristiophorus ungeri
Reinecke, Pollerspöck, Motomura, Bracher, Dufraing, Günther & Von der Hocht, 2020

Wesentliche Unterscheidungsmerkmale

- eine zentrale Hauptspitze
- labiales Apron vorhanden
- keine Schmelzfalten
- hohe Krone mit labialem Grat
- Wurzel und Krone sind gleich hoch

Rezent sind zwei Gattungen mit insgesamt zehn Arten von Sägehaien bekannt, *Pliotrema* und *Pristiophorus*. Die Gattungen können unter anderem an den gezähnelten/ungezähnelten großen Rostraldornen unterschieden werden.

Synonyme
keine

Habitat
Die Verbreitung der modernen Sägehaie ist auf den Indischen Ozean, Nordwest- und Südostatlantik und den westlichen Pazifik beschränkt. Sägehaie leben bodennahe.

Beschreibung
Die Zähne von *Pristiophorus ungeri* besitzen eine ausgeprägte gradient monognathe Heterodontie.

Die Art besitzt kleine bis mittelgroße typische pristiophoride Zähne. Die Zähne der vorderen Reihen haben eine aufrechte Krone, die beidseitig von einem eher schmalen Talon flankiert wird. Die labiale Kronenfläche ist konvex gekrümmt und weist einen vertikalen, von der Basis bis zur Spitze reichenden Grat auf. Vereinzelt treten labial, meist unterhalb der mesialen/distalen Talons, noch kurze vertikale Schmelzfalten auf. Die labiale Kronenfläche ist glatt, nur an der Basis sind leichte Wellen erkennbar. Die deutlichen und scharfen

Links: Pliotrema.
Rechts: Pristiophorus.

Schneidekanten verlaufen von der Spitze über die beiden Talons bis zur Basis des Zahnes. Das labiale Apron ist breit, relativ nieder und an der Basis leicht gewellt. Die Wurzel ist hoch, auf der Labialseite weist sie eine deutliche Vertiefung auf.

Die Zähne der seitlichen bzw. posterioren Reihen besitzen ebenfalls eine aufrechte oder leicht nach distal geneigte Krone. Die beidseitigen Talons sind deutlich breiter und flacher als bei Zähnen der vorderen Reihen. Auch hier sind die labialen Kronenflächen konvex und weisen immer einen axialen Grat sowie mehrere längere Schmelzfalten auf.

Bei allen Zähnen ist lingual eine deutliche Uvula ausgebildet.

Systematik
Pristiophoriformes – Pristiophoridae

Höhe ≤ 0,9 mm
Breite ≤ 1,5 mm

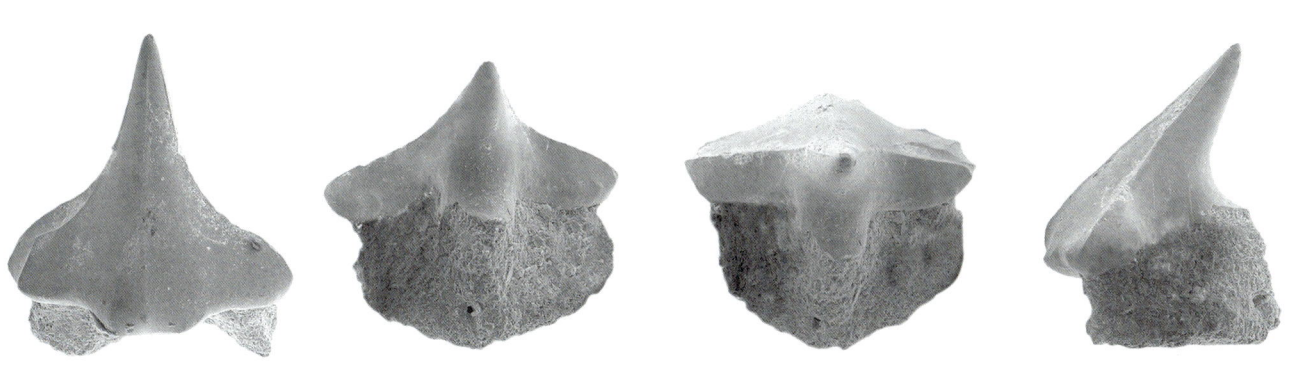

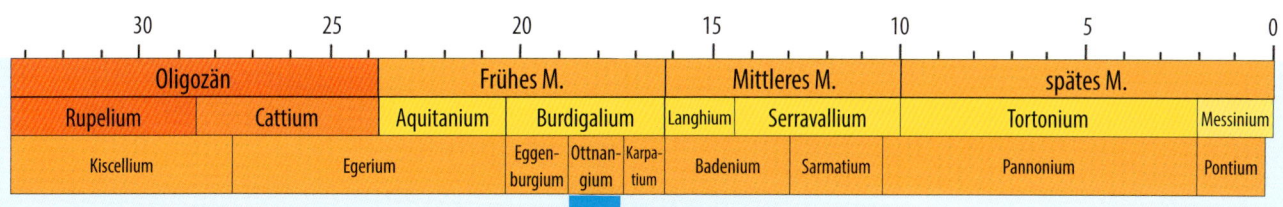

Verbreitung (stratigraphisch)

Squaliformes
Dornhaie

Oben: Typischer Stachel vor der ersten Rückenflosse eines Dornhais (Squalus acanthias). Unten links: Grönlandhai (Somniosus microcephalus). Unten rechts: Dornhaie (Squalus acanthias).

Die Dornhaie (Squaliformes), deren Name von den in der Regel jeweils vor den Rückenflossen befindlichen Stacheln herrührt, werden derzeit in sechs Familien (Centrophoridae, Dalatiidae, Etmopteridae, Oxynotidae, Somniosidae und Squalidae) mit über 140 Arten eingeteilt. Vertreter dieser Ordnung gehören zu den meist kleinwüchsigen Arten und erreichen selten Körpergrößen von über einem Meter. Eine in mehrerlei Hinsicht besondere Ausnahme hiervon ist der Grönlandhai (*Somniosus microcephalus*), der bis zu 7 Meter lang werden kann. Studien über das Alter dieses Haies ergaben, dass diese Tiere über 400 Jahre alt

werden können. Dazu wurden die Augenlinsen gefangener Tiere untersucht. Die darin enthaltenen Proteine bilden sich bereits bei der Geburt der Haie. Mittels Kohlenstoffdatierung konnte so das tatsächliche Alter der Tiere festgestellt werden. Diese Haie wachsen extrem langsam und werden erst mit rund 150 Jahren geschlechtsreif.

Die meisten Dornhaie leben in der Tiefsee und viele davon besitzen Leuchtorgane. Zahnmorphologisch folgen die meisten Arten einem gleichartigen Schema, wobei die Oberkieferzähne meist spitz, nadelförmig und senkrecht aufgerichtet sind. Die Unterkieferzähne sind überlappend angeordnet und labio-lingual sehr stark komprimiert mit einer meist rechteckigen Wurzel. Die für andere Haizähne typischen Wurzelloben (Wurzeläste) fehlen. Ausnahmen hiervon sind Zähne der Gattung *Squalus*, deren Zähne im Ober- und Unterkiefer annähernd gleich aussehen, sowie drei Gattungen der Familie der Laternenhaie (Etmopteridae), nämlich *Trigonognathus* (Viper-Dornhai) und die Laternenhaigattungen *Centroscyllium* und *Aculeola*. Allen drei Gattungen ist gemeinsam, dass die Unterkieferzähne sich nicht überlappen und die ansonsten typische rechteckige Wurzel fehlt.

Fossil können regelmäßig – auch in Sedimenten, die in flacheren Bereichen abgelagert wurden – die drei Gattungen *Squalus, Isistius* und *Centrophorus* gefunden werden. Ihre Zähne können mehrere Millimeter breit/hoch werden. Viele Zähne anderer Gattungen, wie zum Beispiel *Etmopterus*, *Deania* oder *Squaliolus*, erreichen oftmals nur Zahnhöhen von 1–2 Millimeter und müssen deshalb aufwändig durch Schlämmen großer Mengen Sediments gewonnen werden.

Hochspezialisierte Ernährungsformen

Bei Haien denkt man bei dem Begriff „Ernährungsform" sofort an den klassischen Räuber und Jäger, wie man ihn aus zahlreichen Dokumentationen und Filmen kennt. Nahezu unbekannt und zum Teil erst vor kurzem erforscht sind die nachfolgend aufgezeigten zwei Ernährungsformen von hochspezialisierten Dornhaien.
2013 wurde vor der spanischen Stadt Cullera ein männliches Exemplar einer Gefleckten Meersau (*Oxynotus centrina*) lebend gefangen und nach Barcelona in das dortige Aquarium gebracht. Nachdem der Hai in den ersten Monaten das angebotene Futter (Shrimps, Tintenfische, Krebse) verschmäht hatte, wurden mehrere frisch gelegte Rocheneier in das Becken gegeben. Eine spätere Untersuchung dieser augenscheinlich noch unbeschädigten Rocheneier brachte dann eine Überraschung zutage: Die Eier weisen zum einen eine Reihe eng nebeneinander liegender Löcher auf und, zum anderen, eine durchgehende Perforation. Aufgrund der Anordnung der Beschädigungen in den Eihüllen wurde vermutet, dass der Inhalt der Eier von dem Hai gefressen worden war. Anschließende Versuche und umfangreiche Beobachtungen des Haies bestätigten diese Vermutung. Kurz darauf wurde eine weitere Studie über die vor Neuseeland vorkommende Stachelige Meersau (*Oxynotus bruniensis*) veröffentlicht. In den untersuchten Mägen dieser Haie wurden zum Teil vollständige Embryonen

von Meerkatzen (Chimaeriformes; ebenfalls Knorpelfische und eng verwandt mit Rochen und Haien) gefunden. Genanalysen der bereits verdauten Mageninhalte ergaben, dass sich dieser Hai ebenfalls ausschließlich von derartigen Eiern ernährt. Sowohl das Gebiss als auch die wulstig ausgestalteten Lippen dieser Haie sind ideale Werkzeuge für das Öffnen der sehr stabilen, hornartigen Knorpelfischeier. Mit den Lippen werden die Eier „angesaugt", die spitzen Oberkieferzähne fixieren das Ei und mit den sägeartig angeordneten Unterkieferzähnen wird das Ei dann aufgeschlitzt, um anschließend den Embryo samt Dotter aus der Eihülle zu saugen.

Eine vergleichbare kuriose Jagdstrategie hat sich bei den Zigarrenhaien der Gattung *Isistius* entwickelt. Diese Haie, im Englischen zutreffend als „Cookiecutter sharks" bezeichnet, werden zu den sogenannten Ektoparasiten gezählt. Ektoparasiten sind Organismen, die auf der Körperoberfläche anderer Lebewesen leben und sich vom Wirtstier ernähren. Typische Ektoparasiten sind die uns allen bekannten blutsaugenden Plagegeister wie Mücken oder Zecken. Zigarrenhaie beißen mit ihrem speziell angepassten Gebiss runde Stücke aus ihren Beutetieren – wie zum Beispiel Thunfischen, anderen Haien, Robben oder Walen – heraus. Dazu saugen sie sich mit ihren dicken und wulstigen Lippen an den Beutetieren fest und stanzen mit den messerscharfen Unterkieferzähnen durch Drehung des Kopfes/Körpers runde Fleischstücke aus ihren Opfern. Die charakteristischen Narben ihrer Angriffe finden sich immer wieder an größeren Fischen und Meeressäugern, selbst bei einem ertrunkenen Taucher bzw. einem Langstreckenschwimmer vor Hawaii konnten solche Bissmarken bereits dokumentiert werden.

Oben und unten links: Ober- und Unterkieferzähne eines Meersauhais (Oxynotus). Oben und unten rechts: Marmorrochen (Raja undulata), Eikapsel mit mehreren Löchern; typische Bissmarken von Oxynotus centrina.

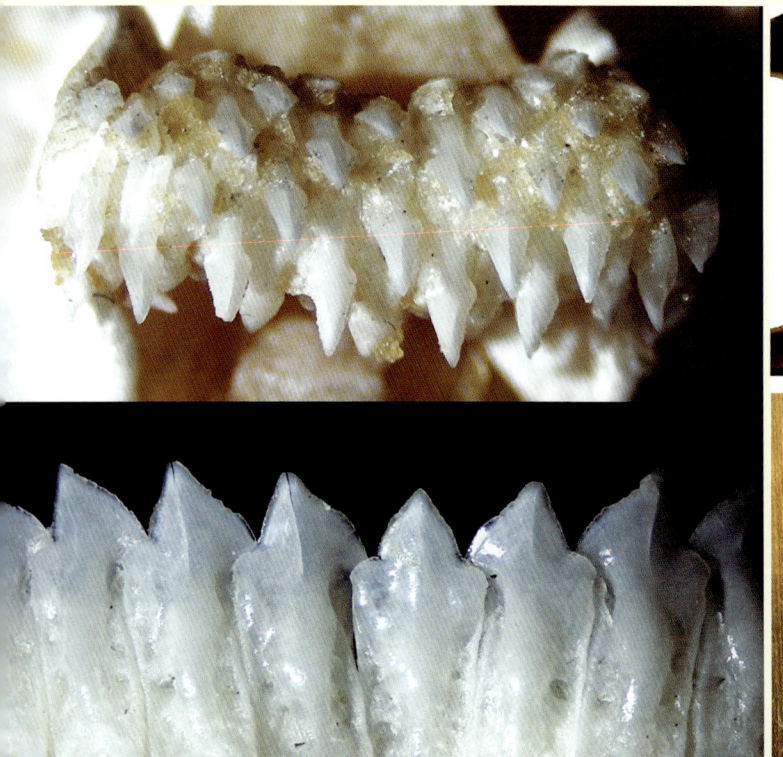

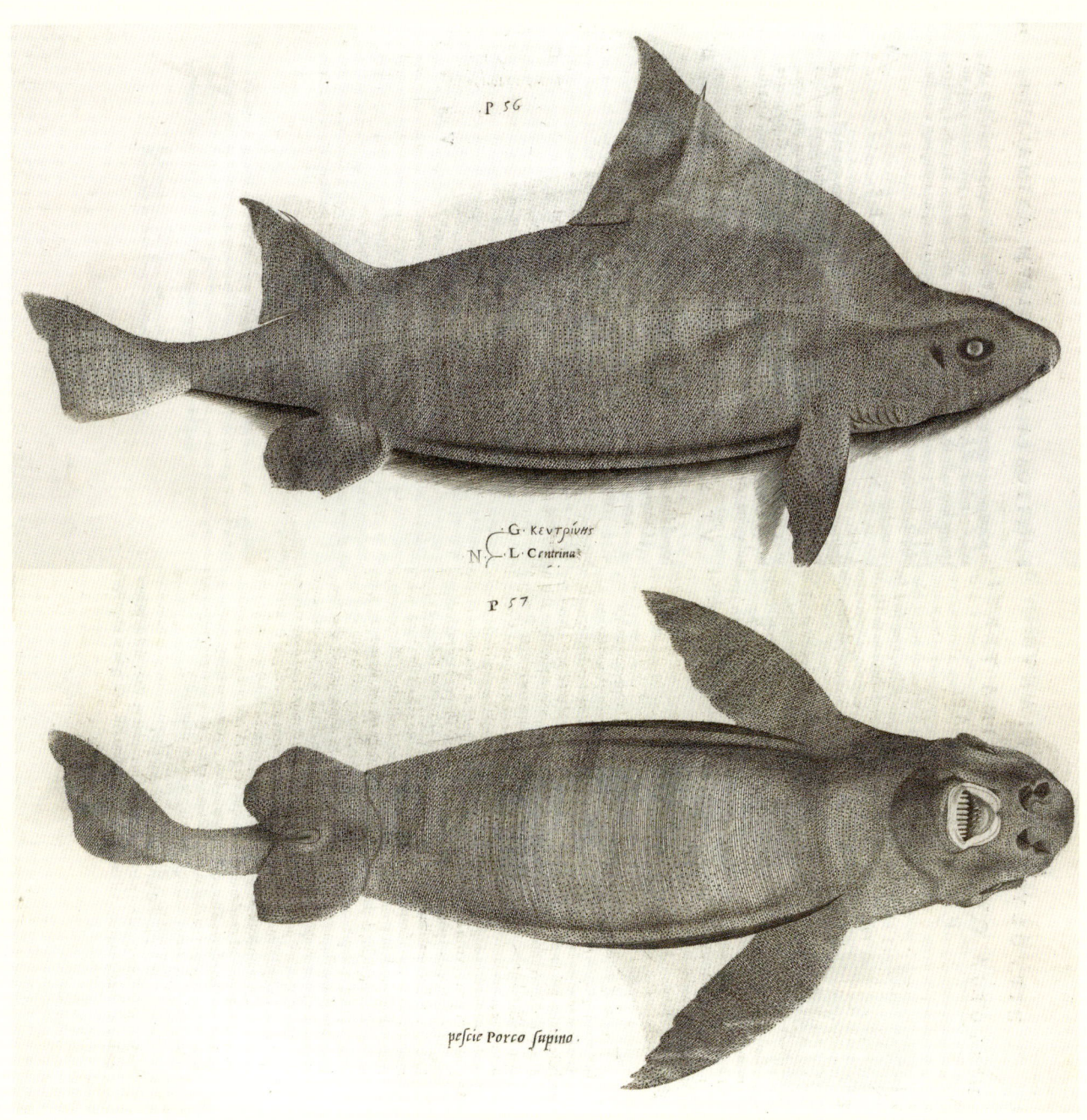

Oxynotus centrina, aus Hippolito Salvianis „Aquatilium animalium historiae" (1558).

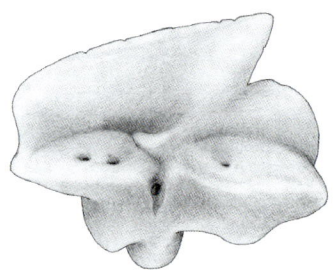

Squalus sp.

Wesentliche Unterscheidungsmerkmale

- sehr niedere Krone mit distalem Talon
- gezähnelte Schneide
- breites, zapfenförmiges Apron
- kräftige Uvula

Synonyme
Acanthias

Habitat
Die Gattung *Squalus* gehört zur Familie der Dornhaie (Squalidae) und ist rezent mit 38 Arten weltweit vertreten. Gemeinsam mit der nahe verwandten und sehr ähnlichen Gattung *Cirrhigaleus* stellt sie zahnmorphologisch eine Besonderheit dar. Die Zähne des Ober- und Unterkiefers sind nahezu identisch und lassen sich nicht eindeutig unterscheiden.

Beschreibung
Die Zähne von *Squalus* sind annähernd homodont, d. h. die Zähne unterscheiden sich nicht oder nur geringfügig voneinander.
Die Zähne der Gattung *Squalus* sind sehr markant und in der Regel selbst bei schlechter oder bruchstückhafter Erhaltung eindeutig bestimmbar. Die Zähne sind labio-lingual komprimiert, machen aber aufgrund der deutlich hervorstehenden Uvula und des erhabenen Aprons einen kompakten und robusten Eindruck. Die Zahnkrone ist nieder, breit und kräftig ausgebildet und stark nach distal geneigt. In der Regel weist die mesiale Schneidekante eine leichte, aber deutlich erkennbare Zähnelung auf. Diese kann jedoch bei abgerollten Exemplaren völlig fehlen. Distal ist ein hoher, höckerförmiger Talon ausgebildet. Die Hauptspitze reicht nicht über diesen Talon hinaus. Die Wurzel ist niedrig und lingual mit einem querlaufenden, auf jeder Hälfte des Zahnes bogenförmig ausgebildeten Grat versehen. Dieser trifft in der Mitte auf die weit hervorstehende Uvula. Am unteren Rand der Wurzel ist lingual das überhängende labiale Apron zu sehen. Dieses Apron ist zapfenförmig ausgebildet, tritt deutlich hervor und überragt den basalen Rand der Wurzel. Beidseitig des Aprons befinden sich meist kleinere Foramina. Lingual ist mittig unterhalb der Uvula ein zentrales Foramen ausgebildet. Mesial und distal oberhalb des Wurzelgrates sind weitere kleine Foramina vorhanden.

Dornhaie der Art *Squalus acanthias* waren in den europäischen Gewässern weit und zahlreich verbreitet und kamen in großen Schulen (Gruppen) vor. Aufgrund von Überfischung ist ihr Bestand inzwischen stark gefährdet. Als beliebter Speisefisch ist der Dornhai unter Bezeichnungen wie „Seeaal", „Seestör", „Schillerlocken" oder „Speckfisch" bei uns nach wie vor im Handel anzutreffen.

Dornhai (Squalus acanthias).

Fossil werden die meisten Funde aus dem Oligozän von *Squalus* der Art *Squalus alsaticus* zugeordnet, miozäne Funde dagegen in der Regel unter offener Nomenklatur („sp.") beschrieben. Derzeit ist es noch nicht geklärt, ob die morphologischen Merkmale der Zähne ausreichen, um eindeutige Artbestimmungen vornehmen zu können. Aus diesem Grund werden alle Funde hier zusammengefasst.

Systematik
Squaliformes – Squalidae

Höhe ≤ 3 mm
Breite ≤ 4 mm

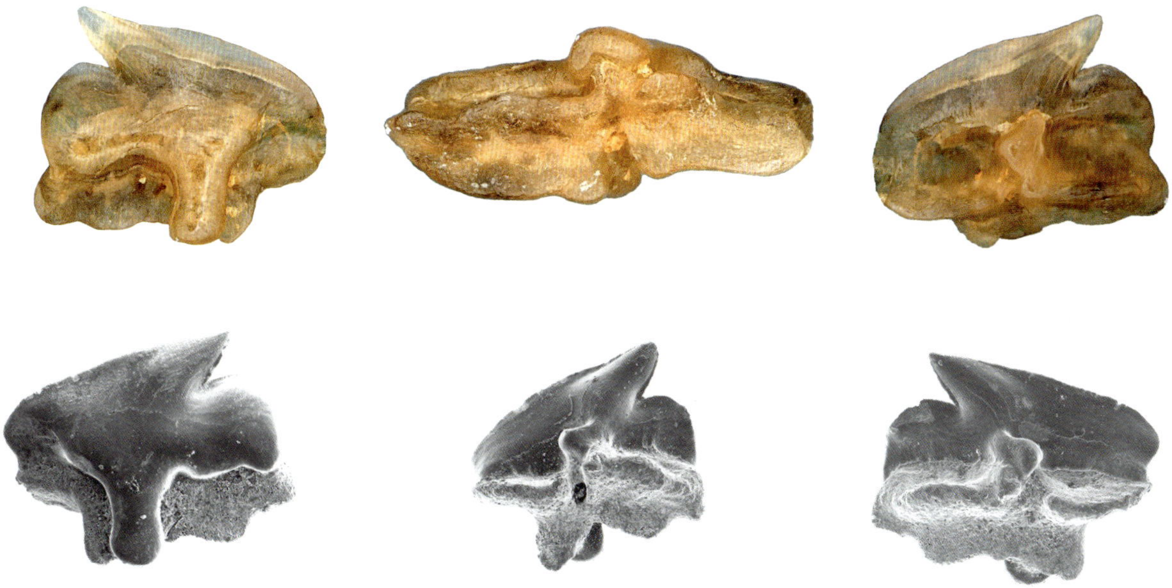

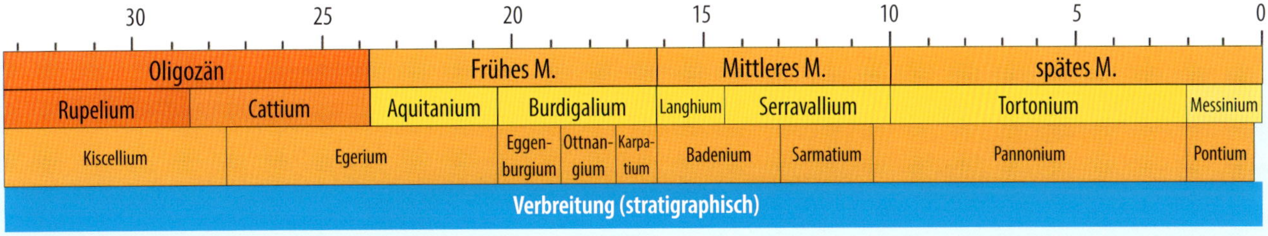

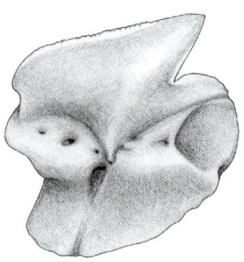

Centrophorus sp.

Wesentliche Unterscheidungsmerkmale

- eine zentrale Hauptspitze

Unterkieferzähne:

- sehr niedere Krone
- deutlich gezähnelte Schneide
- langer Apron
- unterbrochener Wurzelwulst
- Uvula vorhanden

Oberkieferzähne:

- einspitzig
- aufgerichtete Spitze
- breites Apron

Fossil werden die meisten Funde von *Centrophorus* der rezenten Art „*granulosus*" zugeordnet. Da es bis heute keine Untersuchungen darüber gibt, ob sich die 13 Arten anhand zahnmorphologischer Merkmale unterscheiden lassen, wird hier auf den Artnamen verzichtet.

Centrophorus squamosus aus Müller & Henle 1838.

Synonyme
Acanthias, Acanthias serratus

Habitat
Die Gattung *Centrophorus* gehört zur Familie der Schlingerhaie und ist mit 13 Arten weltweit – mit Ausnahme des Nordwestpazifiks – in den Kontinentalschelfen sowie Kontinental- und Inselabhängen in Tiefen von meist 50 bis 2 400 Metern vertreten.

Beschreibung
Die Zähne von *Centrophorus* besitzen eine gradient monognathe Heterodontie und eine schwach ausgeprägte dignathe Heterodontie.

Die **Unterkieferzähne** sind labio-lingual stark komprimiert, breit, besitzen eine nach distal geneigte Zahnkrone, deren mesialer Kronenrand meist deutlich und unregelmäßig gezähnelt ist. Von der Hauptspitze ist durch eine tiefe Kerbe der konvexe, distale Talon abgetrennt. Die hohe und breite Wurzel weist deutliche Überlappungsflächen auf. Dadurch rücken die Zähne im Gebiss näher zusammen und bilden eine fast geschlossene Schneide. Auf der Labialseite der Wurzel zieht sich eine breite, deutlich abgegrenzte Schmelzschürze (Apron) nach unten, deren basaler Rand unregelmäßig begrenzt ist. Über die ganze Wurzelbreite verläuft auf der lingualen Seite der Wurzel ein kräftiger Wulst, der von einem großen zentralen Foramen durchbrochen wird. Von diesem Zentralforamen aus führt eine schwach ausgebildete Basalfurche nach unten.

Im Symphysenbereich des **Oberkiefers** sind die Zähne annähernd symmetrisch. Sie haben eine spitze, senkrecht aufragende Zahnkrone. Die Schneiden dieser Zähne sind glatt und weisen keinerlei Zähnelung auf. Ihre Wurzel ist annähernd quadratisch.

Der Formübergang zu den Lateralzähnen ist fließend. Ihre Form wird asymmetrisch. Die Zahnkrone neigt sich immer mehr nach distal. Der mesiale Kronenrand dieser Zähne kann fein gekerbt sein. Der distale Talon ist bei diesen Zähnen wieder durch eine deutliche Kerbe von der Zahnkrone abgesetzt. Sowohl lingual als auch labial treten schwach ausgebildete Überlappungsflächen auf. Die Uvula ist kurz und dick. Die linguale Wurzelwölbung ist kräftig herausgehoben und wird vom Zentralforamen durchbrochen. Die Basalfurche ist meist deutlich ausgebildet. Das Apron ist kräftig entwickelt und hebt sich deutlich von der Wurzelfläche ab.

Verbreitung: nur im Neogen, da ältere Nachweise offensichtlich von anderen Arten stammen

Systematik
Squaliformes – Centrophoridae

Höhe ≤ 6 mm
Breite ≤ 6 mm

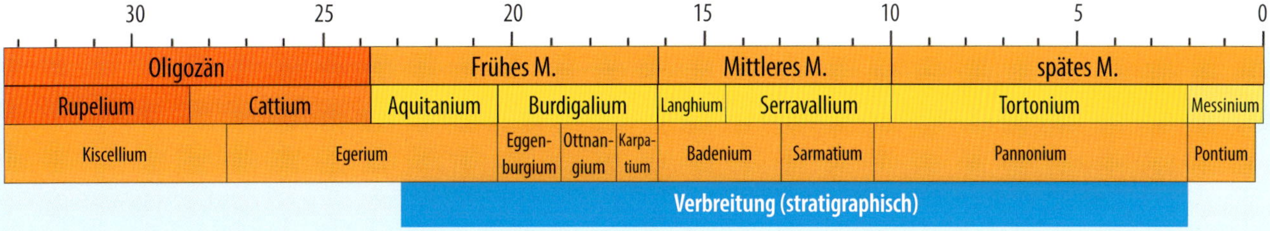

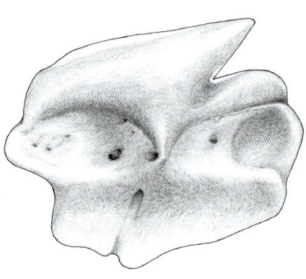

Deania sp.

Wesentliche Unterscheidungsmerkmale

- eine zentrale Hauptspitze

Unterkieferzähne:

- sehr niedere Krone
- glatte oder nur schwach gezähnelte Schneide
- breites Apron
- durchgehender Wurzelwulst
- Uvula vorhanden

Oberkieferzähne:

- einspitzig
- aufgerichtete Spitze
- breites Apron

Fossil werden die meisten Funde von *Deania* der rezenten Art „*calcea*" zugeordnet. Da es bis heute keine Untersuchungen darüber gibt, ob sich die vier Arten anhand zahnmorphologischer Merkmale unterscheiden lassen, wird hier auf den Artnamen verzichtet.

Deania calcea aus Bideault 1880.

Synonyme

keine, manchmal als *Centrophorus* benannt

Habitat

Die Gattung *Deania* gehört zur Familie der Schlingerhaie und ist mit vier Arten weltweit – mit Ausnahme des Nordwestpazifiks – in den Kontinentalschelfen sowie Kontinental- und Inselabhängen in Tiefen von meist 70 bis 1 700 Metern vertreten.

Beschreibung

Die Zähne von *Deania* besitzen eine gradient monognathe Heterodontie und eine sehr schwach ausgeprägte dignathe Heterodontie.
Die **Unterkieferzähne** haben eine stark nach distal geneigte Zahnkrone, deren Neigung zum Mundwinkel hin kontinuierlich zunimmt. Die Schneide der Zahnkrone ist glatt oder schwach gezähnelt. Der distale Talon ist durch eine deutliche Kerbe von der Zahnkrone abgesetzt. Die becherförmige linguale Überlappungsfläche ist mit scharfen Kanten deutlich von der restlichen Wurzelfläche abgegrenzt. Die labiale Überlappungsfläche wird von einer sehr markanten senkrechten Kante, die parallel zum mesialen Wurzelrand verläuft, begrenzt. Das labiale Apron ist breit. Die Uvula auf der lingualen Seite des Zahnes ist als schmaler Schmelzwulst deutlich hervorgehoben. Die Oberfläche ist manchmal mit Schmelzfalten versehen. Ein lingualer Wurzelwulst zieht sich horizontal über die ganze Zahnbreite. Er wird vom oberhalb liegenden Zentralforamen nie durchbrochen. Die Wurzel ist im Umriss meist trapezförmig.

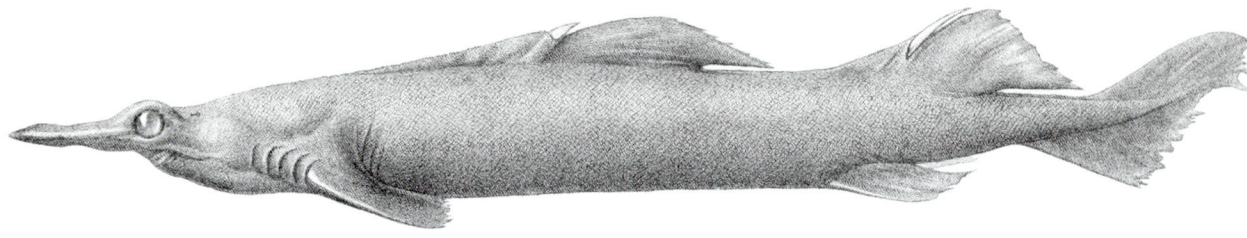

Lingual ist eine deutliche Basalfurche vorhanden, die von der Basis der Wurzel bis zu einem zweiten unteren Zentralforamen führt. Sie endet immer unterhalb des lingualen Wurzelwulstes.

Die anterioren Zähne des **Oberkiefers** sind gekennzeichnet durch eine gerade aufgerichtete, schmale und spitze Zahnkrone, die auf einer annähernd rechteckigen Wurzel sitzt. Distal ist ein Talon vorhanden, der bei Symphysenzähnen fehlen kann. Die Oberkieferzähne haben keine Überlappungsflächen. Die linguale Uvula ist nur schwach ausgebildet, das labiale Apron ist breit und glatt.

Die Lateralzähne haben eine hohe, leicht nach distal geneigte Zahnkrone. Der distale Talon ist durch eine scharfe Kerbe von der Zahnkrone abgesetzt. Die mesiale und distale Schneide der Zahnkrone ist dünn, durchscheinend und ohne Zähnelung. Der basale Bereich der Wurzelfläche wird von einer tiefen Basalfurche durchzogen, die in einem Zentralforamen endet.

Verbreitung: nur im Neogen, da andere Nachweise offensichtlich von anderen Arten stammen)

Höhe ≤ 3 mm
Breite ≤ 5 mm

Systematik
Squaliformes – Centrophoridae

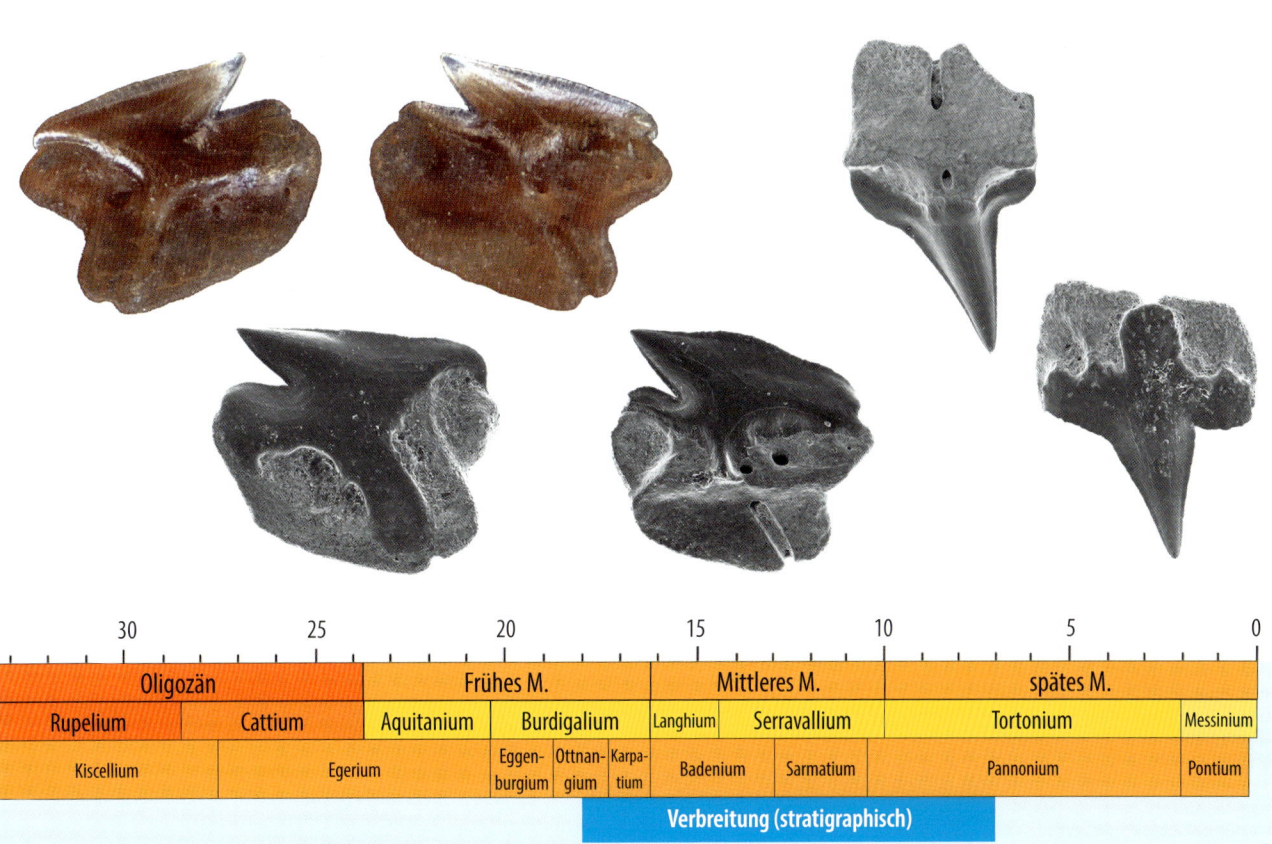

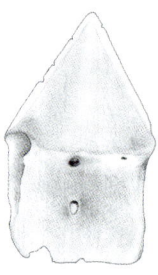

Isistius triangulus
(Probst, 1879)

Wesentliche Unterscheidungsmerkmale

Unterkieferzähne:

- einspitzig
- dreieckige, symmetrische, breite Krone
- keine Schmelzfalten
- rechteckige Wurzel
- zentrales Foramen

Diese Haie, die auch unter dem englischen Namen „Cookiecutter sharks" bekannt sind, haben sich auf eine ektoparasitische (Ektoparasiten leben auf der Körperoberfläche anderer Organismen und ernähren sich vom Wirtstier) Ernährungsweise spezialisiert. Mittels ihres speziell angepassten Gebisses schneiden sie kegelförmige, runde Stücke aus ihren Beutetieren (meist größeren Fischen und Meeressäugern) heraus.

Typische Bissspur von Isistius.

Synonyme
Centrina dertonensis

Habitat
Zigarrenhaie kommen weltweit meist in Inselnähe und pelagisch in Tiefen bis zu 3 500 Metern vor, vereinzelt auch in bis zu 6 400 Meter Tiefe.

Beschreibung
Die Zähne von *Isistius* besitzen eine sehr schwach ausgeprägte gradient monognathe Heterodontie und eine sehr schwach ausgeprägte dignathe Heterodontie.

Die **Unterkieferzähne** von *Isistius triangulus* sind labio-lingual stark komprimiert, die Krone ist typisch dreieckig mit einer in der Regel dünnen, glatten, manchmal auch ganz fein gezähnelten Schneide. Im Gegensatz zur Lingualseite bedeckt der Zahnschmelz labial einen Großteil der Wurzel und umschließt ein zentrales Foramen. Lingual befindet sich mittig knapp unter dem Schmelzrand ein großes zentrales Foramen und in der unteren Hälfte der rechteckigen flachen Wurzel ein weiteres deutlich ausgebildetes Foramen, das am oberen Ende einer länglichen Furche liegt, die bis zum basalen Wurzelrand reicht. Die Mundwinkelzähne der Art unterscheiden sich deutlich von den lateralen Unterkieferzähnen durch ihre asymmetrische Form und einem distal schwach ausgebildeten Talon.

Die **Oberkieferzähne** dieser Art wurden bis heute, obwohl die Unterkieferzähne häufig sind, fossil nicht gefunden.

Systematik
Squaliformes – Dalatiidae

Höhe (Unterkieferzähne) ≤ 6 mm

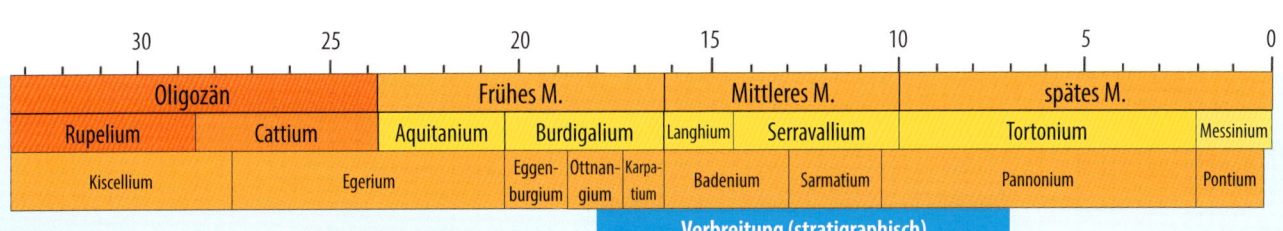

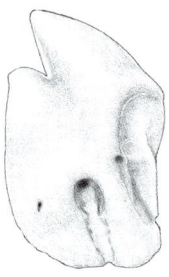

Euprotomicrus sp.

Wesentliche Unterscheidungsmerkmale

- einspitzig
- Unterkieferzähne mit sehr niederer Krone
- geteiltes Apron
- großes zentrales Foramen

Synonyme
keine

Habitat
Pygmäenhaie kommen weltweit meist in tropischen bzw. subtropischen Gewässern in Tiefen von bis zu annähernd 1 500 Metern vor.

Beschreibung
Die Zähne von *Euprotomicrus* besitzen eine sehr schwach ausgeprägte gradient monognathe Heterodontie und eine sehr schwach ausgeprägte dignathe Heterodontie.

Die **Unterkieferzähne** sind labio-lingual stark komprimiert und die Krone ist stark nach distal geneigt. Distal ist ein deutlicher Talon ausgeprägt, lingual ist ein einziges zentrales Foramen ausgebildet. Die labiale Überlappungsfläche reicht bis zur Basis der rechteckig ausgebildeten Wurzel. Labial befindet sich ein sehr großes zentrales Foramen, das von dem weit nach unten reichenden und deutlich hervortretenden Apron flankiert wird und zu einer für dalatiiden Arten typischen Zweiteilung des Aprons führt. Auf der Labialseite der Wurzel können zusätzliche kleinere Foramina ausgebildet sein, die sich neben dem zentralen Foramen oder im Bereich der Überlappungsfläche befinden können.

Die **Oberkieferzähne**, die labial ebenfalls das für *Euprotomicrus* typische geteilte Apron mit dem extrem groß ausgeprägten zentralen Foramen verfügen, haben bei anterioren Zähnen eine fast senkrecht aufgerichtete Zahnkrone, im lateralen Bereich des Kiefers ist die Krone hingegen deutlich nach distal geneigt. Hier sind sowohl das Apron als auch die Wurzelloben unterschiedlich lang ausgebildet.

Systematik
Squaliformes - Dalatiidae

Diese Gattung, die im Jahr 2020 erstmalig auch fossil nachgewiesen werden konnte, ist rezent nur mit einer Art vertreten *(Euprotomicrus bispinatus)*. Diese sehr kleine Art, die maximal 27 Zentimeter Länge erreicht, steigt nachts zum Jagen bis zur Wasseroberfläche auf.

E. bispinatus nachgezeichnet nach Bigelow & Schroeder 1957.

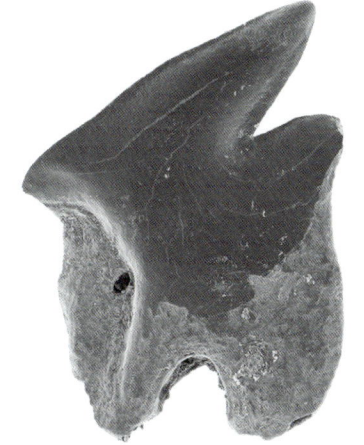

Höhe ≤ 1,6 mm
Breite ≤ 1 mm

30	25	20	15	10	5	0
Oligozän		Frühes M.		Mittleres M.		spätes M.	
Rupelium	Cattium	Aquitanium	Burdigalium	Langhium	Serravallium	Tortonium	Messinium
Kiscellium	Egerium	Eggenburgium	Ottnangium	Karpatium	Badenium	Sarmatium	Pannonium	Pontium

Verbreitung (stratigraphisch)

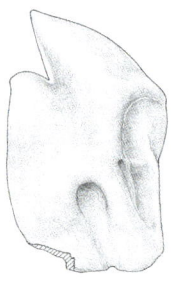

Squaliolus schaubi
(Casier, 1958)

Wesentliche Unterscheidungsmerkmale

Unterkieferzähne:

- rechteckige Wurzel
- keine Schmelzfalten
- niedere Krone
- großes labiales Foramen

Oberkieferzähne:

- einspitzige Zähne
- großes labiales Foramen
- Wurzel zweilobig

Synonyme
keine

Habitat
Die Gattung *Squaliolus* gehört zur Familie der Unechten Dornhaie (Dalatiidae). Die zwei rezenten Vertreter dieser Gattung haben nur einen Stachel vor der ersten Rückenflosse, alle anderen Gattungen der Familie sind stachellos (daher der deutsche Name „unechte Dornhaie"). *Squaliolus* ist eine typische Tiefseehaiart, die in Tiefen bis zu 2 000 Metern vorkommt, sich tagsüber jedoch meist in Bereichen von 200 Meter Tiefe aufhält.

Beschreibung
Die Zähne von *Squaliolus schaubi* besitzen eine gradient monognathe Heterodontie.

Die **Unterkieferzähne** sind labio-lingual stark komprimiert und – mit Ausnahme der Mundwinkelzähne – stets deutlich höher als breit. Die Krone ist sehr stark nach distal geneigt, der Kronenrand ist glatt und ungezähnelt. Distal ist stets ein Talon ausgebildet, über das die Spitze nie hinausragt. Lingual ist der Schmelzrand zur Wurzel hin leicht gewellt und steigt im Bereich des distalen Talons und der deutlich ausgeprägten Überlappungsfläche nach oben hin an. Direkt unter dem Schmelzrand befindet sich lingual ein mittig gelegenes, zentrales Foramen, lediglich bei posterioren Zähnen bzw. Mundwinkelzähnen ist dieses Foramen nach mesial verschoben. Die Wurzel ist annähernd rechteckig ausgebildet, lingual ist keine Basalfurche ausgebildet. Labial reicht der gewellte Schmelzrand bis etwa zum unteren Drittel der Wurzel. Labial ist ein sehr großes zentrales Foramen vorhanden, mesial und distal davon sind stets weitere kleine Foramina vorhanden. Der untere Wurzelrand ist in den meisten Fällen gerade ausgebildet, kann aber in der Mitte eine Einkerbung aufweisen, die dann in eine Basalfurche übergeht, die bis zu dem zentralen Foramen reicht.

Pygmäenhaie sind dunkelbraun bis schwarz gefärbt und haben zahlreiche biolumineszente Organe, die Licht erzeugen können, nämlich die Photophoren, die auf der Unterseite des Körpers sitzen. Es wird angenommen, dass der Hai diese Photophoren nutzt, um seine Silhouette zu verschleiern und dadurch für Raubfische unerkannt zu bleiben.

Zwerghai der Art S. laticaudus.

Die **Oberkieferzähne** sind stets einspitzig, die Krone steht bei anterioren Zähnen annähernd senkrecht und ist bei lateralen/posterioren Zähnen deutlich bzw. stark nach distal geneigt. Die Schneidekanten der Zahnkrone reichen bis zur Basis der Kronen. Lingual ist die Krone stark, labial nur leicht konvex gekrümmt. Es sind keine Ornamentation bzw. Schmelzfalten vorhanden. Auffallend ist die deutliche basale Verjüngung der Krone. Die Wurzel ist kräftig, bei antero-lateralen Zähnen zweilobig, bei posterioren Zähnen rechteckig ohne erkennbare Wurzelloben ausgebildet. Lingual ist ein kleines mittiges, zentrales Foramen ausgebildet. Labial befindet sich ein großes markantes Foramen direkt unter dem basalen Kronenrand.

Systematik
Squaliformes – Dalatiidae

Höhe ≤ 2,5 mm
Breite ≤ 1,5 mm

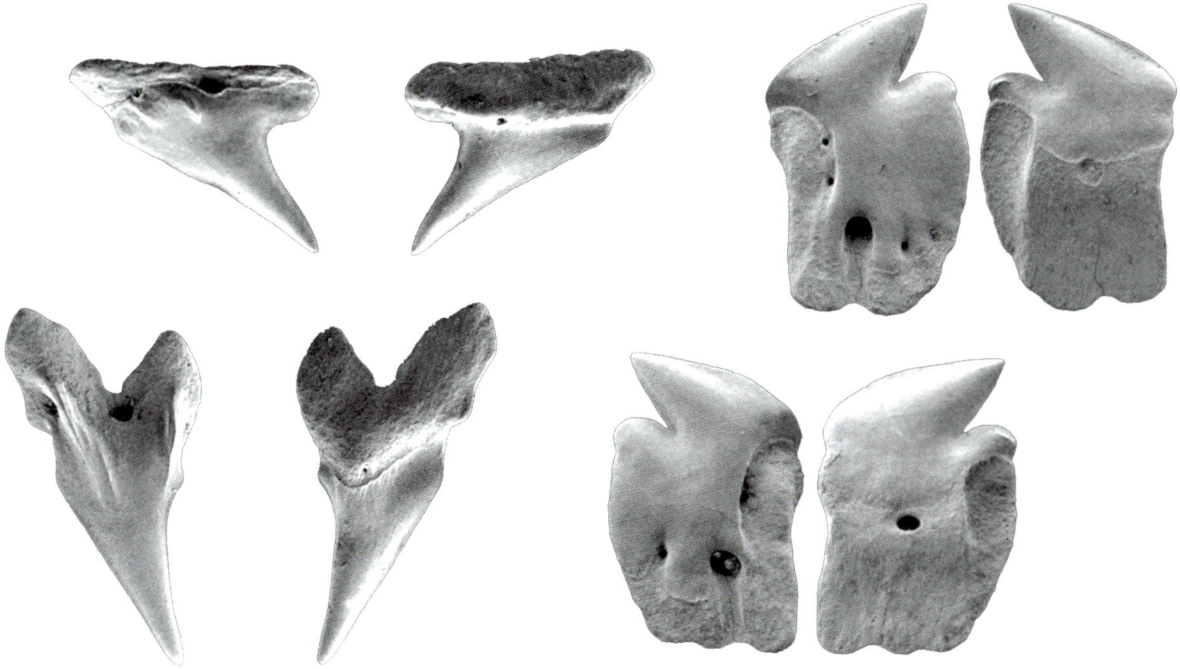

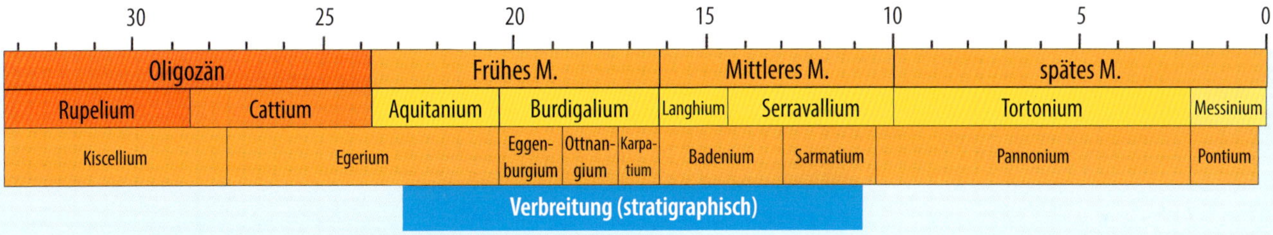

30	25	20	15	10	5	0
Oligozän		Frühes M.		Mittleres M.	spätes M.	
Rupelium	Cattium	Aquitanium	Burdigalium	Langhium	Serravallium	Tortonium	Messinium
Kiscellium	Egerium	Eggenburgium	Ottnangium	Karpatium	Badenium	Sarmatium	Pannonium	Pontium

Verbreitung (stratigraphisch)

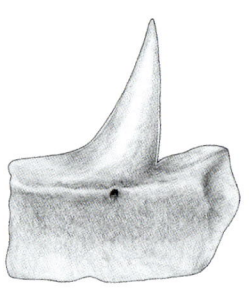

Dracipinna bracheri
Pollerspöck & Straube, 2021

Wesentliche Unterscheidungsmerkmale

Unterkieferzähne:

- rechteckige Wurzel
- keine Schmelzfalten
- aufgerichtete Krone
- konvexer mesialer Kronenrand
- zentrales linguales Foramen

Oberkieferzähne:

- einspitzige Zähne
- mehrere labiale Foramina
- Wurzel zweilobig

Synonyme
keine

Habitat
Die wahrscheinlich endemische und ausgestorbene Gattung aus der Familie der Dalatiidae (Unechte Dornhaie) wurde erst 2021 wissenschaftlich beschrieben. Zähne dieser Gattung sind bisher nur von drei Fundstellen bekannt. Aufgrund der dort vorgefundenen Begleitfauna kann davon ausgegangen werden, dass es sich – wie bei nahezu alle anderen Dornhaien – um eine Tiefseeart handelt.

Beschreibung
Die Zähne dieser Gattung zeigen eine sehr schwach ausgeprägte gradient monognathe Heterodontie und eine sehr schwach ausgeprägte dignathe Heterodontie.

Die **Unterkieferzähne** sind labio-lingual stark komprimiert. Die Kronen sind dreieckig, dolchartig, an der Basis breit und steil aufgerichtet. Der mesiale Kronenrand ist in der Regel markant konvex gebogen. Eine derartige Form der Krone bzw. der Schneidekante kommt bei allen anderen bekannten Dornhaien so nicht vor. Die Kronenränder sind dünn, scharf und durchscheinend. Die Krone selbst ist labial und lingual nur schwach konkav gewölbt. Mesial ist ein deutlicher und breiter Talon, der durch eine markante Kerbe von der Hauptspitze getrennt ist, ausgebildet. Der mesiale Kronenrand läuft bei lateralen Zähnen lang aus. Die Wurzel ist rechteckig, die Überlappungsflächen sind deutlich zu erkennen. Lingual ist die Wurzelfläche glatt und weist nur ein zentrales – direkt an der Basis der Krone befindliches – Foramen auf. Labial ist der Kronenrand leicht gewellt. Es sind meist mehrere kleinere und ein großes zentrales Foramen ausgebildet. Von dem zentralen Foramen kann eine undeutlich ausgebildete Basalfurche bis zur Basis der Krone reichen. Der Symphysenzahn des Unterkiefers ist streng symmetrisch. Die senkrechte Zahnkrone wird mesial und distal von je einem Talon flankiert. Derartige Symphysenzähne sind auch

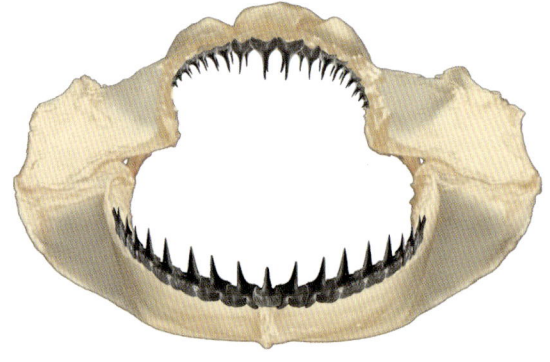

Gebissrekonstruktion von Dracipinna bracheri.

von anderen dalatiiden Gattungen bekannt (z. B. *Dalatias, Isistius, Euprotomicrus, Euprotomicroides*).

Die **Oberkieferzähne** haben eine spitze, senkrecht aufgestellte oder nur leicht nach distal geneigte schmale Zahnkrone. Sie ist beidseitig deutlich konkav gewölbt. Die Schneidekanten der anterioren und lateralen Zähne sind meist nur auf das obere Drittel der Zahnkrone beschränkt und mesial deutlich länger ausgebildet. Posteriore Zähne haben eine niedere Zahnkrone, die deutlich nach distal geneigt ist und eine durchgehende Schneidekante. Die Wurzeln der Zähne sind im anterioren und lateralen Bereich bilobig ausgebildet, bei posterioren Zähnen hingegen rechteckig. Oberkieferzähne besitzen keine lingualen oder labialen Überlappungsflächen. Lingual ist, wie bei den Unterkieferzähnen, nur ein sehr kleines, mittiges Foramen ausgebildet. Die Labialseite der Wurzel weist hingegen stets mehrere direkt unter dem basalen Kronenrand befindliche Foramina auf. Die posterioren Zähne oder Mundwinkelzähne des Unter- und Oberkiefers sehen sich auf den ersten Blick sehr ähnlich, können jedoch leicht anhand der vorhandenen (Unterkiefer) oder fehlenden (Oberkiefer) Überlappungsfläche unterschieden werden.

Höhe ≤ 3 mm
Breite ≤ 3 mm

Systematik
Squaliformes – Dalatiidae

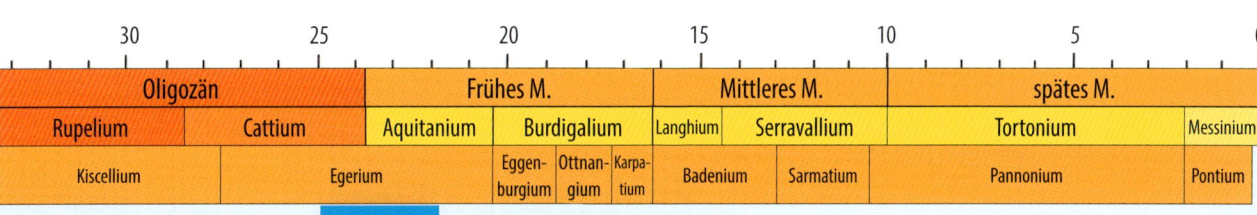

Verbreitung (stratigraphisch)

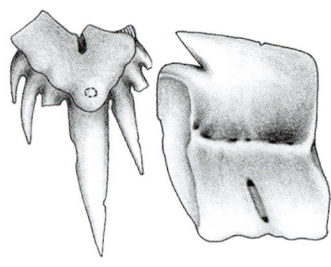

Etmopterus sp.

Wesentliche Unterscheidungsmerkmale

Unterkieferzähne:

- einspitzig
- sehr niedere Krone
- keine Schmelzfalten
- rechteckige Wurzel
- kleine Foramina

Oberkieferzähne:

- mehrspitzige Zähne
- Wurzel zweilobig

Haie der Gattung *Etmopterus* werden im deutschen Sprachraum auch Laternenhaie genannt. Diese Bezeichnung rührt von den Leuchtorganen her, die sich in erster Linie auf der Bauchseite bzw. an den Flanken befinden. Laternenhaie ernähren sich fast ausschließlich von kleinen Fischen oder Wirbellosen. Wie alle Dornhaie besitzen sie keine Afterflosse. Vor den beiden Rückenflossen befindet sich jeweils ein kräftig gebogener Stachel.

Laternenhai (Etmopterus spinax).

Synonyme
Miroscyllium

Habitat
Vertreter der rezenten Laternenhaie (Gattung *Etmopterus*) kommen weltweit meist an Kontinentalrändern und pelagisch in Tiefen von 200 bis 1 500 Metern vor, vereinzelt jedoch bis zu einer Tiefe von 4 500 Metern.

Beschreibung
Die Zähne von *Etmopterus* besitzen eine gradient monognathe Heterodontie und eine sehr schwach ausgeprägte dignathe Heterodontie. Bei den **Unterkieferzähnen** ist die Zahnkrone stark nach distal geneigt. Der Neigungswinkel der Hauptspitze ist bei den lateralen Zähnen nahe des Gaumens bzw. bei dem Mundwinkelzahn nahezu waagrecht. Der distale Talon ist nieder, konvex und durch eine Kerbe von der Hauptspitze abgesetzt. Bei dem Mundwinkelzahn ist er stark verlängert und nahezu waagrecht. Die Schneide der Zahnkrone ist stets glatt. Die langgezogene, deutlich ausgeprägte und immer bis zur Basis der Wurzel reichende linguale Überlappungsfläche nimmt rund ein Fünftel der Wurzelbreite ein und ist mit scharfen Kanten deutlich von der restlichen Wurzelfläche abgegrenzt. Ein lingualer Wurzelwulst zieht sich horizontal über die ganze Zahnbreite. Zwischen diesem Wurzelwulst und der Basis der Krone befinden sich meist mehrere Foramina. Auf der unterhalb des Wulstes befindlichen Wurzelfläche tritt ein zentrales Foramen aus. In der Regel ist eine Basalfurche, die bis zur Basis der Wurzel reichen kann, vorhanden. Labial bedeckt der Zahnschmelz rund zwei Drittel bis drei Viertel des ganzen Zahnes. Der untere Rand verläuft wellenförmig und endet mesial direkt an der Basis der Zahnkrone. Eine Reihe von Foramina treten an der Grenze der Wurzel zum Zahnschmelz aus.
Die **Oberkieferzähne** sind gekennzeichnet durch eine gerade aufgerichtete, schmale und spitze Zahnkrone, die manchmal leicht nach

distal geneigt sein kann. Im Gegensatz zu den Unterkieferzähnen besitzen die Oberkieferzähne keine Überlappungsflächen, da sie leicht versetzt im Kiefer angeordnet sind. Meist wird die Hauptspitze von ein bis drei Paar unterschiedlich hohen Nebenspitzen flankiert. Die Wurzel hat stets zwei Loben. Die Wurzeläste treffen in der Mitte des Zahnes v-förmig aufeinander. Direkt unterhalb der Hauptspitze ist stets eine kräftige Wurzelprotuberanz vorhanden, in deren Mitte sich das zentrale linguale Foramen befindet.

Systematik
Squaliformes – Etmopteridae

Höhe ≤ 2 mm
Breite ≤ 1,5 mm

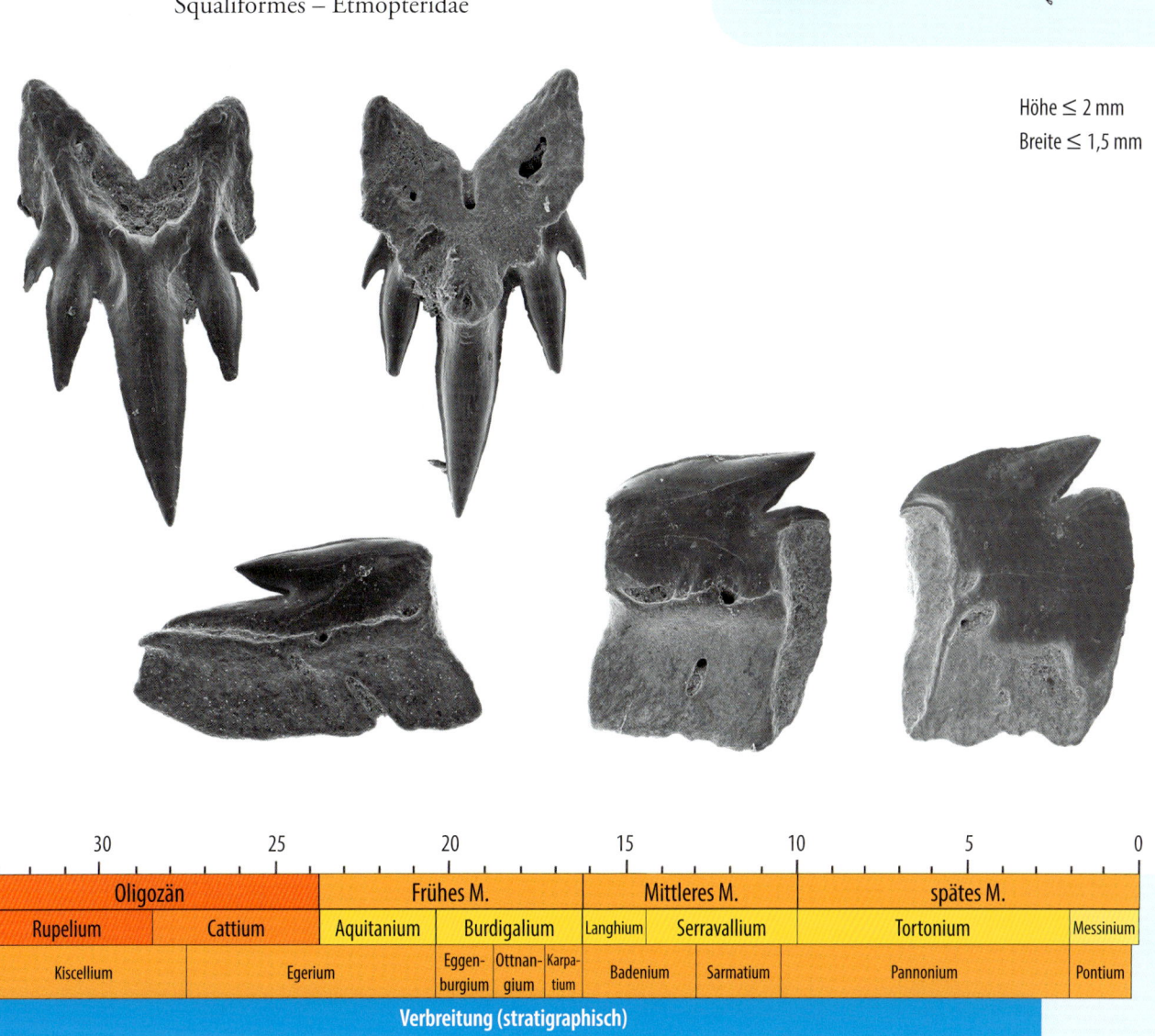

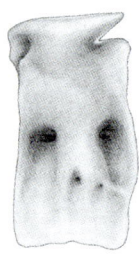

Palaeocentroscymnus horvathi
(Underwood & Schlögl, 2013)

Wesentliche Unterscheidungsmerkmale

Unterkieferzähne:

- sehr hohe Wurzel
- keine Schmelzfalten
- sehr niedere Krone
- große Foramina

Oberkieferzähne:

- einspitzige Zähne
- Spitze symmetrisch und aufrecht
- Wurzel massiv

Die Unterkieferzähne der Gattung *Palaeocentroscymnus* besitzen deutliche Überlappungsflächen, wobei die einzelnen Zähne dicht aneinander gereiht ein funktionales Schneidegebiss formen. Solche Überlappungsflächen sind z. B. auch bei Unterkieferzähnen der Gattungen *Centrophorus*, *Deania*, *Euprotomicrus*, *Squaliolus*, *Etmopterus* und *Centroscymnus* ausgebildet.

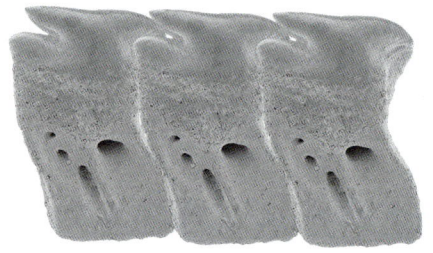

Synonyme
keine

Habitat
Diese Dornhaigattung/-art ist ausgestorben. Funde beschränken sich bis heute auf typische Tiefseesedimente.

Beschreibung
Die Zähne von *Palaeocentroscymnus horvathi* besitzen eine gradient monognathe Heterodontie.

Die **Unterkieferzähne** sind labio-lingual stark komprimiert, mit Ausnahme der Mundwinkelzähne stets deutlich höher als breit (Faktor 1,2–1,9), bei anterioren bzw. lateralen Zähnen ist die Wurzel deutlich höher als die Zahnkrone. Die Krone ist sehr stark nach distal geneigt, der Kronenrand ist nicht gezähnelt, distal ist stets ein Talon ausgebildet, die Spitze reicht nie über den distalen Talon hinaus, der Schmelzrand zur Wurzel hin ist lingual leicht gewellt und steigt im Bereich des distalen Talons im flachen Winkel hin an. Unter dem Schmelzrand befinden sich lingual bei anterioren bzw. lateralen Zähnen zwei deutliche Foramina, lediglich bei posterioren Zähnen bzw. Mundwinkelzähnen kann distal ein drittes, kleineres Foramen sowie zentral in der Wurzelfläche ein viertes Foramen ausgebildet sein. Auf der Lingualseite ist deutlich die Überlappungsfläche der Zähne zu erkennen, die unterhalb des Talons beginnt und maximal bis zur Hälfte der Wurzel reicht. Die Wurzel selbst ist annähernd rechteckig ausgebildet, lingual ist keine Basalfurche ausgebildet. Labial reicht der leicht gewellte Schmelzrand in etwa bis zur Mitte des Zahnes. Labial sind in der Regel drei oder vier sehr große Foramen vorhanden. Der untere Wurzelrand ist in den meisten Fällen gerade ausgebildet, kann aber in der Mitte eine Einkerbung aufweisen, die dann bis kurz vor ein zentral und mittig gelegenes Foramen reicht.

Die **Oberkieferzähne** sind stets einspitzig, die Krone steht senkrecht und ist auch bei lateralen/posterioren Zähnen nicht oder nur sehr schwach nach distal geneigt. Die Zahnkrone ist bei anterioren bzw. lateralen Zähnen schlanker und höher, posteriore Zähne haben eine breite und gedrungene Zahnkrone. Auffallend ist die zum Teil deutlich erkennbare Verdickung der Zahnkrone in etwa der Mitte der Krone. Lingual ist die Krone stark, labial nur leicht konvex gekrümmt. Es sind keine Ornamentation bzw. Schmelzfalten vorhanden. Die Wurzel ist kräftig, zum Teil rechteckig und bildet zwei Wurzelloben aus, die je nach Stellung des Zahnes variieren. Im Bereich der Symphyse werden die Loben auf zwei schlanke, nah beieinander stehende und senkrecht nach unten weisende Spitzen reduziert, ansonsten sind sie deutlicher ausgeprägt. Lingual ist ein mittiges, zentrales Foramen ausgebildet. Labial ist der Kronenrand zur Wurzel hin gerade, ohne Apron.

Höhe ≤ 2 mm
Breite ≤ 1,5 mm

Systematik
Squaliformes – Somniosidae

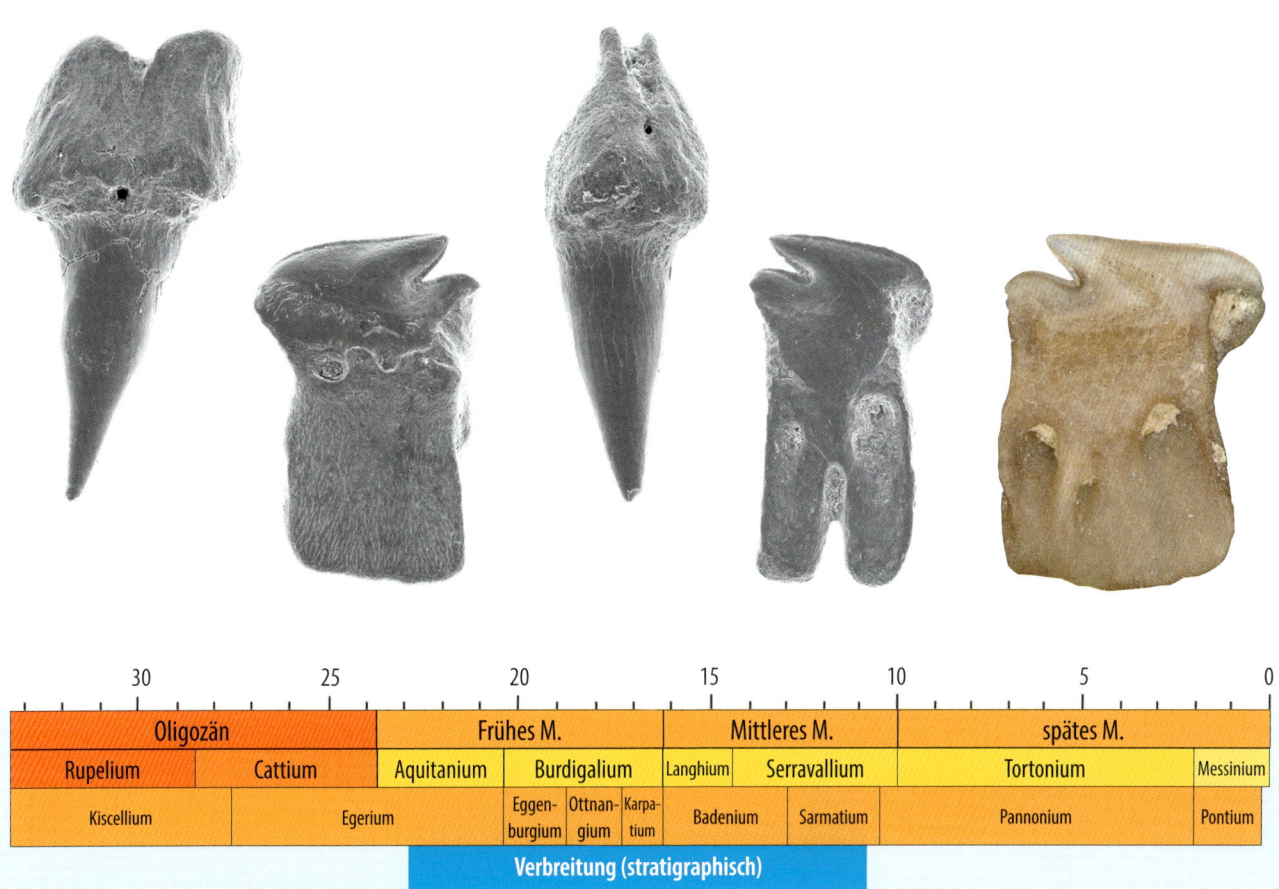

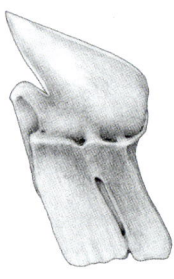

Centroscymnus sp.

Wesentliche Unterscheidungsmerkmale

Unterkieferzähne:

- nach distal geneigte Krone
- keine Schmelzfalten
- rechteckige, hohe Wurzel
- Basalfurche vorhanden
- mehrere linguale Foramina
- breites Apron

Oberkieferzähne:

- einspitzige Zähne

Die Unterkieferzähne der Gattung *Centroscymnus* und *Centroselachus* weisen große Ähnlichkeiten auf. Die Oberkieferzähne unterscheiden sich jedoch deutlich: spitz und nadelförmig bei *Centroscymnus* vs. breit und relativ nieder bei *Centroselachus*.

Kiefer des Portugiesenhais (Centroscymnus coelolepis).

Synonyme
keine

Habitat
Die zur Familie der Schläferhaie (Somniosidae) gehörende Gattung *Centroscymnus* beinhaltet rezent zwei Arten. Beide leben überwiegend in Bodennähe an den Kontinentalabhängen oder unterseeischen Gebirgsrücken in Tiefen bis weit unter 3 000 Metern.

Beschreibung
Die Zähne dieser Gattung zeigen eine gradient monognathe Heterodontie und dignathe Heterodontie.

Die **Unterkieferzähne** sind labio-lingual stark komprimiert. Die Zahnkrone ist an der Basis breit und weist einen dreieckigen Umriss auf. Die mesiale und distale Schneidekante ist annähernd gerade. Distal schließt sich ein schmaler Talon an, der durch eine deutliche Kerbe von der Hauptspitze getrennt ist. Die Zähne sind, mit Ausnahme des letzten Unterkieferzahnes (Mundwinkelzahn), immer höher als breit. Die Höhe nimmt dabei bei weiter hinten im Gebiss stehenden Zähnen zunehmend und kontinuierlich ab. Der Umriss des gesamten Zahnes reicht damit von länglich rechteckig bis zu annähernd quadratisch. Die Wurzel ist hoch und erreicht bei den anterioren Zähnen rund zwei Drittel der Gesamthöhe, bei lateralen bzw. posterioren Zähnen nur rund die Hälfte. Lingual ist unterhalb der Kronenbasis ein deutlicher, quer verlaufender Grat sichtbar, die Überlappungsflächen sind becherförmig und nur ober- und unterhalb der Kronenbasis ausgebildet. Lingual sind meist zwei deutliche Foramina an der Kronenbasis vorhanden, wovon sich eines mittig und eines im mesialen Bereich der Basis befindet. Ein weiteres Foramen befindet sich in der Mitte der Wurzelfläche. Von dort reicht eine deutliche Basalfurche bis zur Basis der Wurzel. Labial reicht der Zahnschmelz weit nach unten und bildet ein breites, jedoch wenig erhabenes Apron, an dessen Rand sich mehrere Foramina befinden.

Die **Oberkieferzähne** sind im vorderen und seitlichen Bereich des Kiefers lang, spitz und senkrecht aufgerichtet. Der Umriss der Krone ist an der Basis nahezu kreisförmig, die Schneidekanten reichen nicht bis zur Basis der Krone. Die Wurzel ist bei diesen Zähnen bilobig, mit einem kleinen zentral gelegenen lingualen Foramen. Seitliche Oberkieferzähne haben einen eher dreieckigen Kronenumriss, sind deutlich nach distal geneigt und bilden einen distalen Talon aus. Die Wurzel ist bei diesen Zähnen rechteckig, mit lingual einem Foramen (oder bis zu zwei Foramina).

Systematik
Squaliformes – Somniosidae

Höhe ≤ 3,5 mm
Breite ≤ 2 mm

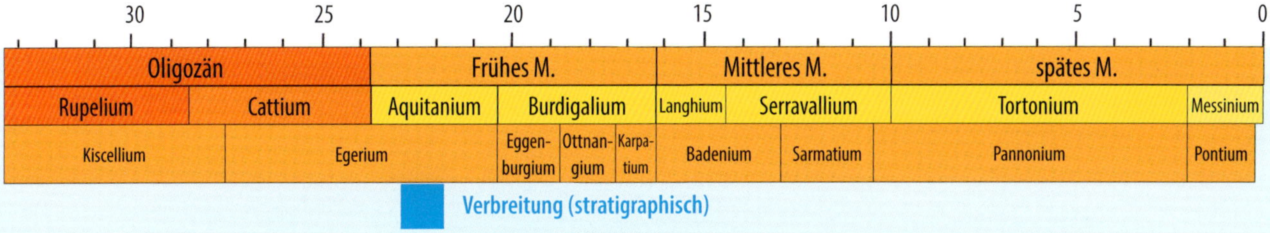

	30		25		20		15		10		5		0
	Oligozän				Frühes M.		Mittleres M.			spätes M.			
Rupelium		Cattium		Aquitanium	Burdigalium	Langhium	Serravallium		Tortonium			Messinium	
Kiscellium		Egerium			Eggenburgium	Ottnangium	Karpatium	Badenium	Sarmatium	Pannonium			Pontium

Verbreitung (stratigraphisch)

Lamniformes
Makrelenhaie

Die Makrelenhaie (Ordnung Lamniformes) umfassen die wohl bekanntesten Haie, wie etwa den Weißen Hai (*Carcharodon*), die Makohaie (*Isurus*), die Sandtigerhaie (*Odontaspis*, *Carcharias*) oder solch skurrile Formen wie den nur in der Tiefsee vorkommenden Koboldhai (*Mitsukurina*). Daneben finden sich unter diesen aber auch die Fuchsdrescherhaie (*Alopias*), die sich durch eine extrem verlängerte Schwanzflosse auszeichnen, oder auch so sanfte Riesen wie der Riesenmaulhai (*Megachasma pelagios*) und der Riesenhai (*Cetorhinus maximus*), die sich überwiegend von Plankton ernähren. Insgesamt enthält die Ordnung 15 rezente Arten, die sich auf acht Familien (Alopiidae, Cetorhinidae, Lamnidae, Megachasmidae, Mitsukurinidae, Carchariidae, Odontaspididae, Pseudocarchariidae) verteilen. Fünf dieser Familien (Cetorhinidae, Megachasmidae, Mitsukurinidae, Carchariidae, Pseudocarchariidae) sind monotypisch, d. h. diese Familien enthalten jeweils nur eine einzige Art.

Die Ordnung ist durch zahlreiche, jedoch ausgestorbene Taxa (z. B. *Otodus*, *Cretalamna*, *Scapanorhynchus*, *Araloselachus*, *Carcharoides*, *Xiphodolamia*) im Fossilbericht des späten Mesozoikums und Känozoikums vertreten. Zähne dieser Ordnung gehören damit sicherlich zu den am häufigsten vorkommenden Arten. In der Paratethys und den angrenzenden Ablagerungsräumen sind hierbei besonders die Vertreter der Makohaie (*Isurus*) und Sandtigerhaie (*Odontaspis*, *Carcharias*, *Araloselachus*) zu nennen, die nahezu von allen Fundorten bekannt sind. Insbesondere die letzte Gruppe ist stark revisionsbedürftig, da in der Vergangenheit zahlreiche Arten und Variationen beschrieben wurden, deren Gültigkeit zweifelhaft

Kurzflossen-Mako (Isurus oxyrinchus).

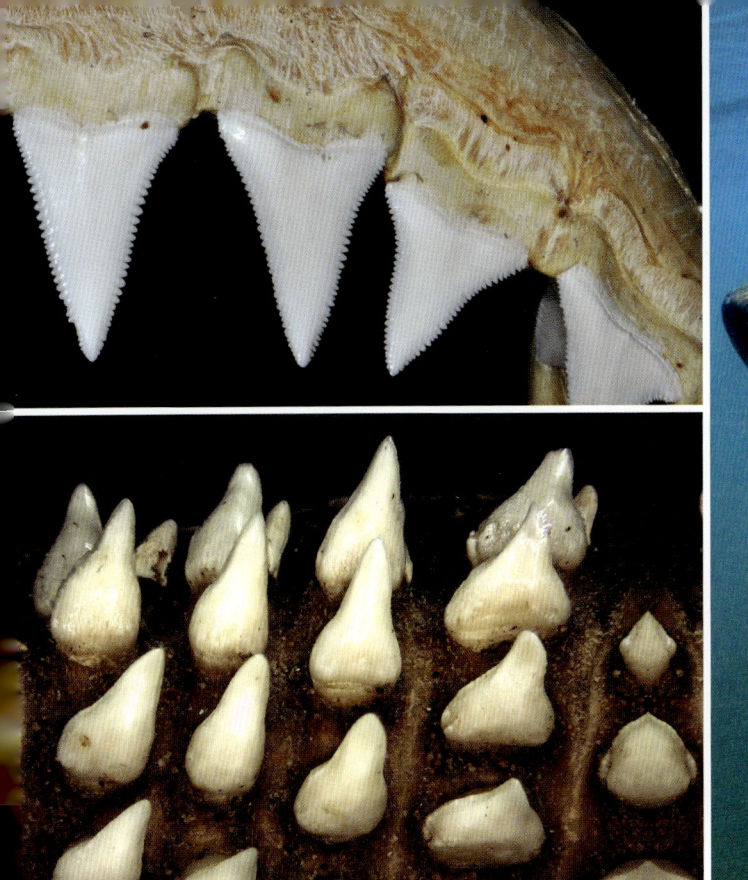

erscheint. Detaillierte Untersuchungen an rezenten Gebissen zeigen oftmals eine große morphologische Variationsbreite von Zahnmerkmalen, die sich im Laufe der Entwicklung oder des Geschlechts ergeben. Auch bei räumlich getrennten Populationen einer Art können bereits Unterschiede, zum Beispiel bei der Anzahl der Zähne innerhalb des Gebisses, festgestellt werden. Aufgrund der doch sehr unterschiedlichen Ernährungsweisen innerhalb der Ordnung gibt es äußerst verschiedene Zahnformen und Zahngrößen. Dieses Spektrum reicht von den größten Haifischzähnen überhaupt – wie jenen des berühmten „Megalodons", die Größen von weit über 10 Zentimeter Höhe erreichen können – hin zu den winzigen Zähnen von den „Filtrierern", die nur wenige Millimeter hoch werden.

Links oben: Zähne des Weißen Hais (Carcharodon carcharias). Unten: Zähne des Riesenhais (Cetorhinus maximus). Rechts: Riesenhai.

Vom Mythos „Megalodon" zum Weißen Hai

Der Spielfilm „The Meg", der 2018 in den Kinos erschien, erzählt zum wiederholten Male die Geschichte des bis heute angeblich in den Tiefen der Meere lebenden Riesenzahnhais „Megalodon". Genährt werden diese Überlebenstheorien der Kryptozoologen durch Vorkommnisse, die im ersten Moment nicht erklärbar scheinen. So verschwand zum Beispiel im April 2013 vor der Küste Südafrikas ein Boot mit vier Anglern. Die danach eingeleitete Suche nach den Vermissten ergab, dass das Boot gesunken und komplett zerstört worden war. Von den vier Anglern fehlte jedoch jede Spur. Ein sichergestellter Videospeicherchip zeigte, dass das Boot offensichtlich nachts von einem unbekannten großen Tier angegriffen worden war. Der Discovery Channel nahm diesen Vorfall zum Anlass, um eine Dokumentation mit dem Titel „Megalodon: The Monster That Lives" zu drehen.

Neuester Untersuchungen kommen jedoch eindeutig zu dem Ergebnis, dass „Megalodon" bereits vor Millionen von Jahren ausgestorben sein muss. Eine kürzlich publizierte Studie setzte sich nochmals detailliert mit dieser Frage auseinander und überprüfte das vorhandene Datenmaterial. Dabei wurde besonders darauf geachtet, dass nur Funde von fossilen Haifischzähnen in der Studie bewertet wurden, die aufgrund der Fundumstände eindeutig datierbar waren. Die Wissenschaftler kamen dabei zu dem Ergebnis, dass die Art bereits vor rund 3,6 Millionen Jahren ausgestorben sein musste. Trifft dies wirklich zu, muss es dafür jedoch eine andere Erklärung geben, als bisher vermutet. Ältere Studien brachten das Aussterben des „Megalodons" meist mit einem globalen Artensterben vor 2,6 Millionen Jahren in Verbindung. Zu diesem Zeitpunkt verschwanden im Zuge einer deutlichen Klimaabkühlung rund ein Drittel aller marinen Arten, darunter auch zahlreiche große Zahnwale, die man als potenzielle Beutetiere des „Megalodons" identifizierte. Als möglicher Grund für das Aussterben dieses Top-Predators wird nun in erster Linie das Auftreten des Weißen Hais, der vor rund 6 Millionen Jahren das erste Mal nachgewiesen wurde und sich zur Zeit des Aussterbens des „Megalodons" weltweit verbreitete, angenommen. Dieser deutlich kleinere Hai war wesentlicher flexibler hinsichtlich seiner Ernährungsvorlieben, verschmähte auch kein Aas und trat als weiterer Top-Prädator in direkte Konkurrenz zum „Megalodon". Die erste wissenschaftliche Beschreibung von Megalodon-Zähnen wurde von Louis Agassiz in seinem Werk „Recherches sur les poissons fossiles" veröffentlicht. Agassiz stellte die Art *megalodon* aufgrund der morphologischen Ähnlichkeit mit den Zähnen des heute noch lebenden Weißen Hais (*Carcharodon carcharias*) zur Gattung *Carcharodon*. Diese Auffassung hatte mehr als 100 Jahre Bestand.

Erst 1964 veröffentlichte der russische Paläontologe Leonid Sergeyevich Glickman (1929–2000) eine neue Abstammungstheorie. Er erkannte, dass die Zähne von *megalodon* nicht zur Gattung *Carcharodon* gestellt werden können und errichtete für diese Art die neue Gattung *Megaselachus*. Außerdem beschrieb er zwei neue Familien, nämlich die Familie Otodontidae und Carcharodontidae. In der Familie Otodontidae fasste er die heute ausgestorbenen und noch gültigen Gattungen *Otodus*, *Palaeocarcharodon* sowie die von ihm neu aufgestellte Gattung *Megaselachus* zusammen. Die Familie Carcharodontidae enthielt die Gattungen *Carcharodon* und die ebenfalls neu aufgestellte Gattung *Cosmopolitodus* mit der einzigen Art *C. hastalis*. Diese Familie hat heute keine Gültigkeit mehr und beide Gattungen werden nun zur Familie Lamnidae (Makrelenhaie) gestellt. In der jüngsten Literatur wird die Art entweder zur Gattung *Carcharocles* oder *Otodus* gestellt. Diese unterschiedlichen Auffassungen beruhen auf zwei unterschiedlichen evolutionären Hypothesen über die Entstehung dieser großzahnigen Räuber.

Die erste Hypothese geht davon aus, dass alle Haie mit großen und gezähnelten Zähnen, wie die eozäne Art *auriculatus*, die oligozäne Art *angustidens* sowie die miozänen Arten *chubutensis* und *megalodon* eng miteinander verwandt sind und zur Gattung *Carcharocles* zu stellen sind. Die Gattung *Carcharodon*, als kleinere Form der Megazahnhaie, soll sich dann von dieser Entwicklungslinie abgespalten haben.

Die zweite Hypothese besagt, dass sich der Weiße Hai (*C. carcharias*) aus der miozänen Art „*Cosmopolitodus hastalis*" entwickelt hat. Diese Art ist gekennzeichnet durch sehr breite, massive, ungezähnelte Zähne, die oft 5 Zentimeter und höher werden. Die sogenannten Megazahnhaie aus dem Eozän wie der *obliquus* (Zähne ungezähnelt), *auriculatus*, die oligozäne Art *angustidens* sowie die miozänen Arten *chubutensis* und *megalodon* werden bei dieser Hypothese als eigene, zweite Entwicklungslinie in der ausgestorbenen Familie der Otodontidae zusammengefasst. Unterstützung hat diese zweite Hypothese durch eine 2012 neu beschriebene großzahnige Haiart aus dem oberen Miozän der Pico Formation von Peru erhalten. Das Fundstück bestand aus dem kompletten Schädel mit vollständiger Bezahnung und einem Teil der Wirbelsäule. Außergewöhnlich waren jedoch die großen, an der Basis sehr breiten und nur im unteren Bereich der Krone gezähnelten Zähne. Diese Zahnform stellt einen Übergang von der älteren Art *hastalis* zu der neu beschriebenen Art *hubbelli* bis hin zum rezenten Vertreter, den Weißen Hai, dar. Konsequenterweise wurden diese drei Arten nun der Gattung *Carcharodon* zugewiesen.

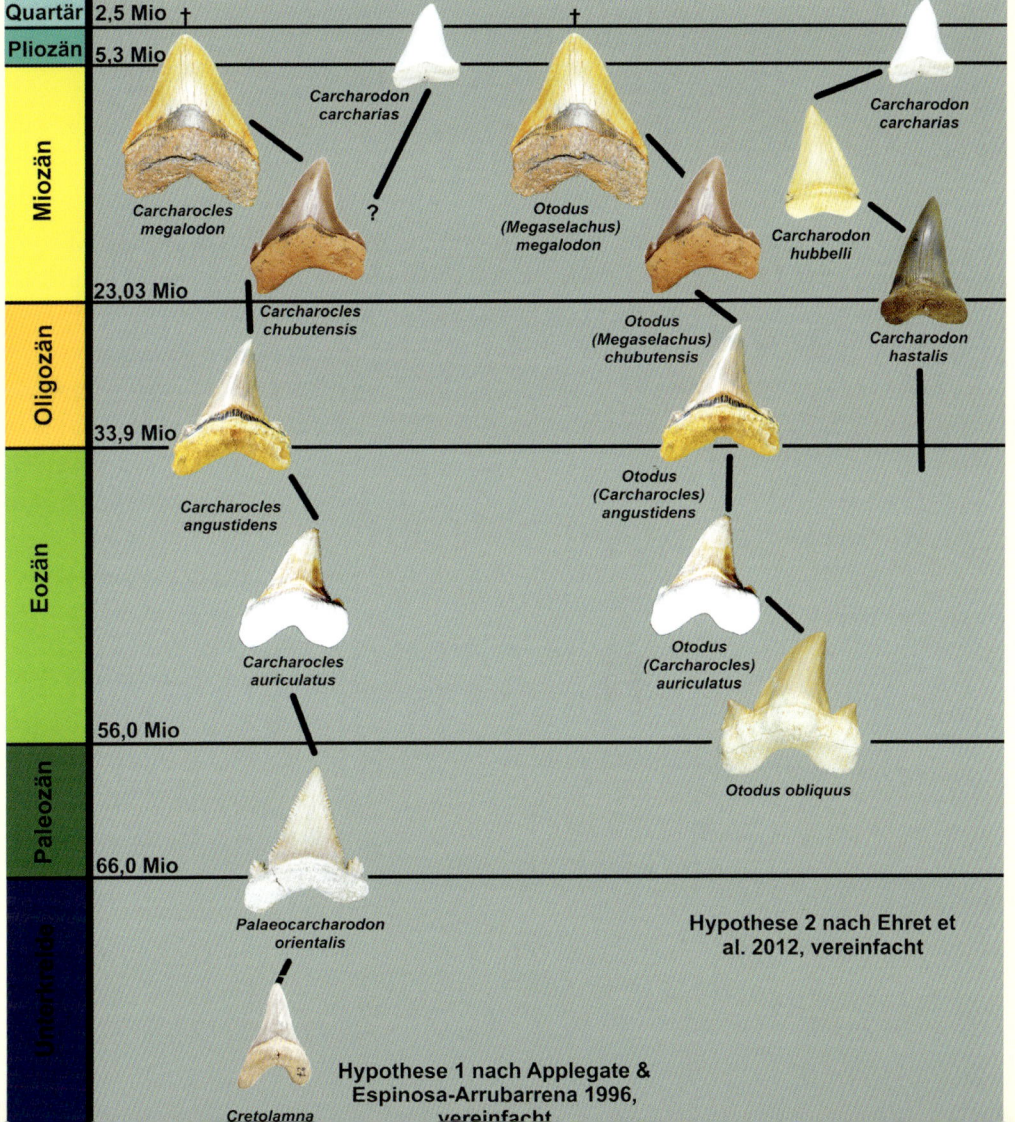

Schematische Darstellung der beiden diskutierten möglichen evolutionären Entwicklungen von Otodus megalodon und Carcharodon carcharias.

125

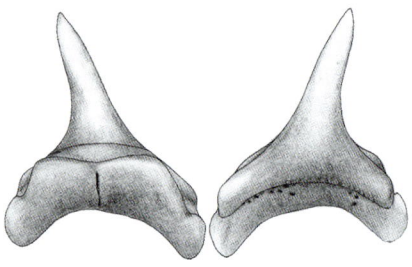

Alopias exigua
(Probst, 1879)

Wesentliche Unterscheidungsmerkmale

- Hauptspitze nach distal geneigt und häufig verdreht
- keine Nebenspitzen
- Schneidekante erreicht niemals die Basis des Zahnes
- deutlicher labialer Überhang der Krone zur Wurzel
- linguale Wurzelprotuberanz mit Nährfurche und zentralem Foramen

Haie der Gattung *Alopias* werden im deutschen auch Drescher- oder Fuchshaie genannt. Diese Bezeichnung rührt von dem extrem verlängerten oberen Teil der Schwanzflosse her. Fuchshaie ernähren sich fast ausschließlich von kleinen bzw. mittelgroßen Schwarmfischen, die sie mit kräftigen Schlägen der Schwanzflosse betäuben bzw. töten.

Synonyme
keine

Habitat
Fuchsdrescherhaie kommen überwiegend in tropischen und gemäßigten Zonen in Küstennähe, an den Kontinentalrändern und im offenen Meer (pelagisch) vor.

Beschreibung
Die Zähne von *Alopias exigua* weisen eine sehr schwach ausgeprägte dignathe Heterodontie und eine gradient monognathe Heterodontie auf.

Die **anterioren Zähne** besitzen eine relativ aufrechte Zahnkrone, welche deutlich nach lingual geneigt ist. Sie ist an ihrer Basis breit und verjüngt sich rasch zur Zahnspitze hin. Die linguale Kronenfläche ist basal kräftig und labial nur mäßig gewölbt. In seitlicher Ansicht weist die Krone der anterioren Zähne eine sigmoidale Krümmung auf, wobei sich das obere Ende der Spitze nach labial neigt. Die meisten anterioren Zähne besitzen keine Nebenspitzen, selten ist jedoch mesial ein kleiner Höcker vorhanden, der eine Nebenspitze andeutet. Der Zahnschmelz ist auf beiden Seiten glatt. Die Schneidekanten sind scharf und reichen von der Spitze bis zum oberen Drittel (selten auch bis zum unteren Drittel) der Krone. Der Übergang vom basalen Kronenrand zur Wurzel ist durch eine deutliche Einschnürung (bzw. labialen Überhang) gekennzeichnet. Die Wurzel besitzt lingual eine Protuberanz mit einer tiefen Furche, die zum Zentralforamen führt. Die Wurzeläste sind deutlich gespreizt mit gerundeten Enden, öfters auch mit deutlicher Verjüngung.

Die **lateralen Zähne** besitzen eine ausgezogene, schlanke und sehr spitze Krone. Nebenspitzen fehlen gänzlich. Die mesiale Kronenseite ist oftmals sigmoidal gekrümmt oder, so in mehr lateralen Zähnen, auch gerade oder konkav. Die distale Kronenseite ist im basalen unteren Drittel konkav und verläuft im oberen Bereich gerade. Die

Schneidekante ist lediglich im apikalen Bereich ausgebildet, wobei die distale Schneidekante länger ist als die mesiale. Die Zahnkrone ist leicht verdreht, dabei ist die mesiale Schneide mehr zur Zahninnenseite (lingual) und die distale Schneide mehr zur Zahnaußenseite (labial) versetzt und die Zahnspitze leicht nach labial gebogen. Die Wurzeläste sind weit gespreizt.

Systematik
Lamniformes – Alopiidae

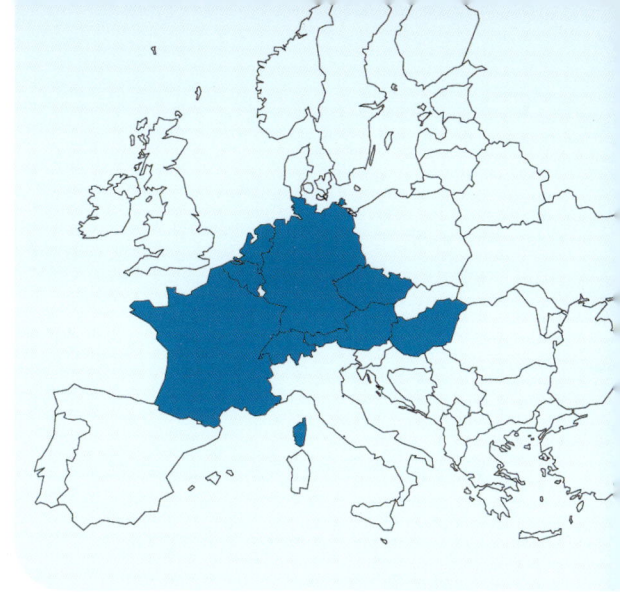

Höhe ≤ 13 mm

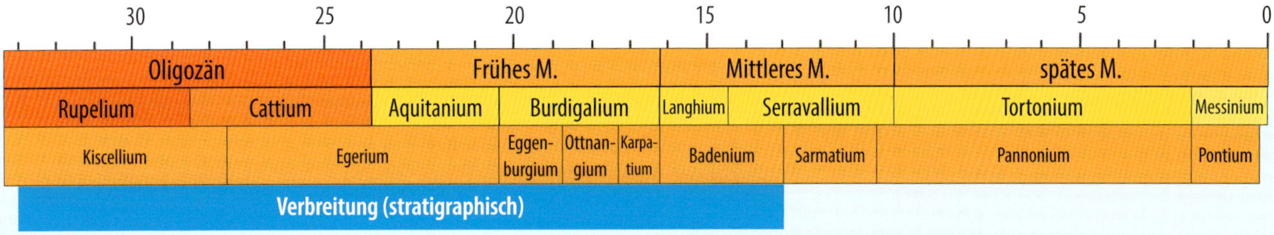

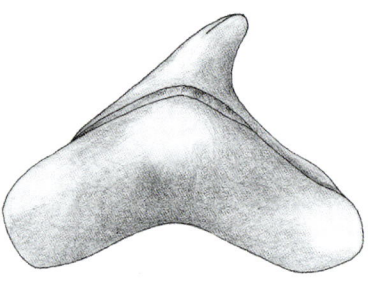

Keasius sp.

Wesentliche Unterscheidungsmerkmale

- sackförmige bis leicht dreieckige, massige Zahnkrone
- Kronenspitze häufig verdreht
- keine Nebenspitzen
- Furche zwischen Wurzel und Kronenbasis
- nierenförmige Wurzelbasis

Die Gattung *Keasius* ist nahe mit dem heute lebenden Riesenhai *Cetorhinus maximus* verwandt. Diese imposanten Tiere zählen mit einer Körperlänge von bis zu 10 Metern zu den zweitgrößten Haien unserer Meere. Durch ihre filtrierende Lebensweise gleiten sie langsam und elegant an der Wasseroberfläche, um Plankton aus der Wassersäule zu filtern. Diese Filterung des Wassers funktioniert bei Riesenhaien passiv, was sie von anderen filtrierenden Haien, wie dem Walhai, unterscheidet. Ausgewachsene Riesenhaie filtern rund 2 000 Tonnen Wasser pro Stunde, um genügend Nahrung zu erhalten.

Riesenhai (Cetorhinus maximus).

Synonyme

keine; die wenigen gefundenen Zähne wurden in der Vergangenheit der rezenten Gattung *Cetorhinus* zugerechnet.

Habitat

Die Gattung ist ausgestorben. Aufgrund der großen Ähnlichkeit mit dem rezenten Riesenhai kann von einer vergleichbaren, überwiegend pelagischen Lebensweise ausgegangen werden.

Beschreibung

Die relativ kleinen Oralzähne sind beinahe homodont und variieren in Form und Größe verschiedener Zahnpositionen nur sehr gering. Die Zähne besitzen eine massige Zahnkrone mit einer zentralen, jedoch eher stumpfen Hauptspitze, welche stark nach lingual geneigt ist. Zudem ist die Spitze häufig in sich verdreht, wodurch die Schneidekante leicht deplatziert erscheint. Diese eher stumpfe Schneidekante ist nur am oberen Bereich der Hauptspitze ausgebildet. Der Zahnschmelz ist glatt, jedoch ist ein deutlicher Übergang (Furche) von der Zahnkrone zur Zahnwurzel erkennbar. Die Wurzel selbst ist an ihrer Basis nierenförmig ausgebildet und häufig stark mit Foramenöffnungen durchsetzt. Eine linguale Wurzelprotuberanz ist mäßig stark ausgebildet.

Reusenstrahlen besitzen eine seitlich abgeflachte Befestigungsplatte, welche beilförmig geschwungen und leicht strukturiert ist. Nahe am äußeren Rand sind zahlreiche Foramina zu erkennen. Der seitliche Fortsatz ist im Querschnitt flach oval, schlank und mit einem schmelzartigen Überzug versehen.

Die fragilen Reusenstrahlen werden von den Tieren jährlich abgeworfen, wodurch sie häufiger gefunden werden als Zähne. Eine nähere Zuordnung solcher Reusenstrahlen zu einzelnen Arten ist aufgrund fehlender Merkmalsunterschiede nicht möglich.

Zähne und Reusenstrahlen, die in Molasseablagerungen gefunden wurden, werden üblicherweise als *Keasius parvus* bezeichnet.

Untersuchungen von im Nordseebecken häufiger vorkommender Zähne haben jedoch gezeigt, dass diese Art auf das untere Oligozän (Rupelium) beschränkt war. In den darauffolgenden jüngeren Schichten konnten zwei weitere Arten (*Keasius septemtrionalis* und *Keasius rhenenus*) gefunden werden. Ob und welche davon in der Paratethys heimisch waren, kann erst evaluiert werden, wenn genügend Zähne gefunden worden sind.

Systematik
Lamniformes – Cetorhinidae

Häufigkeit: verbreitet (Reusenstrahlen), sehr selten (Oralzähne)

Höhe ≤ 3 mm
Breite ≤ 3 mm

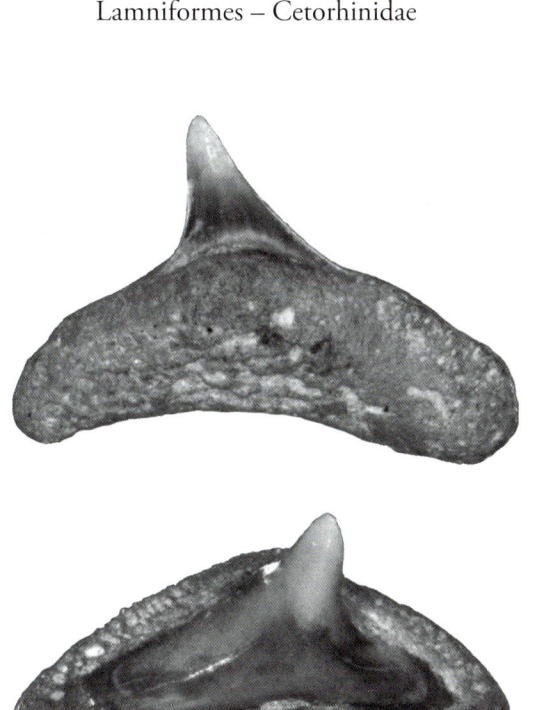

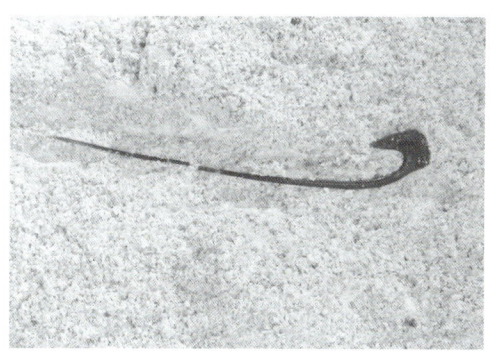

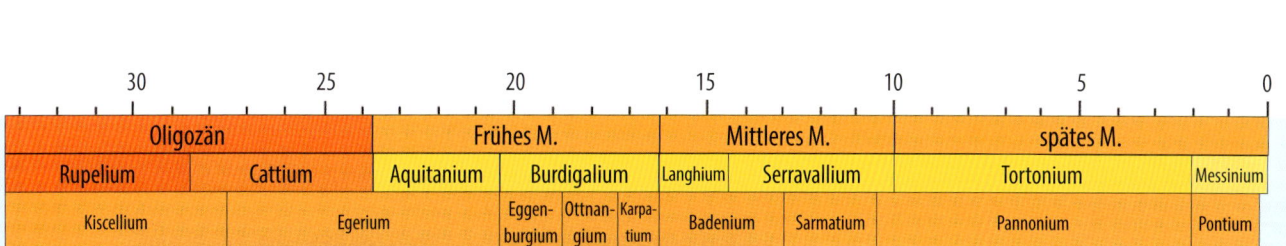

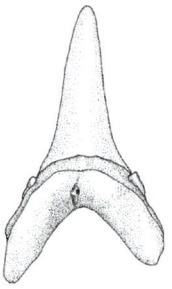

Araloselachus cuspidatus
(Agassiz, 1843)

Wesentliche Unterscheidungsmerkmale

- relativ große, zum Teil schlanke Zähne
- keine senkrechten Schmelzfalten
- deutliche Schneidekante
- 1–2 Paar Nebenspitzen

Synonyme
Lamna denticulata, Lamna (Odontaspis) macrota hungarica, Lamna karpinskii, Otodus serotinus

Habitat
Die Gattung ist ausgestorben.

Beschreibung
Die Zähne von *Araloselachus cuspidatus* weisen eine schwach ausgeprägte dignathe und eine gradient monognathe Heterodontie auf. Die anterioren Zähne besitzen eine schmale, jedoch sehr hohe Zahnkrone. Sie ist nur leicht sigmoidal gekrümmt mit einer relativ flachen Labialseite und einer stark gewölbten Lingualseite mit deutlichen Schneidkanten. Neben der Hauptspitze sitzt ein kleines Paar hackenförmiger Nebenspitzen. Die Wurzeläste sind v-förmig angelegt und erscheinen dadurch symmetrisch. Die Wurzelprotuberanz ist stark ausgeprägt.

Die lateralen Zähne sind jenen der vorderen Kieferposition sehr ähnlich, besitzen jedoch nach distal geneigte Hauptspitzen und etwas breitere Nebenspitzen. Zudem werden die Nebenspitzen flacher und breiter, umso näher sie zum Mundwinkel sitzen. Die Winkel der Wurzeläste werden ebenfalls größer und dadurch erscheinen die Wurzelloben lateraler Zähne um einiges flacher als jene anteriorer Zahnpositionen.

In der Molasse tritt noch eine weitere sehr ähnliche, jedoch robuster wirkende Form solcher Zähne auf. Diese Art wurde von Louis Agassiz 1838 ursprünglich als *Lamna crassidens* beschrieben. Einige Autoren vertreten die Auffassung, dass die Unterschiede nicht ausreichen, um eine eigene Art zu begründen und fassen beide Arten zu *Araloselachus cuspidatus* zusammen.

Systematik
Lamniformes – Carchariidae

Diese Gattung besitzt keine rezenten Vertreter, dadurch lassen sich nur indirekt Rückschlüsse auf deren Lebensweise schließen. Durch Vergleiche mit Arten, die in gleichen Ablagerungsbereichen gefunden werden, wie zum Beispiel *Carcharias contortidens*, kann ein Lebensraum in küstennahen Flachwasserbereichen bis zum tieferen Kontinentalhang angenommen werden.

Die Zähne von *Araloselachus cuspidatus* sind deutlich größer und wirken in ihrer Gesamterscheinung kräftiger als diejenigen von *Carcharias contortidens*.

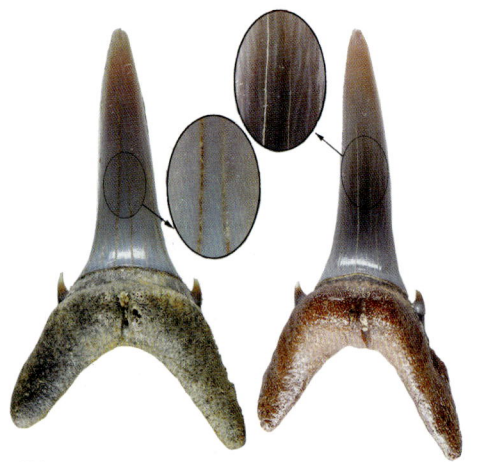

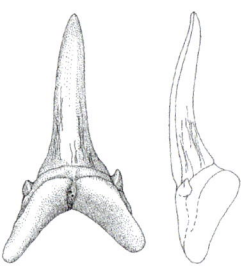

Carcharias contortidens
(Agassiz, 1843)

Wesentliche Unterscheidungsmerkmale

- hohe, spitze Zahnkrone
- glatte und deutlich ausgebildete Schneidekante
- senkrechte, irreguläre Schmelzfalten auf der Lingualseite der Krone
- 1–2 Paar hakenförmige Nebenspitzen

Synonyme

Lamna (Odontaspis) acutissima, Lamna (Odontaspis) reticulata, Lamna (Odontaspis) dubia, Odontaspis mourloni, Lamna lepida, Lamna undulata, Lamna tarnocziensis

Habitat

Sandtigerhaie der Gattung *Carcharias* kommen in temperierten bis tropischen Gewässern küstennah, in seichten Buchten bei Riffen und am äußeren Schelf bis in eine Tiefe von etwa 190 Metern vor.

Alle rezenten und fossilen Gattungen der Sandtigerhaie wurden bis vor kurzem zur Familie Odontaspididae gerechnet. Aufgrund detaillierter anatomischer Studien an den rezenten Arten wurde im Jahr 2019 die Familie Carchariidae für Haie der Gattung *Carcharias* eingeführt. Für ausgestorbene Sandtiger-Gattungen wie z. B. *Araloselachus* oder *Carcharoides* gibt es noch keine entsprechenden Studien. Aufgrund der zahnmorphologisch größeren Ähnlichkeit zur Gattung *Carcharias* werden diese Gattungen hier vorläufig in die Familie Carchariidae gestellt.

Beschreibung

Die Zähne von *Carcharias contortidens* weisen eine schwach ausgeprägte dignathe Heterodontie und eine gradient monognathe Heterodontie auf.

Die **anterioren Zähne** sind sehr schlank und spitz. Die Zahnkrone ist in der Seitenansicht sigmoidal gekrümmt, labial nur leicht konvex und wird beidseitig von einer deutlich ausgebildeten Schneide flankiert. Sie reicht fast immer bis zur Kronenbasis. Der Zahnschmelz setzt sich als schmale Leiste auf den Wurzelästen fort. Ihr entspringen mesial und distal nicht sehr hohe, jedoch spitze und mit scharfen Schneiden versehene Seitenspitzen mit leicht lingualer Neigung, die in den meisten Fällen von je einem kleinen, fast rudimentären Nebenspitzchen begleitet werden. Die Lingualseite der Krone hat häufig unmittelbar über dem Basalrand eine für diese Art charakteristische abgeplattete Fläche. Der Zahnschmelz zeigt bei genauer Betrachtung lingual immer eine vertikal verlaufende Schmelzstreifung, die die Kronenspitze nicht ganz erreicht. Die Wurzel ist hoch und hat zwei mäßig stark auseinanderlaufende, schlanke, v-förmige Wurzeläste. Lingual springt die Wurzelprotuberanz stark hervor. Sie wird von einer medianen Furche geteilt, in der das Zentralforamen liegt.

Die **lateralen Zähne** des Ober- und Unterkiefers unterscheiden sich durch die Form und die Stellung der Zahnkrone. Sie ist im Unterkiefer sehr schlank, gerade aufgerichtet und lingual stark konvex

Sandtigerhai (*Carcharias taurus*).

gekrümmt. Im Oberkiefer ist die Basis der Zahnkrone verbreitert, sodass sie eine mehr dreieckige Umrissform erhält. Sie ist immer nach distal geneigt und lingual deutlich flacher als bei Unterkieferzähnen. Die typische Schmelzstreifung auf der Kroneninnenseite ist in beiden Zahnserien vorhanden. Die Wurzel ist nicht so hoch wie bei anterioren Zähnen. Je weiter die Zähne zum Mundwinkel hin orientiert sind, desto stärker divergieren die beiden Wurzeläste. Sie werden beidseitig von einer Schmelzleiste bedeckt, aus der unterschiedlich ausgebildete, aber stets leicht hackenförmig gebogene Lateraldentikel entspringen.

Höhe ≤ 35 mm

Systematik
Lamniformes – Carchariidae

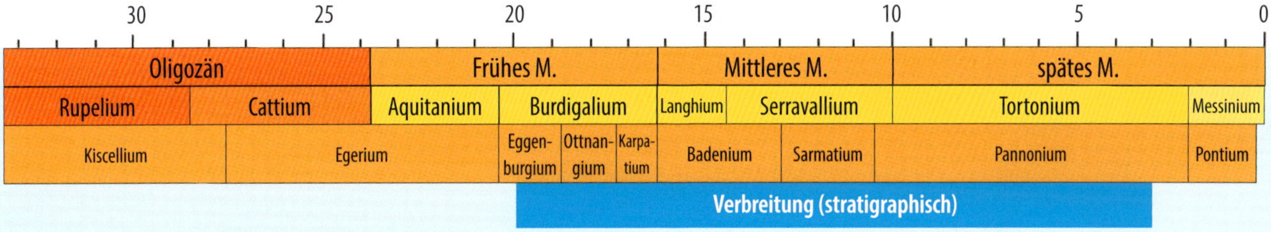

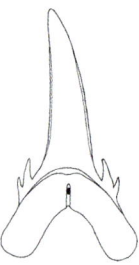

Carcharias gustrowensis
(Winkler, 1875)

Wesentliche Unterscheidungsmerkmale

- zarte, kleine Zähne
- ein Paar sehr lange Nebenspitzen in anterioren Zähnen
- meistens zwei Paar Nebenspitzen in lateralen Zähnen
- Schneidekante anteriorer Zähne reicht nicht bis zur Basis der Hauptspitze

Die Unterscheidung der beiden Arten *Carcharias contortidens* und *Carcharias gustrowensis* ist umstritten. Zähne von *Carcharias contortidens* weisen üblicherweise die typische vertikale Schmelzstreifung auf, die bei den meisten Zähnen von *Carcharias gustrowensis* fehlt. Möglichweise liegt hier eine kontinuierliche Entwicklung von *gustrowensis* zu *contortidens* vor, da insbesondere in oligozänen Sedimenten Zähne der Art *gustrowensis* gefunden wurden. Die Zähne aus den miozänen Sedimenten der Paratethys hingegen werden der Art *contortidens* zugerechnet.

Synonyme
keine

Habitat
Sandtigerhaie der Gattung *Carcharias* kommen in temperierten bis tropischen Gewässern küstennah, in seichten Buchten bei Riffen und am äußeren Schelf bis in eine Tiefe von etwa 190 Metern vor.

Beschreibung
Die Zähne von *Carcharias gustrowensis* besitzen eine schwach ausgeprägte dignathe Heterodontie und eine gradient monognathe Heterodontie

Die **anterioren Zähne** besitzen eine schmale, nadelförmige Hauptspitze, welche von einem sehr ausgeprägten Paar Nebenspitzen flankiert wird. Die Nebenspitzen sind stark verlängert, spitz und meist deutlich zur Hauptspitze hin geneigt. Selten kann ein zweites Paar Nebenspitzen beobachtet werden, dieses ist jedoch nicht so stark entwickelt wie noch das erste Paar. Die Schneidekante der Hauptspitze ist gut entwickelt, reicht jedoch nicht bis zur Basis. Dort wo die Schneidekante endet, verbreitet sich die Basis der Hauptsitze deutlich und ein Schmelzband verläuft auf labialer Zahnseite bis tief zu den Wurzelästen. Die Hauptspitze ist deutlich sigmoidal gekrümmt, dessen linguale Fläche stark gewölbt und die labiale Fläche hingegen eher gerade. Die Wurzeläste verlaufen in einem spitzen Winkel und sind meist weit ausgezogen. Auf der lingualen Wurzelseite befindet sich eine Wurzelprotuberanz mit zentralem Nährforamen.

Die **lateralen Zähne** sind jenen der anterioren Zahnpositionen sehr ähnlich. Die Basis der Hauptspitze besitzt jedoch eine breitere Kronenbasis und die Schneidekante verläuft fortlaufend bis zu den dreieckig geformten Nebenspitzen. Meist wird die Hauptspitze von zwei Paar Nebenspitzen flankiert, welche zudem ebenfalls eine gut ausgebildete Schneidekante aufweisen. Die Hauptspitze selbst ist bei Zähnen des Unterkiefers gerade aufgerichtet und bei Zähnen des

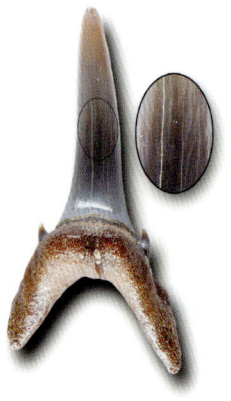

Oberkiefers deutlich nach distal geneigt. Die Wurzeläste öffnen in einem größeren Winkel als bei anterioren Zähnen, was laterale Zähne dadurch breiter erscheinen lässt als anteriore Zähne.

Systematik
Lamniformes – Carchariidae

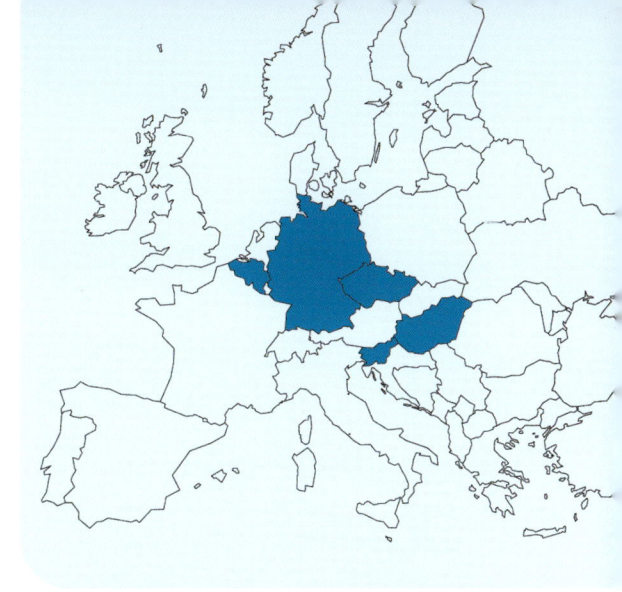

Höhe ≤ 24 mm
Breite ≤ 13 mm

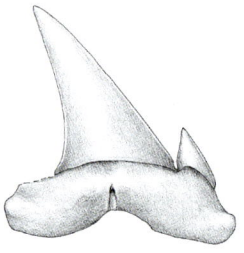

Carcharoides catticus
(Philippi, 1846)

Wesentliche Unterscheidungsmerkmale

- breite, beinahe dreieckige Nebenspitzen
- mesiale Nebenspitze höher als distale
- Serration (Zähnelung) der Schneidekante möglich

Synonyme
Carcharias sternbergensis, Otodus debilis, Lamna (Odontaspis) lupus

Habitat
Die Gattung ist ausgestorben.

Beschreibung

Die Zähne von *Carcharoides catticus* weisen eine disjunkt monognathe Heterodontie sowie eine dignathe Heterodontie auf.

Die **anterioren Zähne** besitzen eine schlanke, nach lingual geneigte Hauptspitze mit einem Paar Nebenspitzen, wobei die mesiale Nebenspitze deutlich höher ist als die distale. Eine scharfe Schneidekante verläuft von der Hauptspitze bis zu den Nebenspitzen und wird lediglich durch eine Kerbe zwischen den einzelnen Spitzen unterbrochen. Die labiale Kronenfläche der Hauptspitze ist gerade, die linguale Seite deutlich konvex gewölbt. Der Übergang von Zahnkrone zu Wurzel verläuft sanft, wobei die labiale Kronenbasis leicht die Wurzelfläche überhängt. Die Wurzeläste stehen in einem relativ spitzen Winkel zueinander. Zentral unter der Hauptspitze befindet sich eine deutliche Wurzelprotuberanz, welche einen Nährkanal mit Foramen beherbergt.

Zu der ausgestorbene Gattung *Carcharoides* werden derzeit 3 Arten gezählt (*Carcharoides catticus, Carcharoides totuserratus, Carcharoides lipsiensis*). *Carcharoides catticus* weist hierbei die weitläufigste Verbreitung auf, beschränkt sich jedoch auf Europa und Teile Amerikas. *Carcharoides totuserratus* ist bis jetzt nur aus der südlichen Hemisphäre aus Argentinien bekannt. Die älteste Art, *Carcharoides lipsiensis,* wurde bisher ausschließlich in Deutschland aus Sedimenten des Rupeliums (33,9–28,1 Ma) beschrieben.

Die **lateralen Zähne** des Oberkiefers besitzen eine deutlich breitere Kronenbasis als jene des Unterkiefers. Zudem sind laterale Zähne des Oberkiefers stark nach distal geneigt, wohingegen die Hauptspitze lateraler Unterkieferzähne beinahe senkrecht steht. Die mesiale Nebenspitze der Oberkieferzähne besitzt gerade Kanten, die distale Nebenspitze ist meist deutlich nach distal gebogen. Zudem besitzt die distale Nebenspitze der Oberkieferzähne noch eine weitere Auffälligkeit, da sie im Gegensatz zur mesialen Nebenspitze nicht in einer Ebene mit der Hauptspitze steht, sondern leicht nach lingual gebogen ist. Die Wurzeläste der Oberkieferzähne besitzen einen besonders großen Öffnungswinkel, welcher die Wurzel beinahe rechteckig erscheinen lässt. Hingegen weisen die Wurzeläste der

Originalabbildung der Erstbeschreibung von Philippi (1846).

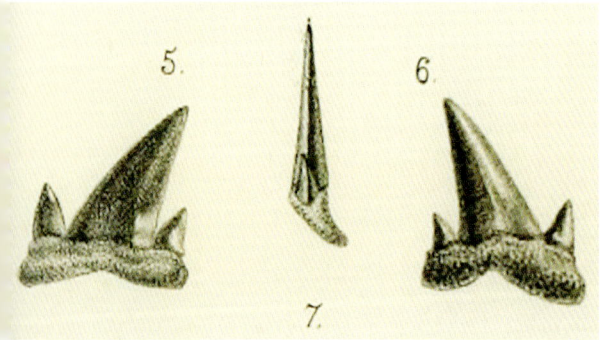

Unterkieferzähne einen deutlich spitzeren Winkel mit leicht langgezogenen Wurzelloben auf.

Systematik
Lamniformes – Odontaspididae

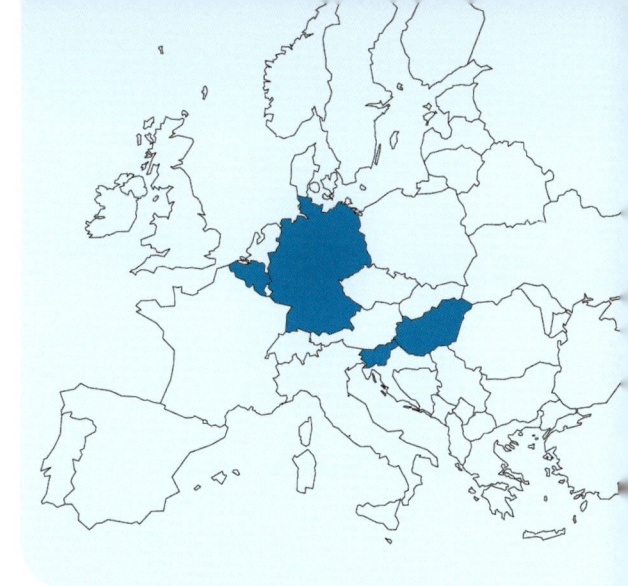

Höhe ≤ 20 mm
Breite ≤ 13 mm

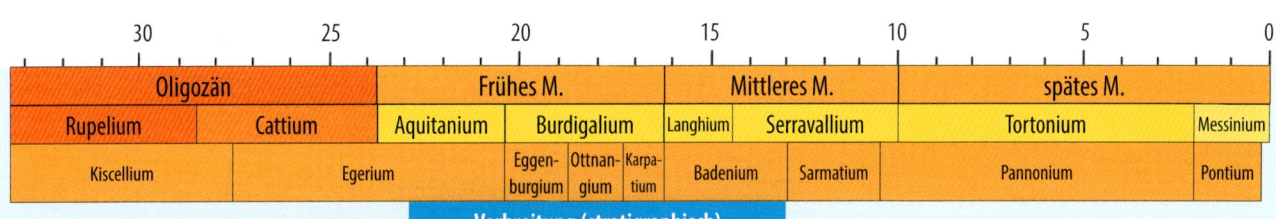

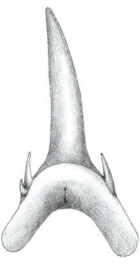

Odontaspis molassica
(Probst, 1879)

Wesentliche Unterscheidungsmerkmale

- sehr hohe und schlanke Hauptspitze
- sehr hohe und schlanke Seitenspitzen
- beidseitig konvexe Kronenbasis
- labial abrupter Übergang von Schmelz zu Dentin (Einschnürung)

Synonyme
keine

Habitat
Die zwei rezenten Arten der Gattung *Odontaspis* bevorzugen tiefere Schelfbereiche in warm-temperierten bis tropischen Gewässern bis zu einer Tiefe von mehr als 1 000 Metern.

Beschreibung
Die Zähne von *Odontaspis molassica* besitzen eine sehr schwach ausgeprägte dignathe Heterodontie und eine gradient monognathe Heterodontie.

Die **anterioren Zähne** des Oberkiefers haben eine hohe und schlanke, in der Seitenansicht leicht sigmoidal gekrümmte Krone. Der Zahnschmelz ist sowohl lingual als auch labial glatt. Die Schneide erreicht die Basis der Krone meist nicht. An der Kronenbasis, dort wo die Schneide endet, geht die Labialseite der Krone mit einer gleichmäßig sanften Rundung in die Lingualseite über. Es entsteht so an dieser Stelle ein annähernd elliptischer bis kreisrunder Querschnitt des Zahnes. Diese Konvexität der Labialseite stellt ein sehr wichtiges zahnmorphologisches Artmerkmal dar.

Auf der Labialseite des Zahnes wird sichtbar, wie sich der Zahnschmelz der Krone als breites Band nach mesial und distal auf den

Die Gattung *Odontaspis* ist die einzige Gattung der Ordnung, die im Oberkiefer bis zu vier Intermediärzähne besitzt. Als Intermediärzähne werden Zähne bezeichnet, die im Verhältnis zu den vorhergehenden bzw. nachfolgenden Zähnen deutlich kleiner sind. Das Vorhandensein dieser Zähne ist typisch für die meisten Vertreter dieser Ordnung.

Odontaspis ferox.

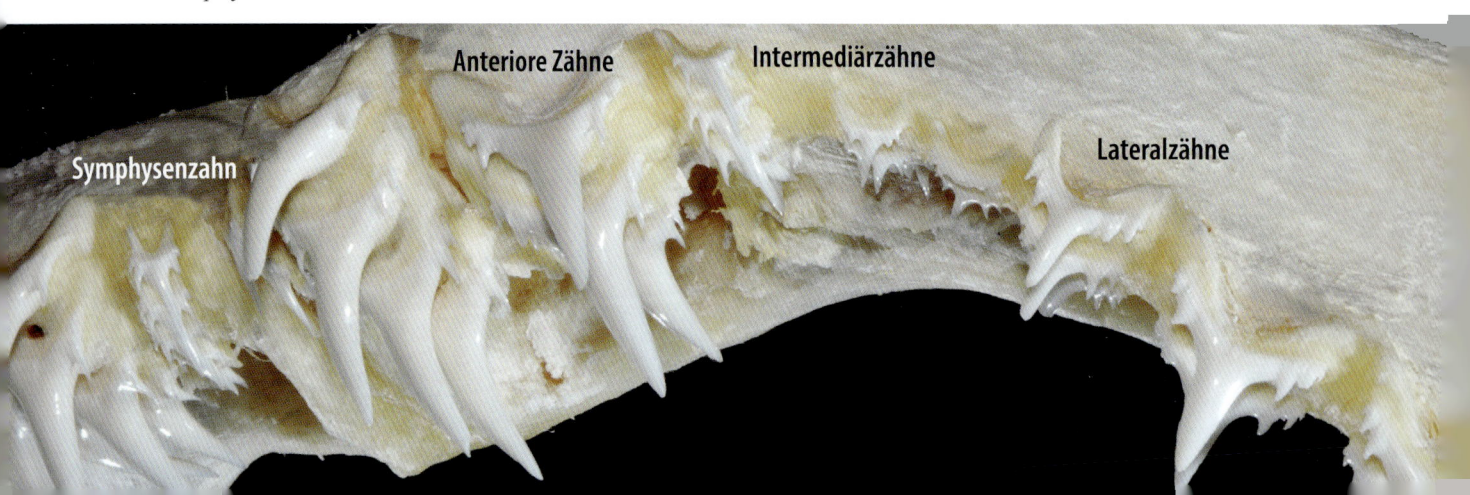

Wurzelästen fortsetzt. Der Übergang geschieht jedoch nicht gleichmäßig, sondern erfolgt ziemlich abrupt, sodass der Eindruck entsteht, als wäre die Krone an dieser Stelle eingeschnürt. Diese Eigenheit kennt man von keinen Zähnen anderer Sandtiger-Haiarten.

Die Grenze zwischen Zahnschmelz und Wurzel verläuft labial fast geradlinig. Hier kann bei einigen Zähnen eine schwache, niedere, parallel angelegte Schmelzfältelung auftreten, die sich über die ganze Breite des Zahnes ausdehnt. In der Mitte der Kronenbasis findet man manchmal eine schwache, dreieckige Eindellung, die von einem meist kurzen, aber kräftigen Schmelzwulst vertikal durchzogen wird.

Die Nebenspitzen anteriorer Zähne treten in der Regel einpaarig auf, sind hoch und zugleich höher als bei allen in der Molasse vorkommenden Sandtiger-Haiarten, nach lingual gebogen und wirken extrem spitz. Es ist keine Schneide ausgebildet und sowohl die Lingual- als auch die Labialseite der Nebenspitzen sind stark konvex geformt. Nur manchmal stehen rudimentäre Nebenspitzchen an ihrer Seite.

Die Wurzelprotuberanz auf der Lingualseite ist stark ausgebildet. In ihrem apikalen Bereich findet man das Zentralforamen, zu dem ein schwach ausgebildeter Nährkanal führt.

Die **lateralen Zähne** besitzen eine gut ausgebildete Schneidekante, sie ist jedoch nicht sehr scharf und reicht bis zur Kronenbasis. Bei den postero-lateralen Oberkieferzähnen franst der untere Teil des distalen Schneidenrandes in viele kleine Zäckchen aus. Bei diesen Zähnen ist die Streifung des basalen labialen Schmelzrandes ganz markant ausgebildet. Es treten kräftige Schmelzleisten auf, die in ihrem apikalen Teil teilweise zu kleinen Spitzchen ausgezogen sind. Die Außenseite der Kronen ist immer deutlich gewölbt. Die Nebenspitzen sind auffallend hoch und spitz. Sie sind in ihrem Querschnitt fast kreisrund und kommen mehrpaarig vor.

Systematik
Lamniformes – Odontaspididae

Höhe ≤ 32 mm

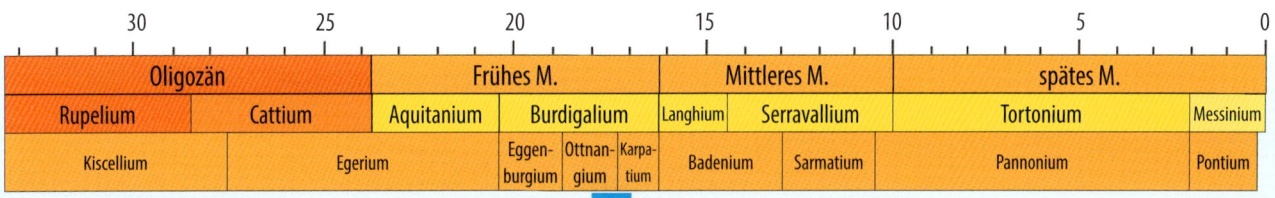

Verbreitung (stratigraphisch)

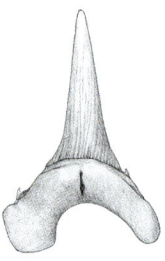

Mitsukurina lineata
(Probst, 1879)

Wesentliche Unterscheidungsmerkmale

- schlanke Hauptspitze
- selten kleine Nebenspitzen
- charakteristische Schmelzfalten entlang der Hauptspitze

Synonyme
Odontaspis lineata minor

Habitat
Über die Lebensweise dieser seltenen Haie ist wenig bekannt, die meisten gefangenen Exemplare stammen aus Tiefen von 270 bis 960 Metern, vereinzelte Exemplare wurden jedoch auch in tieferen Bereichen von bis zu 1 300 Metern gefangen. Aufgrund der äußeren Merkmale wird vermutet, dass sich diese Haie überwiegend in der mesopelagischen Zone (mittlerer Tiefenbereich) aufhalten.

Beschreibung
Die Zahnformen des Unter- und Oberkiefers zeigen nur minimale Unterschiede, während die Zähne innerhalb der Zahnserien (anterior, lateroposterior) von mesial nach distal deutliche Formvarianten aufweisen (disjunkt monognathe Heterodontie).

Die **anterioren Zähne** sind in beiden Kiefern sehr schlank und hoch, kräftig nach lingual gebogen und oft auch sigmoidal gekrümmt. Ihre Lingualseite ist sehr stark gewölbt, die Labialseite dagegen flach. Dadurch werden die scharfen mesialen und distalen Schneiden weit nach labial verlagert. Sie erreichen nur selten die Kronenbasis. Labial breitet sich der Zahnkronenschmelz weit über die beiden asymmetrisch gebauten, schwach divergierenden Wurzeläste aus. In dieser Ansicht sind auch die kleinen Nebenspitzen zu erkennen, die am äußersten Rand des Schmelzes platziert sind. Allerdings sind sie nur bei besonders gut erhaltenem Fossilmaterial nachzuweisen, doch der kleine Schmelzwulst, dem sie entspringen, ist meist noch erhalten geblieben und leicht auszumachen. Auf der Innenseite ist die Wurzelprotuberanz gut ausgebildet und eine tiefe Furche führt zum Zentralforamen.

Die **lateralen Zähne** haben eine spitze, dreieckige Krone, die bei den Unterkieferzähnen senkrecht von der Wurzel aufragt, bei den Oberkieferzähnen jedoch schwach nach distal geneigt ist und die auf der

Koboldhaie heben sich durch ihr verlängertes Rostrum und ihr exponiertes Kiefer sehr deutlich von anderen Haien ab. Nicht nur die Körperform ist eindeutig von anderen Haien zu unterscheiden, sondern auch ihre Zähne. Die auffallend kräftige, lineare, fast parallel verlaufende Schmelzfältelung auf der Lingualseite der Zahnkronen kennzeichnet die Zähne von *Mitsukurina* und hebt sie unverwechselbar von allen anderen lamniformen Haien des Miozäns ab.

Koboldhai (Mitsukurina owstoni).

Lingualseite wieder die typisch streng gezeichnete Schmelzfaltung aufweist. Weit nach außen auf den Wurzelästen, aber im Allgemeinen noch mit dem Zahnschmelz der Krone verbunden, sitzen bei den Unterkieferzähnen kleine, spitze nach lingual gebogene Nebenspitzen, die bei den Oberkieferzähnen dagegen meist breiter und niedriger angelegt sind. Die Wurzeläste sind weit gespreizt und an ihren äußeren Enden schaufelartig abgeflacht.

Systematik
Lamniformes – Mitsukurinidae

Höhe ≤ 25 mm

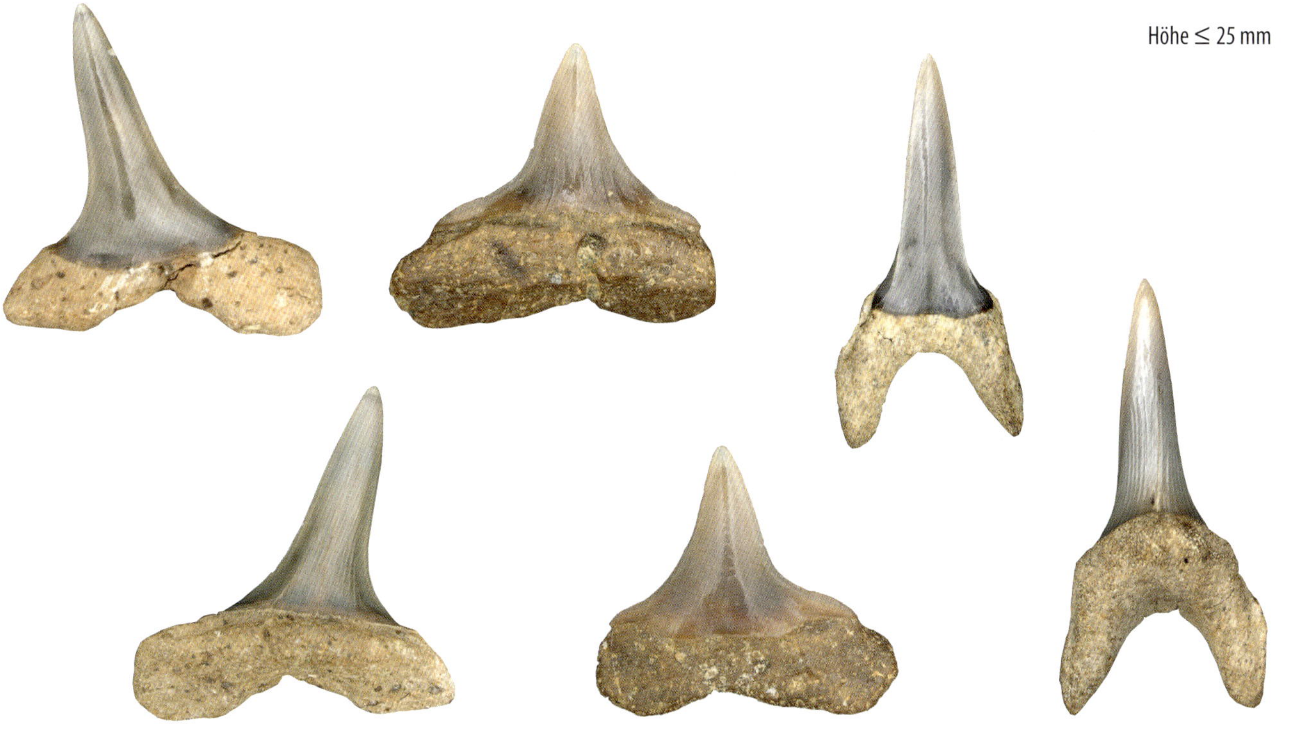

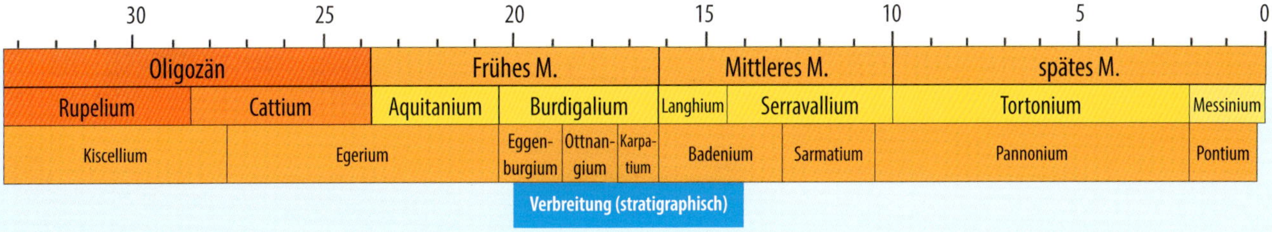

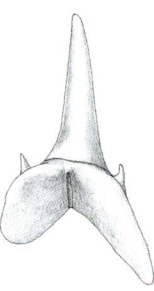

Pseudocarcharias rigida
(Probst, 1879)

Wesentliche Unterscheidungsmerkmale

- sehr lange, nadelförmige Hauptspitze bei anterioren Zähnen
- Schneidekante anteriorer Zähne erreicht nicht die Kronenbasis
- asymmetrische Wurzeläste
- Schmelzband bedeckt großzügig die labiale Wurzelfläche

Über die Lebensweise der relativ kleinwüchsigen Krokodilshaie – sie erreichen lediglich eine Länge von rund 1,2 Metern – ist wenig bekannt. Aufgrund der großen Augen und der Tatsache, dass diese Haie auch oftmals nahe der Wasseroberfläche als Beifang in den Netzen landen, vermutet man, dass sie sich tagsüber in tieferen und dadurch dunkleren Gewässern aufhalten und nachts zur Oberfläche aufsteigen.

Synonyme
keine

Habitat
Die rezente Art der Gattung ist weltweit, meistens offenmarin bis in eine Tiefe von bis zu rund 600 Metern rund um äquatoriale Breitengrade verbreitet.

Beschreibung
Die Zähne von *Pseudocarcharias rigida* weisen eine schwach ausgeprägte dignathe sowie eine gradient monognathe Heterodontie auf. Die **anterioren Zähne** sind auffallend schlank, in der Profilansicht stark nach lingual und in der Regel meist sigmoidal gekrümmt. Die Hauptspitze wird von einem Paar hackenförmiger Nebenspitzen flankiert, welche weit basal einem Schmelzband entspringen. Dieses Schmelzband bedeckt beinahe vollständig die labiale Wurzelfläche und bildet einen kleinen Wulst unterhalb der Hauptspitze. Die Schneidekante reicht nicht bis zur Basis der Hauptspitze, wodurch die Kronenbasis im Querschnitt rund erscheint. Die Wurzeläste

Zähne des Krokodilshai (Pseudocarcharias kamoharai).

stehen in einem steilen Winkel zueinander und sind asymmetrisch ausgebildet. Die linguale Wurzelfläche besitzt eine Wurzelprotuberanz, welche einen zentralen Nährkanal mit Foramen aufweist.

Die **lateralen Zähne** besitzen ebenso eine nadelförmige Hauptspitze, welche sich jedoch an der Kronenbasis deutlich verbreitert und die Zähne dadurch dreieckig erscheinen lässt. Zähne des Oberkiefers sind hierbei etwas massiger entwickelt als jene vom Unterkiefer und sind zudem auch stärker nach distal geneigt. Die Nebenspitzen der lateralen Zahnpositionen sind etwas massiger als jene der vorderen Zähne. Die Schneidekante verläuft zudem ohne Unterbrechung von der Hauptspitze zu den Nebenspitzen. Die Wurzeläste öffnen sich in einem großen Winkel, wobei der mesiale Wurzelast kürzer und flacher ausgebildet ist als der distale Ast. Auch bei Zähnen in lateralen Positionen wird die labiale Wurzelfläche beinahe vollständig von einer dünnen Schmelzschicht überzogen, welche sich am Basalrand faltig aufwirft.

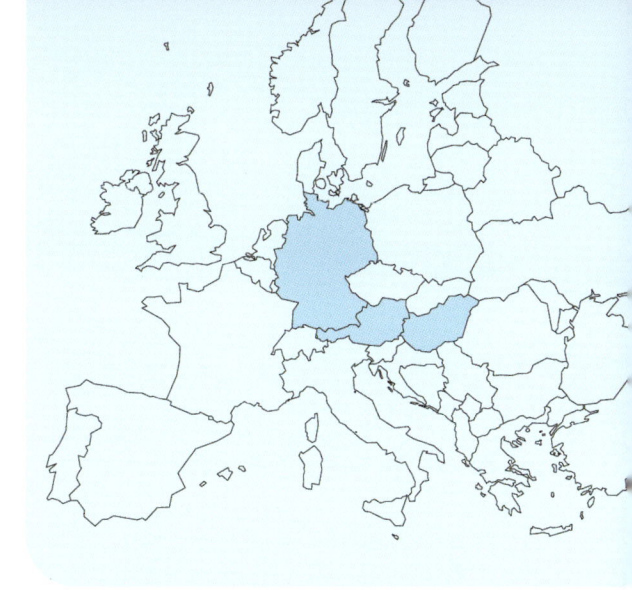

Höhe ≤ 18 mm

Systematik
Lamniformes – Pseudocarchariidae

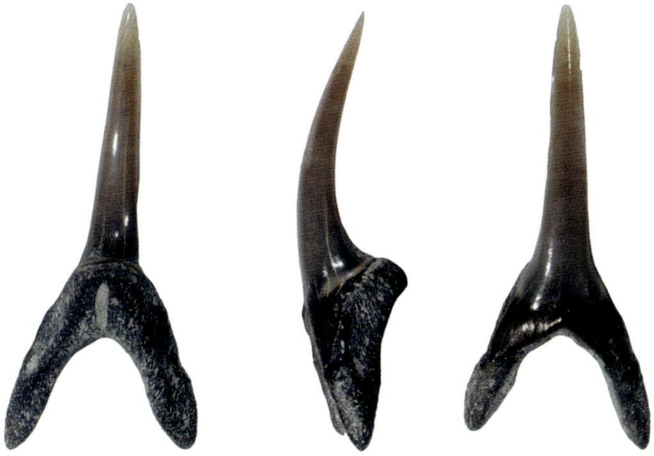

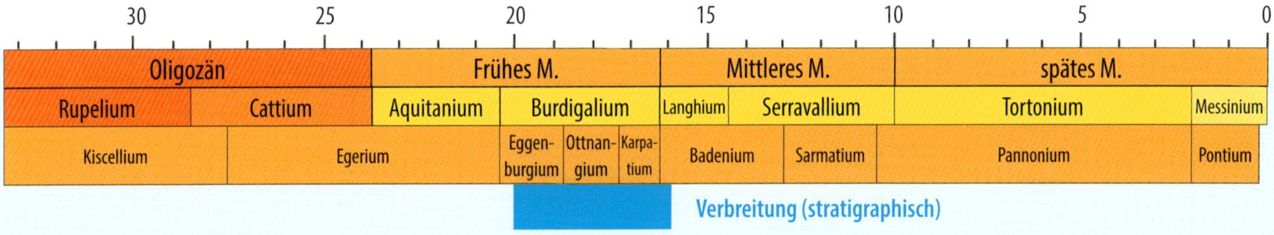

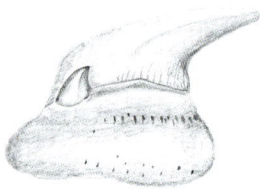

Megachasma sp.

Wesentliche Unterscheidungsmerkmale

- glatte, dreieckige Hauptspitze
- Hauptspitze stark nach lingual geneigt
- selten ein Paar kleine Nebenspitzen
- massige, trapezförmige Wurzel ohne separierte Wurzeläste

Die Beschreibung des Riesenmaulhaies im Jahr 1983 wird als wohl spektakulärste Hai-Entdeckung des 20. Jahrhunderts angesehen. Aufgrund der Seltenheit dieser sanften Riesen ist ihre genaue Lebensweise und Verbreitung noch recht unerforscht. Die zurückgebildeten Zähne und das riesige Maul, wovon auch der Name abgeleitet wurde, sind Anpassungen einer typischen filtrierenden Lebensweise. Die etwas schwabbelig anmutende Körperform, weiche Flossen und das schlecht kalzifizierte Skelett sprechen für eine weitaus geringere Aktivität als bei vergleichbaren Filtrierern wie Riesenhaien (*Cetorhinus maximus*) oder Walhaien (*Rhincodon typus*).

Riesenmaulhai (Megachasma pelagios).

Synonyme
keine

Habitat
Der Megamouth-Hai ist in den tropischen und gemäßigten Gebieten aller großen Ozeane weit verbreitet. Die meisten Exemplare sind aus Taiwan, Japan und den Philippinen im nordwestlichen und westlichen Zentralpazifik bekannt.

Beschreibung
Zähne der Gattung *Megachasma* weisen eine gradient monognathe Heterodontie auf. Die Unterkieferzähne vergleichbarer Zahnpositionen sind größer als die Oberkieferzähne. Typisch für Filtrierer ist die große Anzahl von Zähnen pro Kieferhälfte. Bei *Megachasma* können dies mehr als 100 Zähne im Ober- bzw. Unterkiefer sein.

Die sehr charakteristischen Zähne der Gattung *Megachasma* sind durch eine sehr massige, basal trapezförmige Wurzel gekennzeichnet. Auf dieser prominenten Wurzel sitzt eine ebenfalls sehr massige Hauptspitze mit starker lingualer Neigung. Die Hauptspitze trägt eine Schneidekante, welche die deutlich verbreiterte Kronenbasis nicht erreicht. Selten können kleine Nebenspitzen vorkommen. Der Übergang von der Zahnkrone zur Wurzel ist deutlich zu erkennen und geht manchmal mit einer merklichen Einschnürung einher. Die massige Wurzel ist lingual stark ausgezogen und endet in einer Wurzelprotuberanz, welche auf der basalen Wurzelfläche ein Foramen oder mehrere große Foramina beherbergt. In seltenen Fällen wird die basale Wurzelfläche durch die kräftig ausgebildeten Foramina geteilt, sodass ein holaulacorhizides Vaskularisationssystem entsteht.

Systematik
Lamniformes – Megachasmidae

Höhe ≤ 3 mm
Breite ≤ 5 mm

145

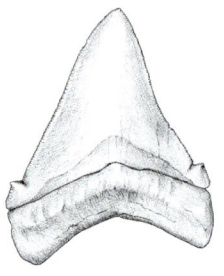

Otodus (Megaselachus) chubutensis
(Ameghino, 1901)

Wesentliche Unterscheidungsmerkmale

- extrem große, dreieckige Zähne
- meist ein Paar Nebenspitzen
- fein gekerbte Schneidekante
- Zahnspitze leicht nach labial gekrümmt

In untermiozänen Fundstellen Baden-Württembergs, wie z. B. in Walbertsweiler, Rengetsweiler oder Ursendorf, kommen ca. 10 % ohne, 30 % mit schwachen und 60 % mit deutlich entwickelten Nebenspitzen vor. Dies deutet auf einen fließenden Übergang von „chubutensis" zu „megalodon" hin. Möglicherweise setzte diese Entwicklung, zumindest im Bereich des nordalpinen Molassebeckens, während des Ottnangiums ein, da Zähne aus dem Badenium nur mehr die typische „megalodon"-Form aufweisen.

Vergleich der beiden Otodus-Arten, links O. megalodon, rechts O. chubutensis.

Synonyme
keine

Habitat
Die Gattung ist ausgestorben.

Beschreibung
In miozänen Fundschichten der Molassezone treten zwei Formvarianten dieser imposanten Zähne auf. Zum einen wären dies große, massige Zähne ohne Nebenspitzen, welche die typische „Megalodon-Form" darstellen, zum anderen Zähne mit deutlichen Nebenspitzen. Die Zähne von *Otodus (Megaselachus) chubutensis* besitzen eine schwach ausgeprägte gradient monognathe Heterodontie.

Die Zähne selbst sind dreieckig mit einer sehr massiven und hohen Krone, die auf der Innenseite stark gewölbt und auf der Außenseite dagegen flach oder schwach konvex ist. Im Profil ist der apikale Teil der Krone labialwärts gekrümmt. Die Schneiden sind über ihre ganze Länge relativ fein gekerbt. Die Zähne besitzen eine sehr robuste und massige Wurzel mit wenig divergierenden, breiten Wurzelästen. Zähne aus lateralen Zahnpositionen sowie auch Mundwinkelzähne zeigen eine deutliche distale Neigung und variieren in ihrer Größe. Am auffälligsten sind hierbei die kleinen Mundwinkelzähne, die aufgrund ihrer geringen Größe auf den ersten Blick nicht auf diese Gattung schließen lassen.

Systematik
Lamniformes – Otodontidae

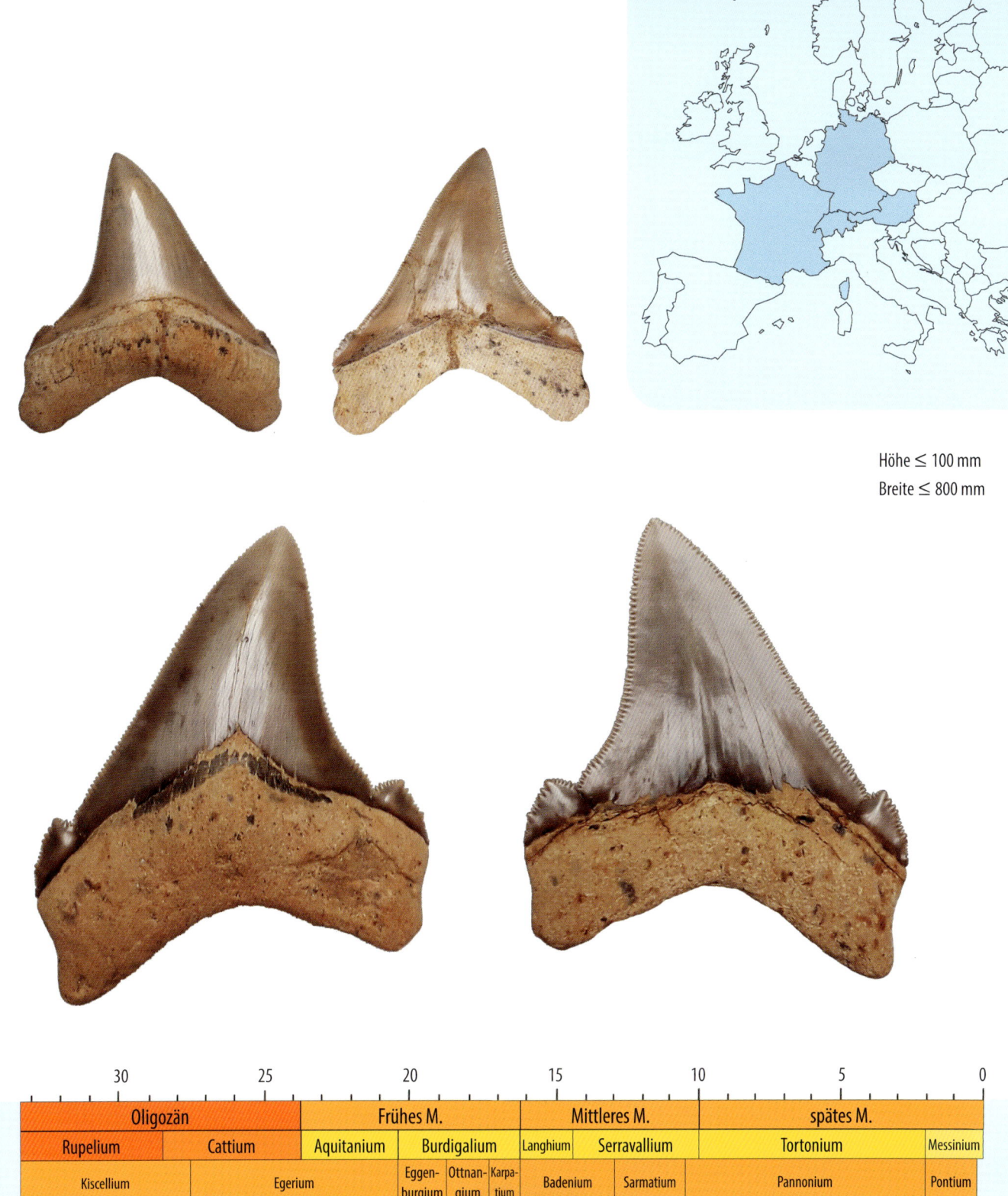

Höhe ≤ 100 mm
Breite ≤ 800 mm

Verbreitung (stratigraphisch)

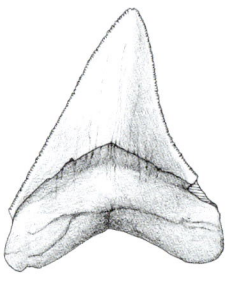

Otodus (Megaselachus) megalodon
(Agassiz, 1835)

Wesentliche Unterscheidungsmerkmale

- extrem große, dreieckige Zähne
- keine Nebenspitzen
- fein gekerbte Schneidekante
- Zahnspitze leicht nach labial gekrümmt

Synonyme
Carcharias polygyrus, Carcharias productus, Carcharodon branneri, Carcharodon humilis, Carcharodon intermedius, Carcharodon latissimus, Carcharodon leviathan, Xenodolamia parvus (Auswahl der häufigsten Synonyme)

Habitat
Die Gattung ist ausgestorben.

Beschreibung

Die Zähne von *Otodus (Megaselachus) megalodon* besitzen eine schwach ausgeprägte gradient monognathe Heterodontie und sind jenen von *Otodus (Megaselachus) chubutensis* in ihrer Grundform sehr ähnlich, verfügen jedoch niemals über Nebenspitzen. Die Zahnform ist ebenfalls dreieckig mit einer sehr massiven und hohen Zahnkrone, die auf der Innenseite stark gewölbt und auf der Außenseite dagegen flach oder schwach konvex ist. Im Profil ist der apikale Teil der

Die Frage nach der tatsächlichen Körpergröße von „Megalodon" beschäftigt die Wissenschaft seit Anbeginn der ersten Zahnfunde dieses Mega-Predators. Eine kürzlich erschienene Studie errechnete durch Körpergrößenvergleiche von fünf lamniformen Haiarten mit ähnlicher Lebensweise eine realistische Körperlänge von 16 Metern. Bei einer solchen Körpergröße wäre die Rückenflosse sage und schreibe 1,6 Meter und der Schwanz 3,85 Meter hoch.

Rekonstruktion der Körpergröße von Megalodon.

Krone labialwärts gekrümmt. Die Schneiden sind über ihre ganze Länge relativ fein gekerbt. Die Zähne besitzen eine sehr robuste und massige Wurzel mit wenig divergierenden, breiten Wurzelästen.

Systematik
Lamniformes – Otodontidae

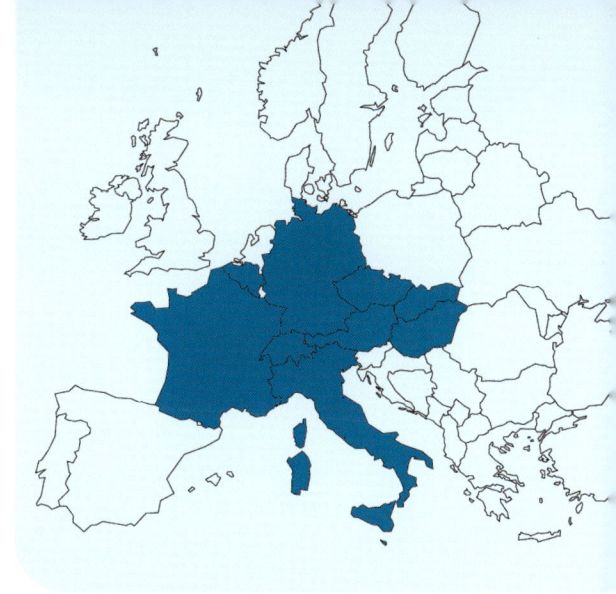

Höhe ≤ 1,6 m
Breite ≤ 1,2 m

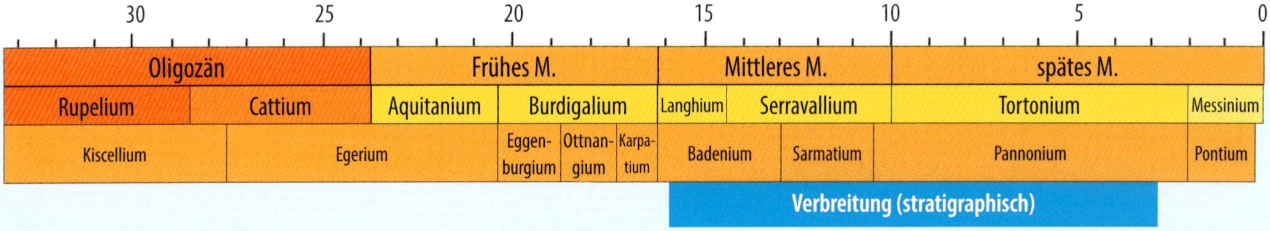

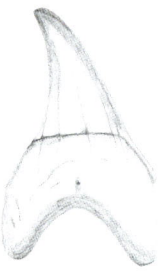

Parotodus benedeni
(Le Hon, 1871)

Wesentliche Unterscheidungsmerkmale

- relativ große, sichelförmige Zähne ohne Nebenspitzen
- Zahnkrone stark nach distal geneigt und spitz
- linguale Kronenfläche stark konvex, labiale Seite eben
- massige Wurzel mit zum Teil stark ausgezogenen Wurzelästen

Die ausgestorbene Gattung *Parotodus* weist neben den europäischen Zahnfunden eine beinahe weltweite Verbreitung auf. Das große Verbreitungsgebiet und die relativ großen Zähne sprechen dafür, dass Haie dieser Gattung relativ groß wurden und ausgezeichnete Schwimmer waren, welche unbeschwert durch die offenen Ozeane glitten.

Ein Zahn von P. benedeni aus dem Miozän von Amerika aus der Sammlung des NHM.

Synonyme
Oxyrhina forestii, Oxyrhina gibbosissima, Oxyrhina neogradensis, Oxyrhina quadrans

Habitat
Die Gattung ist ausgestorben.

Beschreibung

Die Zähne von *Parotodus benedeni* besitzen eine gradient monognathe Heterodontie.

Die Zahnkrone ist spitz und in den meisten Fällen stark sichelförmig. Lediglich Zähne der vordersten Zahnpositionen zeigen eine geringere distale Biegung der Zahnkrone. Die Schneidekante ist gut ausgebildet und reicht bis zur Kronenbasis. Der Zahnschmelz ist glatt und seidig, wobei auf der lingualen Kronenfläche basal in seltenen Fällen Schmelzfalten auftreten können. Die linguale Kronenfläche ist zudem stark konvex gewölbt, wohingegen die labiale Fläche absolut eben erscheint. In der Profilansicht ist weiters erkennbar, dass die Zähne eine leichte sigmoidale Kurvatur aufweisen. Der Übergang von der Zahnkrone zur Wurzel erfolgt abrupt. Die Wurzel erscheint auf der lingualen Seite besonders massig, welches durch eine deutliche Wurzelprotuberanz bestärkt wird. Die Wurzeläste öffnen in einem relativ steilen Winkel und sind meist weit ausgezogen.

Systematik
Lamniformes – Otodontidae

Höhe ≤ 65 mm
Breite ≤ 50 mm

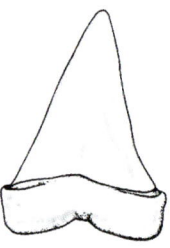

Carcharodon hastalis
(Agassiz, 1838)

Wesentliche Unterscheidungsmerkmale

- relativ große, dreieckige Zähne
- Zahnkrone im Profil sehr flach
- glatte Schneidekante
- keine Nebenspitzen

Die Frage nach den Verwandtschaftsverhältnissen zwischen *Carcharodon hastalis*, *Otodus (Megaselachus) megalodon* und *Carcharodon carcharias* (Weißer Hai) beschäftigt die Wissenschaft bereits seit über einem Jahrhundert. Neueste Erkenntnisse unterstützen eine separierte Evolutionslinie von „Megalodon" und dem heute lebenden Weißen Hai. *Carcharodon hastalis* befindet sich daher an der Basis der „Carcharodon-Linie". Gestützt wird diese Hypothese durch eine neu beschriebene Haiart, *Carcharodon hubbelli*, aus dem oberen Miozän, aufgefunden in Peru. Das Außergewöhnliche an dieser Art sind die großen, an der Basis sehr breiten und nur im unteren Bereich der Krone gezähnelten Zähne. Diese Zahnform stellt daher einen eindeutigen Übergang von der älteren Art *C. hastalis* zu der neu beschriebenen Art *C. hubbelli* bis hin zum rezenten Vertreter *C. carcharias* dar.

Weißer Hai.

Synonyme

Alopecias gigas, Isurus smithii, Oxyrhina hastalis lusitanica, Oxyrhina hastalis tortonensis, Oxyrhina isocelica, Oxyrhina numida, Oxyrhina patagonica, Oxyrhina trigonodon, Oxyrhina tumidula, Oxyrhina tumula, Oxyrhina xiphodon

Habitat

Der Weiße Hai (*Carcharodon carcharias*) ist ein aktiver Schwimmer und kommt in kalt-temperierten bis tropischen Gewässern in Küstennähe und Schelfbereichen vor.

Beschreibung

Die Zähne von *Carcharodon hastalis* weisen eine ausgeprägte dignathe sowie eine disjunkt monognathe Heterodontie auf.

Die Zähne des **Oberkiefers** sind annähernd dreieckig und relativ dünn. Die Labialseite ist flach bzw. bei lateralen oder posterioren Zähnen manchmal auch schwach konkav. Der untere Teil der Zahnkrone ist im Profil gerade, die Spitze ist insbesondere bei den anterioren Zähnen deutlich nach labial gebogen. Die Schneidekanten sind scharf und reichen stets bis zur Kronenbasis. Die Zahnkronen sind im Oberkiefer immer nach distal geneigt. Die Wurzeläste sind relativ schwach entwickelt und öffnen in einem großen Winkel. Die linguale Wurzelfläche besitzt ein zentrales Foramen, eine Basalfurche sowie eine linguale Wurzelprotuberanz, hingegen fehlen gänzlich.

Die Zahnkronen des **Unterkiefers** sind mit Ausnahme des zweiten und gegebenenfalls dritten anterioren Zahnes immer senkrecht aufgerichtet und nie nach distal geneigt. Auch hier ist die Labialseite der Krone im anterioren Bereich nahezu völlig plan, im lateralen und posterioren Bereich ist sie leicht konkav gewölbt. Im Gegensatz zu den Oberkieferzähnen ist die labiale Fläche der Kronenspitze eben und in der Regel nicht nach labial gebogen. Nur bei anterioren Zähnen kann sie leicht nach labial gebogen sein. Die Zahnkronen wirken im Vergleich zu den Oberkieferzähnen massiver, da sie an der

Basis annähernd so breit, jedoch dicker als jene im Oberkiefer sind. Nebenspitzen fehlen sowohl im Oberkiefer als auch im Unterkiefer. Die Wurzeläste öffnen in einem deutlich spitzeren Winkel als jene der Oberkieferzähne, besonders spitz ist der Winkel bei anterioren Zähnen.

Systematik
Lamniformes – Lamnidae

Höhe ≤ 75 mm
Breite ≤ 40 mm

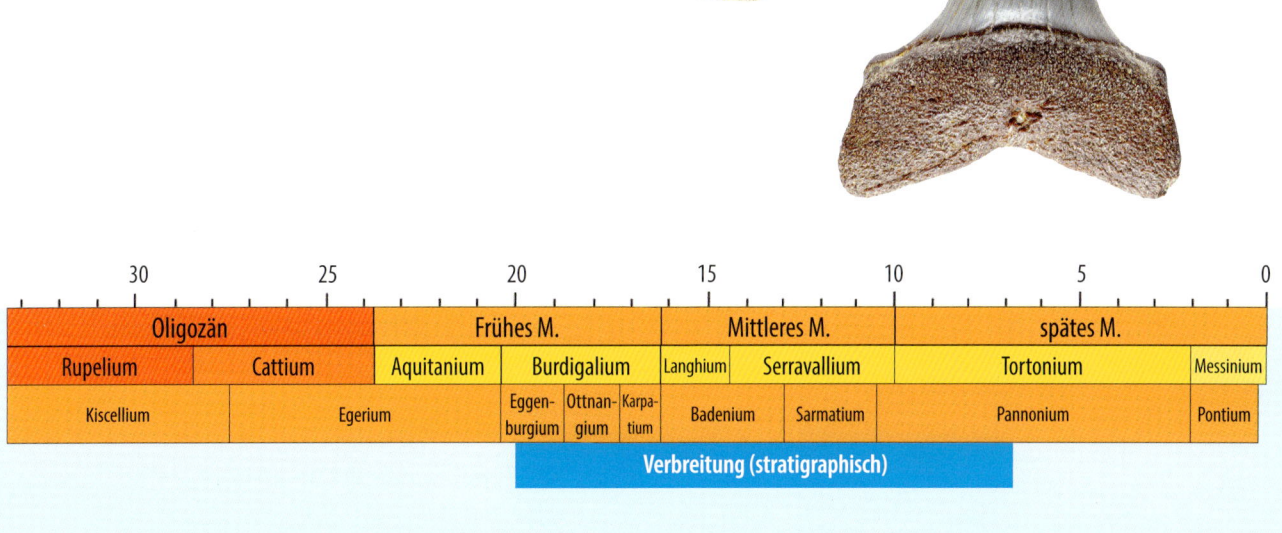

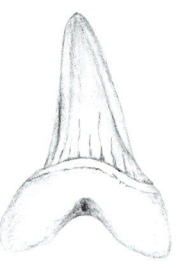

Isurus desori
(Agassiz, 1843)

Wesentliche Unterscheidungsmerkmale

- relativ schmale, dreieckige Zähne
- keine Nebenspitzen
- im Profil leicht sigmoidal geschwungen
- zentrale Furche auf labialer Kronenfläche

Synonyme
Lamna lyellii, Lamna inaequilateralis

Habitat
Makohaie (Gattung *Isurus*) sind kräftige und schnelle Schwimmer, die in küstennahen sowie offenmarinen Gewässern vom Äquator bis in Breitengrade mit Wassertemperaturen von mindestens 15° Celsius vorkommen.

Beschreibung
Die Zähne von *Isurus desori* weisen eine gradient monognathe Heterodontie auf.

Die **anterioren Zähne** besitzen eine relativ schmale, jedoch deutlich dreieckige Hauptspitze, welche niemals von Nebenspitzen begleitet wird. Die Schneidekante ist gut ausgebildet und erreicht in den meisten Fällen die Kronenbasis. Die labiale Kronenfläche ist eben, besitzt jedoch eine zur Spitze verlaufende Furche, welche ein charakteristisches Merkmal dieser Art darstellt. Die linguale Kronenfläche ist hingegen stark konvex und zeigt keine Ornamentierung. Im Profil ist eine deutliche sigmoidale Krümmung erkennbar. Der Übergang von Zahnkrone zur Wurzel ist markant. Die Wurzeläste divergieren in einem spitzen Winkel bei Zähnen von anterioren Positionen und in einem relativ stumpfen Winkel bei seitlichen Zähnen.

Die **lateralen Zähne** unterscheiden sich zudem von anterioren Zähnen durch die deutliche distale Neigung der Zahnkrone.

Die taxonomische Stellung der Art ist umstritten. Aufgrund der großen zahnmorphologischen Ähnlichkeiten zu der rezenten Art *Isurus oxyrinchus*, dem Kurzflossenmako, vertritt eine Reihe von Paläontologen die Auffassung, dass diese Form als Synonym der rezenten Art betrachtet werden muss.

Die Gattung *Isurus* umfasst zwei rezente Vertreter, nämlich *Isurus oxyrinchus* und *Isurus paucus*. Der Kurzflossen-Mako *(Isurus oxyrinchus)* ist ein besonders aktiver Hai, welcher durch seine enorme Geschwindigkeit und Wendigkeit gern als „Falke" der Hai-Welt bezeichnet wird. Sein seltener Verwandter, der Langflossen-Mako *(Isurus paucus)*, ist hingegen nur wenig bekannt. Beide Arten erreichen eine imposante Körperlänge von bis zu vier Metern und zählen daher zu den größeren Haien.

Systematik
Lamniformes – Lamnidae

Makohai.

Höhe ≤ 55 mm
Breite ≤ 45 mm

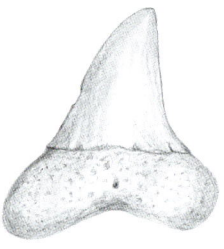

Isurus retroflexus
(Agassiz, 1838)

Wesentliche Unterscheidungsmerkmale

- dreieckige Zähne
- keine Nebenspitzen
- linguale Kronenbasis im Profil eben und gerade
- Zahnspitze nach lingual geneigt

Makohaie gehören mit kurzzeitigen Sprintgeschwindigkeiten von bis zu 100 km/h nicht nur zu den schnellsten Schwimmern im Meer, sondern unternehmen auch ausgedehnte Wanderungen. Rekordhalter ist dabei ein Mako, der vor Neuseeland markiert wurde und innerhalb von nur sechs Monaten eine Strecke von sage und schreibe rund 13 000 Kilometern zurücklegte.

Makohai.

Synonyme
Oxyrhina agassizii, Oxyrhina complanata

Habitat
Makohaie (Gattung *Isurus*) sind kräftige und schnelle Schwimmer, die in küstennahen sowie offenmarinen Gewässern vom Äquator bis in Breitengrade mit Wassertemperaturen von mindestens 15° Celsius vorkommen.

Beschreibung
Die Zähne von *Isurus retroflexus* weisen eine gradient monognathe Heterodontie auf.
Die Zähne sind relativ groß und tragen niemals Nebenspitzen. Die Hauptspitze besitzt eine gut entwickelte Schneidekante, die meist die Kronenbasis erreicht. Die linguale Kronenfläche ist stark konvex, die labiale Fläche hingegen eben. Im Profil ist

das arttypische Merkmal der nach lingual gerichteten Zahnspitze besonders gut zu erkennen. Dabei ist die labiale Kronenbasis eben und auch gerade, die Zahnspitze neigt sich erst ab dem oberen Drittel der Zahnkrone deutlich nach lingual. Der Übergang von der Zahnkrone zur Wurzel ist markant. Die Wurzeläste divergieren in ähnlicher Weise wie auch bei anderen Makohaiarten.

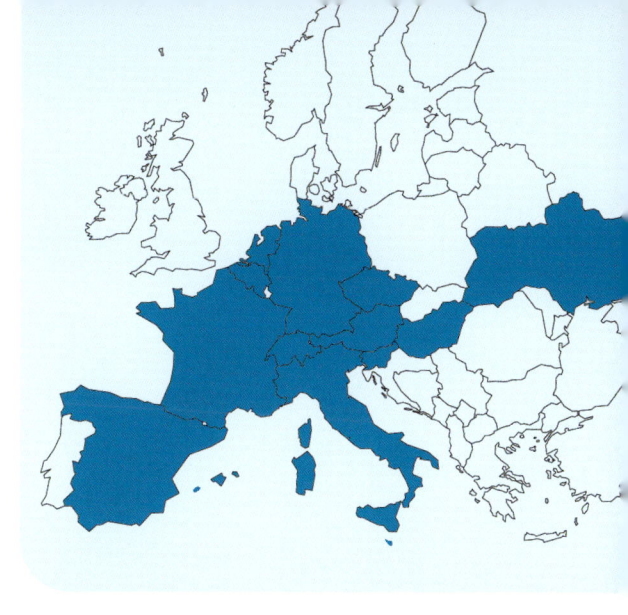

Systematik
Lamniformes – Lamnidae

Höhe ≤ 55 mm
Breite ≤ 45 mm

Carcharhiniformes
Grundhaie

Die Ordnung der Grundhaie (Carcharhiniformes) ist die artenreichste der heute lebenden Haie. Sie umfasst 10 Familien mit 292 Arten (Stand März 2021) und beinhaltet somit mehr als die Hälfte aller lebenden Haiarten. Zu dieser großen Gruppe gehören so bekannte Haie wie die Hammerhaie (Sphyrnidae, 9 Arten), Requiemhaie (Carcharhinidae, 56 Arten), Glatthaie (Triakidae, 46 Arten), Wieselhaie (Hemigaleidae, 8 Arten) oder die Katzenhaie (Scyliorhinidae, 50 Arten; Pentanchidae, 111 Arten). Wenig bekannt sind die Falschen Glatthaie (Proscylliidae, 6 Arten; Pseudotriakidae, 5 Arten) und die monotypische Familie der Bartel-Hundshaie (Leptochariidae).

Haie dieser Ordnung sind weltweit verbreitet und besiedeln alle Lebensräume – küstennahe tropische bis subtropische Riffe, die Tiefsee (sie sind auch pelagisch im offenen Ozean anzutreffen) und die gemäßigten Bereiche der Weltmeere. Alle Haie dieser Ordnung sind gekennzeichnet durch zwei in der Regel stachellose Dorsalflossen, eine Afterflosse, fünf Kiemenspalten und eine sogenannte Nickhaut über dem Auge. Die nicht bei allen Haien ausgebildete Nickhaut ist aus einer Längsteilung des Unterlids entstanden. Sie wird beim Zubeißen vom vorderen Augenwinkel nach hinten oben gezogen und schützt die Augen in kritischen Situationen.

Aus dem Känozoikum wurden Zähne von Haien dieser Ordnung weltweit nachgewiesen. Bekannt sind vor allem die großen Zähne der Gattungen *Carcharhinus* (Requiemhai), *Galeocerdo* (Tigerhai), *Sphyrna* (Hammerhai) oder auch *Hemipristis* (Fossilhai).

Unten: Bullenhai. Rechte Seite: Hammerhai, daneben Zitronenhai, darunter Katzenhai. Unten: Tigerhai.

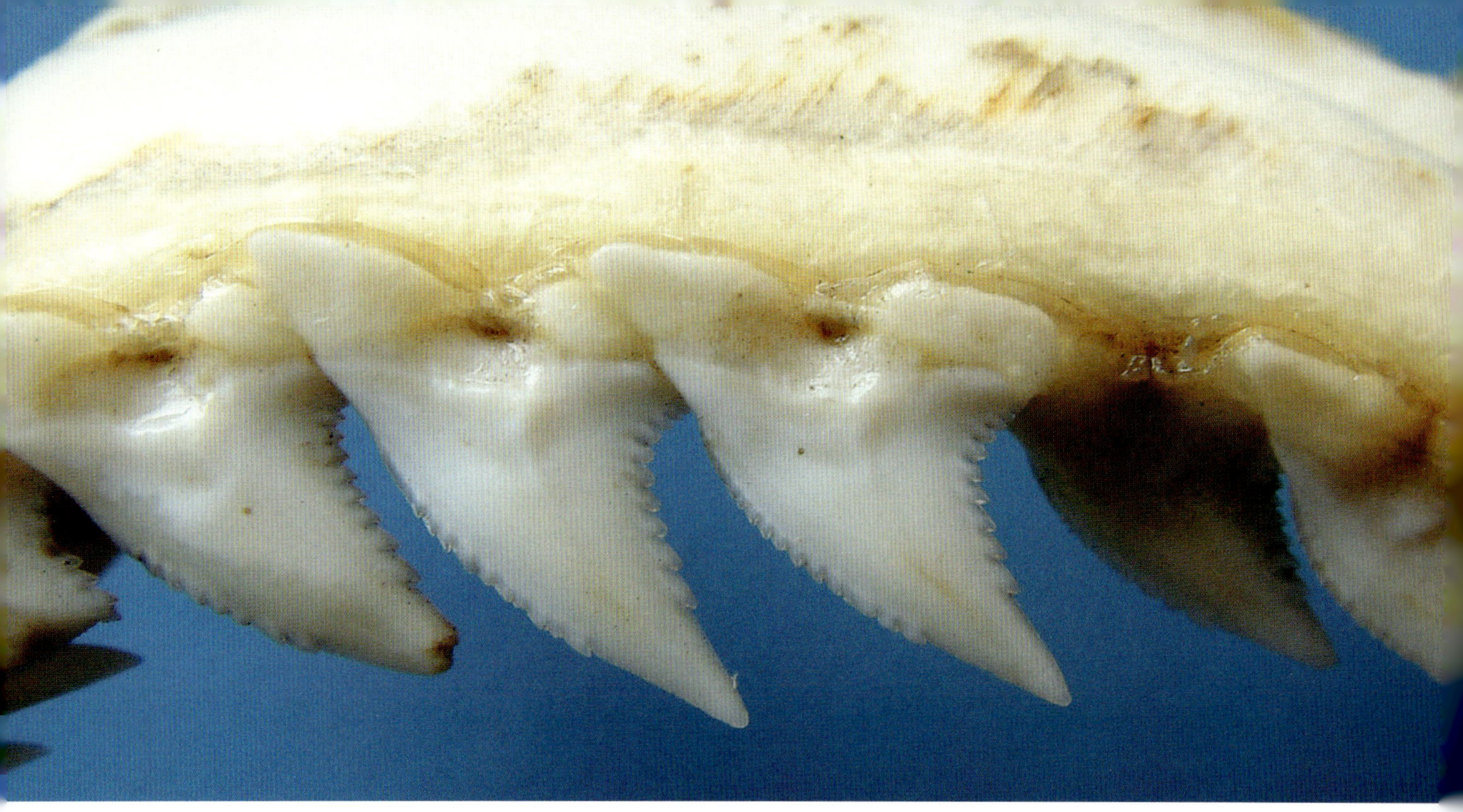

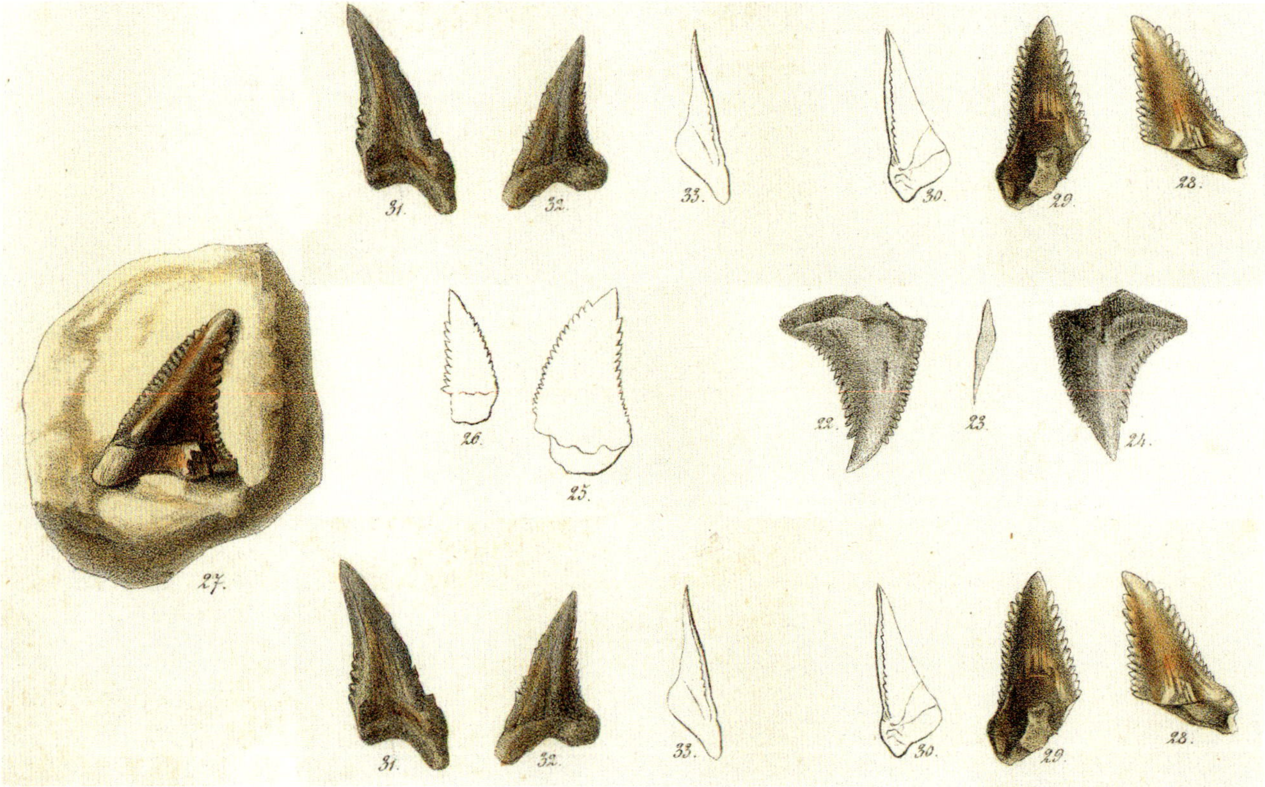
31.
32.
33.
30.
29.
28.
27.
26.
25.
22.
23.
24.
31.
32.
33.
30.
29.
28.

Warum heißt die rezente Haiart *Hemipristis elongata* im Deutschen „Fossilhai"?

Um das zu klären, müssen wir uns mit der Entdeckung der Gattung *Hemipristis* auseinandersetzen. Louis Agassiz, dem wir bereits einige Zeilen gewidmet haben, beschrieb 1835 in seinem epochalen Werk *Recherches sur les poissons fossiles* erstmals fossile Zähne der Gattung *Hemipristis* und bildete diese auch ab. Zu diesem Zeitpunkt waren solch charakteristische und unverwechselbare Zähne nur aus miozänen Sedimenten bekannt. Agassiz nannte die Art *Hemipristis serra*, sie ist heute noch gültig, Zähne wurden inzwischen weltweit nachgewiesen.

Knapp 35 Jahre später, nämlich 1871, veröffentlichte der deutsche Tropenarzt und Zoologe Carl Benjamin Klunzinger (1834–1914) eine Arbeit über die Fische des Roten Meeres, in der er die monotypische Haigattung *Dirrhizodon* (Zweiwurzelzähner) mit der Art *Dirrhizodon elongatus* aufstellte. Klunzinger, der sich insgesamt 12 Jahre unter anderem zu Forschungszwecken in Kosseir (Al-Qusayr, Ägypten) aufhielt, sammelte in dieser Zeit zahlreiche Fische für das Königliche Naturalienkabinett zu Stuttgart (heute: Naturkundemuseum Stuttgart). Bereits zwei Jahre nach der Veröffentlichung bekam Pfarrer Josef Probst, der sich leidenschaftlich mit der Paläontologie und Geologie seiner Heimat Oberschwaben beschäftigte, in Stuttgart den Holotyp der von Klunzinger beschriebenen Art *Dirrhizodon elongatus* zu Gesicht. In seiner Publikation von 1878 über die fossilen Haie der schwäbischen Molasse schrieb er dazu: „Dem Herrn Dr. Klunzinger in Coseir gelang es in ganz neuer Zeit eines Hayes aus dem rothen Meer habhaft zu werden, bisher in einem einzigen Exemplar, dessen Gebiss auffallende Aehnlichkeit und Uebereinstimmung mit den fossilen Zähnen von Hemipristis zeigt. Das Unicum befindet sich in der Stuttgarter Sammlung No. 1640 unter dem Namen Dirhizodon elongatus Klunzinger, das wegen seiner Flossenstellung und der Spritzlöcher in die unmittelbare Nähe von Galeus, jedoch als besonderes Geschlecht eingereiht wurde. Sobald ich das Gebiss dieses Fisches im Herbst 1873 zu Gesicht bekam, erkannte ich die überraschende Aehnlichkeit mit den Zähnen von Hemipristis, die in Europa und Amerika so weit verbreitet sind, und durch ihre Gestalt so sehr in die Augen fallen; es war mir sofort klar, dass ein lebender Repräsentant des für ausgestorben gehaltenen Geschlechts, wenn auch als grösste Seltenheit, sich vorgefunden hatte."

Die von Probst veröffentlichten Erkenntnisse wurden bereits 1889 von dem führenden englischen Paläontologen Sir Arthur Smith Woodward in seiner Monographie *Catalogue of the fossil fishes in the British Museum (Natural History)* bestätigt. Rezente Vertreter der Art wurden erstmals wieder in den 1940er-Jahren vor Bombay entdeckt; die erste detaillierte Beschreibung der rezenten Art publizierte Professor J. L. B. Smith von der südafrikanischen Rhodes-Universität im Jahr 1957.

Von der Gattung *Hemipristis* wurden also zuerst die fossilen Zähne aufgefunden und beschrieben, erst später entdeckte man die heute noch lebende Art – eine einzigartige Konstellation bei Knorpelfischen. Aus diesem Grund wird diese Haiart heute im Deutschen „Fossilhai" genannt.

Linke Seite: Oben: Oberkieferzähne des Fossilhais (Hemipristis elongata). Unten: Auszug aus Tafel 27 (Hemipristis serra) aus Agassiz' Werk „Recherches sur les poissons fossiles".

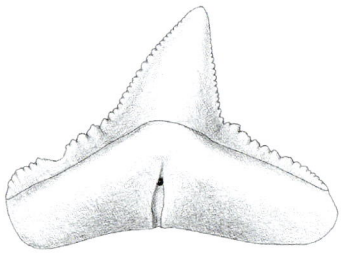

Carcharhinus priscus
(Agassiz, 1843)

Wesentliche Unterscheidungsmerkmale

Oberkieferzähne:

- asymmetrische Zahnform
- langer, beidseitiger, gezähnelter Talon
- gezähnelte Schneidekante der Hauptspitze

Unterkieferzähne:

- symmetrische Zahnform
- langer, beidseitiger, glatter Talon
- glatte Schneidekante der Hauptspitze

Während Zähne von *Carcharhinus priscus* des Nordseebeckens im frühen bis mittleren Miozän sehr stabile Merkmale aufwiesen, sind für den gleichen Zeitraum unterschiedliche Ausprägungen der Zähnelung der Schneidekante an Zähnen aus dem Bereich der Mediterranen Tethys in Frankreich und Zentralen Parathethys in Polen und Österreich nachweisbar. Unterkieferzähne dieses Typs entwickelten auch Zähnelungen der Schneidekanten, wodurch sich Zähne dieser Population deutlich von jener des Nordseebeckens unterscheiden.

Synonyme

Carcharhinus (Hypoprion) lusitanicus, Carcharhinus (Aprionodon) macrorhiza, Carcharias miqueli, Carcharias pervinquierei, Carcharias (Aprion) brevis, Carcharias (Aprion) stellatus, Sphyrna serrata, Galeocerdo acanthodon

Habitat

Die Gattung *Carcharhinus* ist heute mit 35 Arten in diversen tropischen bis subtropischen Habitaten beheimatet. Sie kommt sowohl in Küsten- oder Inselnähe als auch im offenen Meer vor.

Beschreibung

Die Zähne von *Carcharhinus priscus* besitzen eine deutliche dignathe Heterodontie.

Die vorderen **Oberkieferzähne** sind beinahe symmetrisch ausgebildet. Sie besitzen eine hohe, gleichmäßig geformte, dreieckige und gerade ausgerichtete Krone, welche auf der Labialseite flach und auf der Lingualseite gewölbt ist. Die fein gekerbte Schneidekante setzt sich auf den beidseitigen gleich langen, abgeschrägten Wurzelästen mit gröberer Zähnelung fort (Talon). Seitliche Oberkieferzähne sind jenen der anterioren Position sehr ähnlich, jedoch ist die Hauptspitze deutlich nach distal geneigt und der Übergang der Schneidekante zum Talon in distaler Richtung durch eine deutliche Einkerbung separiert. Die Lingualseite der Wurzel ist dreieckig geformt, wohingegen die Labialseite rechteckig ausgebildet ist. Die Enden der

Schwarzspitzen-Riffhai (*Carcharhinus melanopterus*).

Wurzeläste sind stets gerundet. Die Lingualseite der Wurzel besitzt zudem eine deutliche Wurzelprotuberanz mit einem zentralen Nährkanal, dessen Furche sich bis zur Wurzelbasis fortsetzt und ebenso von labialer Seite als Kanal wahrgenommen werden kann.

Zähne des **Unterkiefers** sind sich untereinander sehr ähnlich und unterscheiden sich von Zähnen des Oberkiefers durch das häufige Fehlen der Zähnelung der Schneidekante und des Talons. Die Hauptspitze ist relativ gerade, wodurch anteriore und laterale Unterkieferzähne einen sehr symmetrischen Zahntyp aufweisen. Je weiter lateral sich die Zahnposition befindet, desto weiter ist die Wurzel in mesialer und distaler Richtung ausgezogen. Lediglich posteriore Zähne zeigen eine deutliche distale Neigung der Hauptspitze.

Zähne dieses Typs werden der *limbatus*-Gruppe zugerechnet. Bei den in der Literatur aus dem Oligozän als *Carcharhinus priscus* bezeichneten Nachweisen handelt es sich womöglich um den direkten Vorläufer *Carcharhinus gibbesii*. Außerdem kann man davon ausgehen, dass es sich bei der Art „*priscus*" um einen Artenkomplex handelt, d. h. unter dem Artnamen versammeln sich wahrscheinlich mehrere verschiedene Arten.

Höhe ≤ 11 mm
Breite ≤ 15 mm

Systematik
Carcharhiniformes – Carcharhinidae

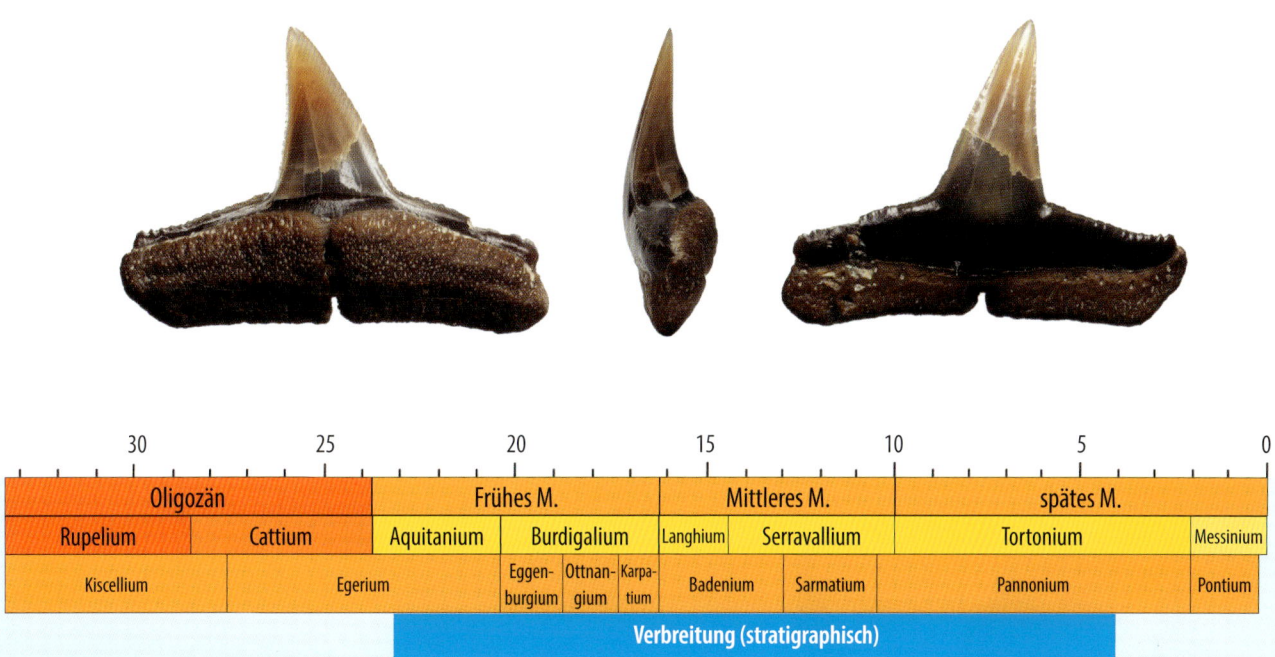

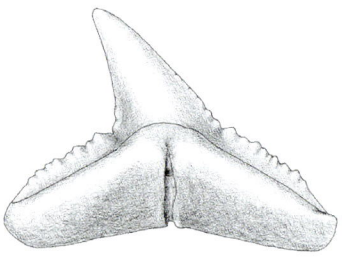

Carcharhinus gibbesii
(Woodward, 1889)

Wesentliche Unterscheidungsmerkmale

Oberkieferzähne:
- meist glatte Schneidekante der Hauptspitze
- gezähnelter, beidseitiger Talon

Unterkieferzähne:
- glatte Schneidekante der Hauptspitze
- langer, glatter, beidseitiger Talon

Die rezenten *Carcharhinus*-Arten werden heute aufgrund ihrer genetischen Verwandtschaftsverhältnisse in Gruppen oder Kladen (clades) eingeteilt. In Ablagerungen der Molasse konnten bisher Vertreter zweier Gruppen nachgewiesen werden – solche der *limbatus*- und der *obscurus*-Gruppe. Zahnmorphologisch lassen sich die Unterschiede am besten bei den Oberkieferzähnen feststellen.

Synonyme
Hypoprion reisi

Habitat
Die Gattung *Carcharhinus* ist heute mit 35 Arten in diversen tropischen bis subtropischen Habitaten beheimatet. Sie kommt sowohl in Küsten- oder Inselnähe als auch im offenen Meer vor.

Beschreibung
Die Zähne von *Carcharhinus gibbesii* besitzen eine deutliche dignathe Heterodontie.

Die vorderen **Oberkieferzähne** haben eine annähernd senkrecht stehende Krone mit einem beidseitig ausgebildeten Talon, der durch eine deutliche Kerbe von der Hauptspitze abgesetzt ist. Die mesialen und distalen Schneidekanten der Krone sind gerade oder leicht konvex, glatt und scharf. Die labiale Kronenfläche ist flach, die linguale Fläche deutlich konvex. Laterale Oberkieferzähne sind deutlich breiter und haben eine – abhängig von der Stellung des Zahnes – mäßig bis deutlich nach distal geneigte Zahnkrone. Die mesialen und distalen Schneidekanten der Kronen sind glatt, während die Schneidekanten der Talons eine breite Variation der Zähnelung zeigen. Sie reicht von leicht gezähnelt bis zu einer groben Kerbung.

Die vorderen **Unterkieferzähne** haben eine schmale, aufgerichtete Krone mit verhältnismäßig schmalen Talons. Die Kronenflächen sind glatt, labial nur schwach konvex und lingual stark konvex gewölbt. Bei weiter hinten stehenden Zähnen verbreitert sich die Zahnbasis, die beidseitigen Talons sind deutlich breiter und die Krone neigt sich leicht zum Mundwinkel hin. Die Schneidekanten der Krone wie auch der Talons sind in der Regel scharf und ohne Zähnelung. Die Wurzel ist typisch carcharhinid mit der lingual deutlich ausgeprägten Nährfurche und dem darin liegenden Foramen.

Aufgrund der durchaus engen morphologischen Beziehungen von *Carcharhinus gibbesii* zur untermiozänen Art *Carcharhinus priscus*

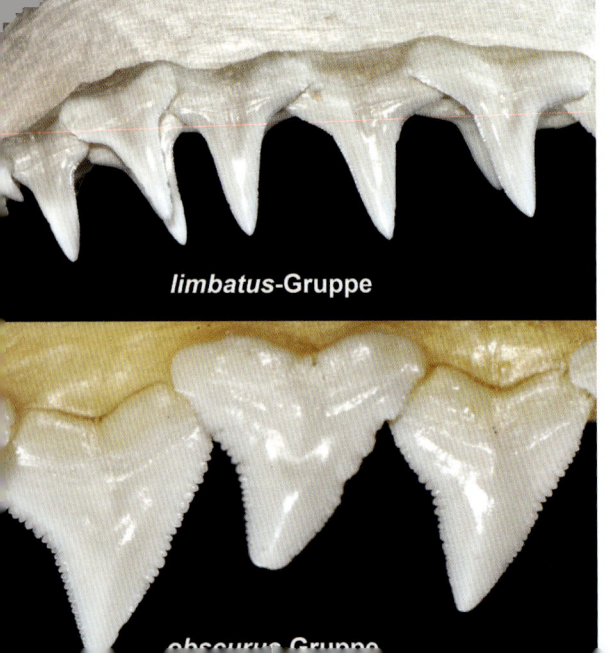

handelt es sich möglicherweise um den direkten Vorläufer dieser oligozänen Art.

Systematik
Carcharhiniformes – Carcharhinidae

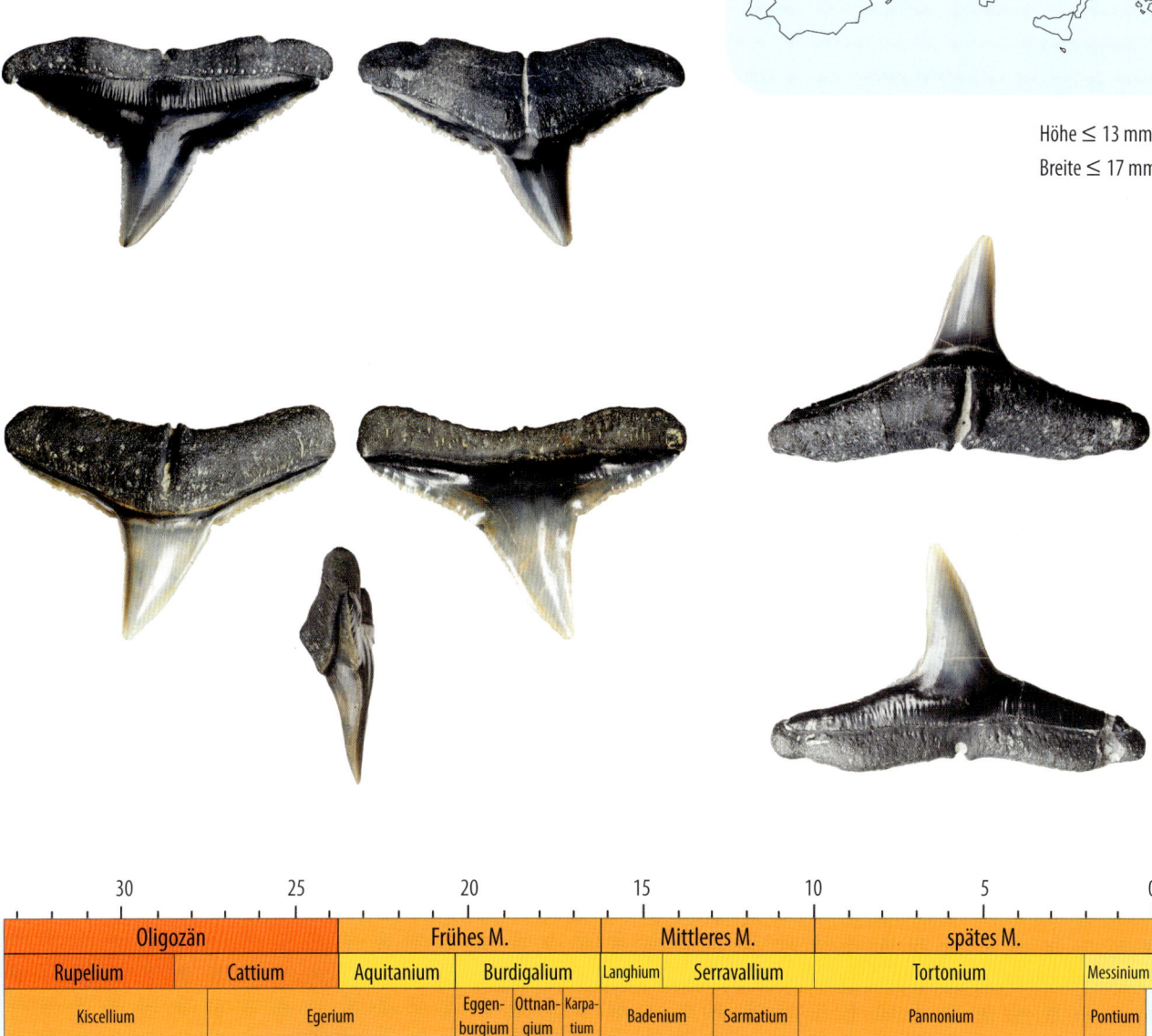

Höhe ≤ 13 mm
Breite ≤ 17 mm

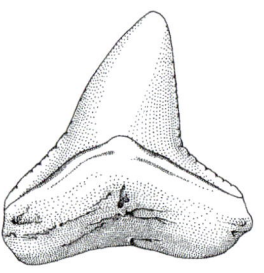

Carcharhinus similis
(Probst, 1878)

Wesentliche Unterscheidungsmerkmale

Oberkieferzähne:

- große und massige Zähne
- stark gezähnelte Schneidekante
- Talon nur in seitlichen Zahnpositionen

Unterkieferzähne:

- glatte Schneidekante
- kurzer Talon

Riffhaie der Gattung *Carcharhinus* sind im Bestand weltweit durch Überfischung gefährdet. Aus diesem Grund wurden erste Arten bereits unter den Schutz des CITES-Abkommens (Übereinkommen über den internationalen Handel mit gefährdeten Arten freilebender Tiere und Pflanzen) gestellt. Grund für die Jagd ist die große Nachfrage – insbesondere im asiatischen Raum – nach den Flossen der Tiere. Diese werden in der traditionellen chinesischen Küche zu Suppe verarbeitet.

Synonyme
keine

Habitat
Die Gattung *Carcharhinus* ist heute mit 35 Arten in diversen tropischen bis subtropischen Habitaten beheimatet. Sie kommt sowohl in Küsten- oder Inselnähe als auch im offenen Meer vor.

Beschreibung
Die Zähne von *Carcharhinus similis* besitzen eine ausgeprägte dignathe Heterodontie.

Der Paläontologe Josef Probst hat in seiner Arbeit unter anderem eine carcharhinide Zahnform abgebildet, die sich deutlich von den Zähnen der bereits beschriebenen Arten *Carcharhinus priscus* und *Carcharhinus gibbesii* unterscheidet. Arten, die einen derartigen Zahntyp aufweisen, werden zur *obscurus*-Gruppe gerechnet. Gekennzeichnet sind die Zähne dieser Gruppe durch annähernd dreieckige, deutlich gezähnelte **Oberkieferzähne**. Dabei sind die anterioren Zähne senkrecht und symmetrisch, die seitlicheren Zähne sind leicht nach distal geneigt, die mesiale Schneidekante ist annähernd gerade, die distale Seite der Krone deutlich und gleichmäßig konkav gekrümmt. Ein mesialer und distaler Talon fehlt bei den vorderen und seitlichen Zähnen

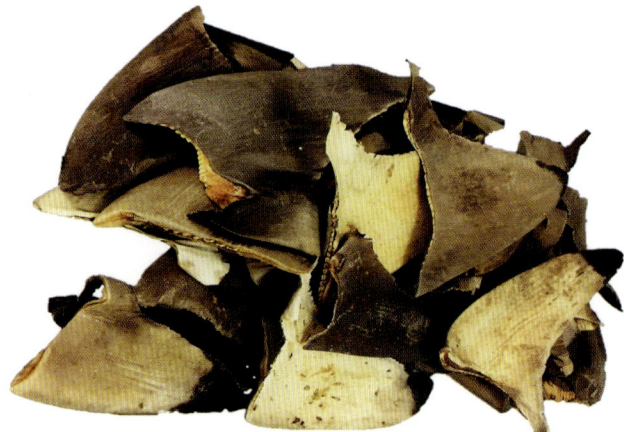

Getrocknete, vom Zoll beschlagnahmte Haiflossen.

vollständig, bei den hinteren Zähnen ist nur distal ein kurzer Talon ausgebildet.

Die **Unterkieferzähne** ähneln denen der *limbatus*-Gruppe, haben jedoch eine kräftigere und breitere Krone, die mesial und distal von einem relativ kurzen Talon flankiert wird. Die Wurzel ist typisch carcharhinid, flach und weist lingual die typische Nährfurche mit einem zentralen Foramen auf.

Zähne von *Carcharhinus similis* fallen oftmals schon durch ihre Größe auf.

Systematik
Carcharhiniformes – Carcharhinidae

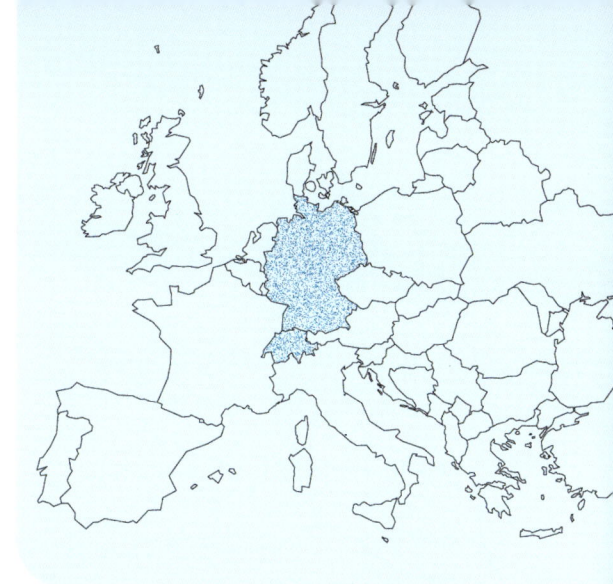

Höhe ≤ 20 mm
Breite ≤ 16 mm

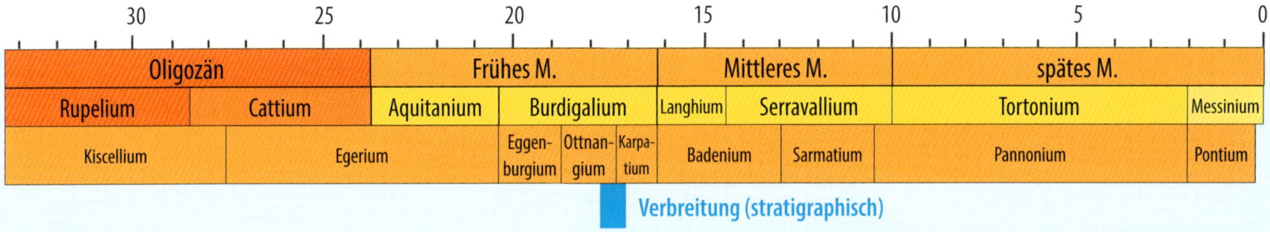

Verbreitung (stratigraphisch)

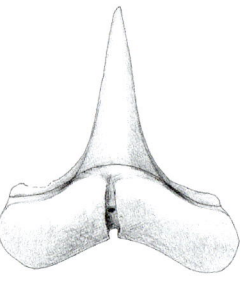

Isogomphodon acuarius
(Probst, 1879)

Wesentliche Unterscheidungsmerkmale

- hohe, jedoch schmale Hauptspitze
- keine Nebenspitzen
- glatte Schneidekanten
- mesialer und distaler Talon
- linguale Wurzelprotuberanz mit Nährkanal

Die einzige rezente Art *Isogomphodon oxyrhynchus* oder Dolchnasenhai (auf Englisch „Daggernose shark") hat seinen Namen der ungewöhnlich langen und sehr spitz zulaufenden Schnauze zu verdanken. Im Vergleich zu den anderen Arten der Familie Carcharhinidae hat der Dolchnasenhai mit fast 60 Zähnen je Kieferhälfte ungewöhnlich viele Zähne.

Synonyme

Carcharhinus (Aprionodon) gracilis, Carcharhinus (Aprionodon) lerichei minuta

Habitat

Die wenig bekannte Gattung ist rezent nur mit einer Art vertreten, die heute im küstennahen Bereich meist nahe von Flussmündungen oder im Mangrovengürtel (Nordostküste Südamerikas) vorkommt.

Beschreibung

Die Zähne von *Isogomphodon acuarius* weisen keine dignathe Heterodontie, aber eine leicht gradient monognathe Heterodontie auf.
Die **anterioren** Zähne besitzen eine schmale, stark aufgerichtete Hauptspitze mit glatten Schneidekanten. Sie wird von einem distalen und mesialen Talon flankiert, über den sich die scharfe Schneidekante fortsetzt. Der Talon erstreckt sich über die gesamte Länge

Dolchnasenhai (Isogomphodon oxyrhynchus).

der Wurzelloben und endet abrupt. Im Profil ist in labialer Ansicht die Kronenfläche der Hauptspitze sehr flach und in lingualer Ansicht konvex. Zudem sind Zähne vorderer Zahnpositionen im Profil deutlich nach lingual geneigt, manche weisen eine leichte sigmoidale Krümmung auf. Der Übergang von der Zahnkrone zur Wurzel ist leicht eingeschnürt. Die Wurzelloben divergieren in einem großen Winkel und sind symmetrisch ausgebildet. Die Enden der Wurzelloben sind rund und flach. Die linguale Wurzelfläche besitzt unterhalb der Hauptspitze eine zentrale Wurzelprotuberanz, welche von einem tiefen Nährkanal durchbrochen wird. Kleinere Foramina treten auf der lingualen und auf der labialen Wurzelfläche auf.

Zähne von **seitlicheren Positionen** sind jenen vorderer Kieferpositionen sehr ähnlich. Sie unterscheiden sich jedoch durch eine zum Mundwinkel hin zunehmend stärkere distale Neigung der Krone.

Höhe ≤ 6 mm
Breite ≤ 5 mm

Systematik
Carcharhiniformes – Carcharhinidae

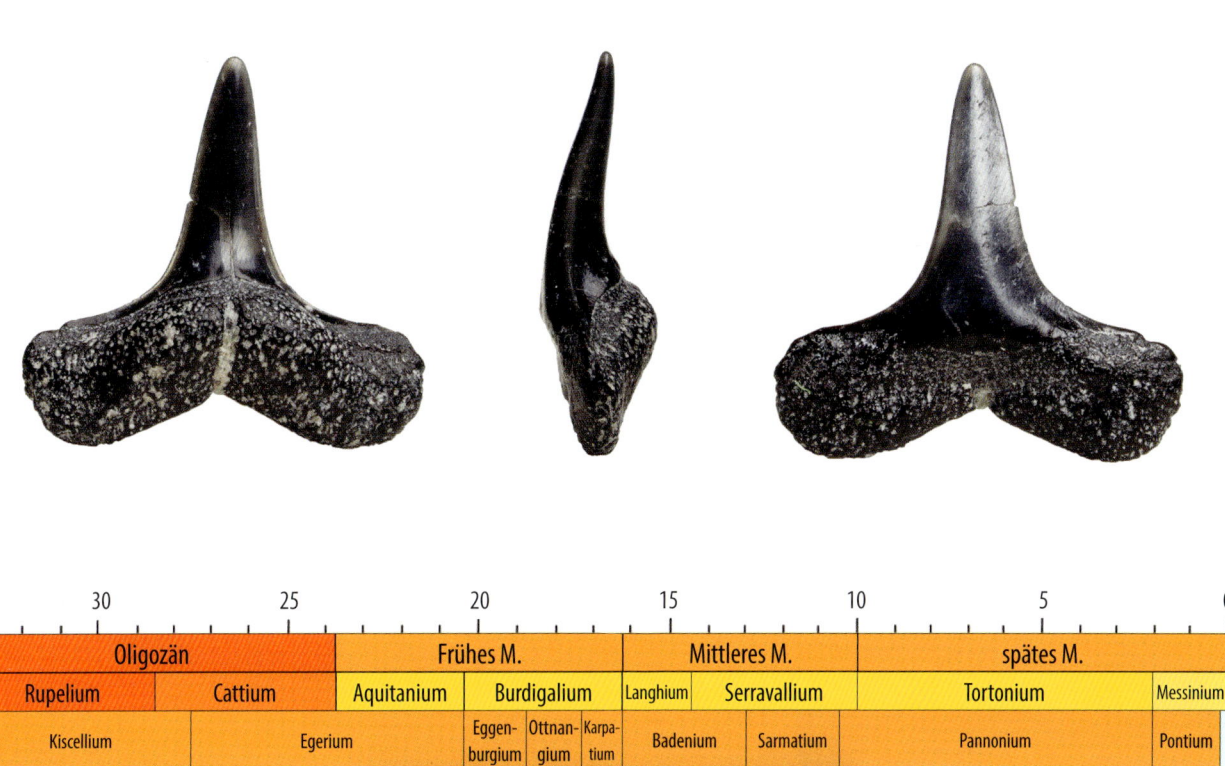

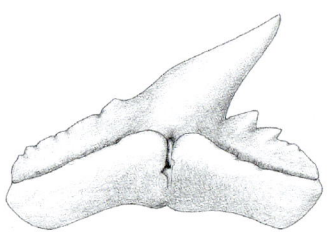

Physogaleus singularis
(Probst, 1878)

Wesentliche Unterscheidungsmerkmale

- asymmetrische Zahnkrone
- aufrechte Hauptspitze mit distaler Neigung
- distaler, gezähnelter Talon
- Basis der mesialen Schneidekante glatt oder gezähnelt
- kräftig entwickelte, symmetrische Symphysenzähne mit glattem Talon
- carcharhinider Wurzeltyp

Synonyme
keine

Habitat
Es gibt keine rezenten Vertreter dieser Gattung.

Beschreibung
Die Zähne von *Physogaleus singularis* weisen eine leichte gradient monognathe Heterodontie auf.
Die **Zähne vorderer Positionen** besitzen eine deutlich nach distal geneigte, jedoch stark aufgerichtete Hauptspitze, welche von einem distalen gezähnelten Talon begleitet wird. Die Schneidekanten sind beidseitig glatt. **Zähne von mehr seitlicher Position** sind länger als hoch und die Hauptspitze neigt sich stärker nach distal, ist aber ansonsten jener anteriorer Zahnpositionen sehr ähnlich. Der Übergang zur Wurzel ist leicht eingeschnürt und scharf. Der Wurzeltyp entspricht einer carcharhiniden Wurzel.

Die **Symphysenzähne** dieser Gattung sind besonders kräftig entwickelt und im Verhältnis zu anderen Arten der Familie Carcharhinidae ungewöhnlich groß. Die asymmetrisch gebauten Zähne besitzen eine starke Hauptspitze, welche leicht nach distal geneigt und nicht allzu spitz erscheint. Die linguale Kronenfläche ist stark konvex gewölbt, die labiale Seite lediglich leicht konvex. Die Hauptspitze wird beidseits von einem kurzen Talon begleitet, welcher mesial glatt und distal gezähnelt ausgebildet ist. Besonders auffällig ist die starke Wurzelprotuberanz der lingualen Wurzelseite.

Die Zahnform ähnelt jener von Tigerhaien, unterscheidet sich jedoch durch ihre deutlich grazilere Zahnkrone. Ein weiteres Unterscheidungsmerkmal ist die Größe der Zähne aus der Gattung *Physogaleus*: Ihre Zähne sind signifikant kleiner als jene der Gattung *Galeocerdo*.

Systematik
Carcharhiniformes – Carcharhinidae

Höhe ≤ 7 mm
Breite ≤ 11 mm

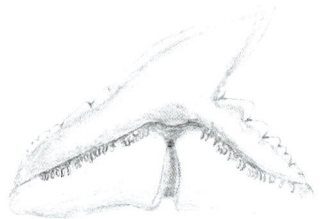

Physogaleus latus
(Storms, 1894)

Wesentliche Unterscheidungsmerkmale

- asymmetrische Zahnkrone
- distal geneigte Hauptspitze
- große Formunterschiede durch Variation der Zähnelung des mesialen Talons
- carcharhinider Wurzeltyp

Synonyme
Galeocerdo paradoxus, Galeocerdo contortus hassiae

Habitat
Es gibt keine rezenten Vertreter dieser Gattung.

Beschreibung
Die Zähne von *Physogaleus latus* besitzen eine monognathe Heterodontie, möglicherweise aber auch eine gynandrische Heterodontie.
Die **Zähne vorderer Zahnpositionen des Oberkiefers** besitzen schlanke, relativ aufrecht stehende, jedoch deutlich nach distal geneigte Hauptspitzen. Die mesiale Schneidekante ist dabei sigmoidal gekrümmt und die distale Schneide kann ebenfalls eine sigmoidale Krümmung aufweisen, ist jedoch in den meisten Fällen konvex. Die distale Schneide endet abrupt mit einer starken Einkerbung, von wo sich bis zum distalen Kronenrand mehrere Nebenspitzen entwickeln. Der mesiale Schneiderand ist meist glatt, kann aber an seiner Basis ebenfalls eine Zähnelung aufweisen.
Neben diesem schlankeren Morphotyp gibt es eine etwas massigere Formvariante, welche eine ausgeprägtere Zähnelung der mesialen Schneidekante besitzt. Zum Mundwinkel hin nehmen jedoch die Zahnkronen beider Formvarianten an Höhe ab und die distale Neigung der Hauptspitze nimmt zu. Der Übergang von der Zahnkrone zur Wurzel ist scharf abgegrenzt und der Wurzeltyp entspricht dem carcharhiniden Typ.
Die **Zähne vorderer Zahnpositionen des Unterkiefers** sind symmetrisch ausgebildet und weisen keinen gezähnelten Talon auf. Die sigmoidale Krümmung der mesialen Schneidekante ist jedoch merklich sichtbar. Bei weiter lateralen Zahnpositionen ist die sigmoidale Krümmung der mesialen Schneide jedoch nicht so deutlich ausgeprägt wie bei Zähnen des Oberkiefers, sondern verläuft oftmals leicht konvex bis gerade. Die distale Schneide der Hauptspitze ist jedoch stets konvex.

Extreme Formunterschiede der Zähne dieser Art wurden in den Sedimenten vom Thalberggraben (Chattium, Oligozän) in der Nähe von Siegsdorf in Oberbayern festgestellt. Die außergewöhnlich diverse Fauna enthält eine Vielzahl an Zähnen, welche in zwei Formgruppen aufgeteilt werden können: schlanke Zähne mit geringer Zähnelung und massive Zähne mit starker Zähnelung. Reinecke et al. (2014) gehen davon aus, dass es sich hierbei wahrscheinlich um eine gynandrische Heterodontie (geschlechtsspezifischer Unterschied) handelt. Alternativ wäre auch eine Umlagerung eines Typs aus älteren Sedimenten möglich.

Ein generelles Merkmal für die Bestimmung der Zahnposition ist bei dieser Gattung die labio-linguale Kompression. Zähne von vorderen Positionen besitzen eine stärker ausgebildete Wurzelprotuberanz, wohingegen Zähne aus weiter seitlicheren Positionen deutlich flacher entwickelt sind und keine starke linguale Wurzelprotuberanz besitzen.

Physogaleus latus ist möglicherweise der direkte Vorläufer von *Physogaleus singularis*.

Systematik
Carcharhiniformes – Carcharhinidae

Höhe ≤ 9 mm
Breite ≤ 13 mm

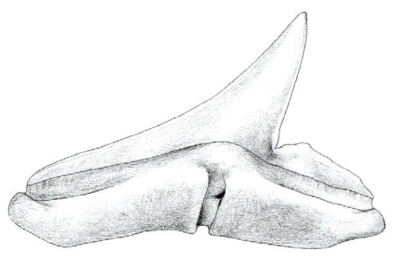

Rhizoprionodon ficheuri
(Joleaud, 1912)

Wesentliche Unterscheidungsmerkmale

- relativ kleine, asymmetrische Zähne
- Hauptspitze stark nach distal geneigt
- sigmoidale bis stark konkave mesiale Schneide
- distaler, glatter Talon
- carcharhinider Wurzeltyp

Die Zähne der rezenten Vertreter von *Rhizoprionodon* sind unter den bekannten Arten fast identisch und in Form und Größe mit der Gattung *Loxodon* zum Verwechseln ähnlich. Ebenso besteht eine zahnmorphologische Verwandtschaft zur Gattung *Scoliodon*, sodass nicht ausgeschlossen werden kann, dass im fossilen Material Zähne dieser drei Gattungen vereint sein können.

Synonyme
Physodon miocaenus, Carcharias blayaci

Habitat
Die sieben rezenten Arten der Gattung sind häufig in tropischen und küstennahen Gewässern anzutreffen. Scharfnasenhaie wurden ebenfalls in Flussmündungen und in Wassertiefen von bis zu 200 Metern beobachtet.

Beschreibung
Die Zähne von *Rhizoprionodon ficheuri* weisen eine deutliche dignathe sowie gradient monognathe und wahrscheinlich auch eine gynandrische Heterodontie auf.

Die **anterioren** Zähne des Oberkiefers besitzen eine beinahe symmetrische Zahnkrone, die leicht nach distal geneigt ist. Die Schneidekanten sind glatt. Mesial verlaufen sie leicht konkav bis zur Kronenbasis, distal geht die Schneide nach einer scharfen Kerbe in einen glatten, teils

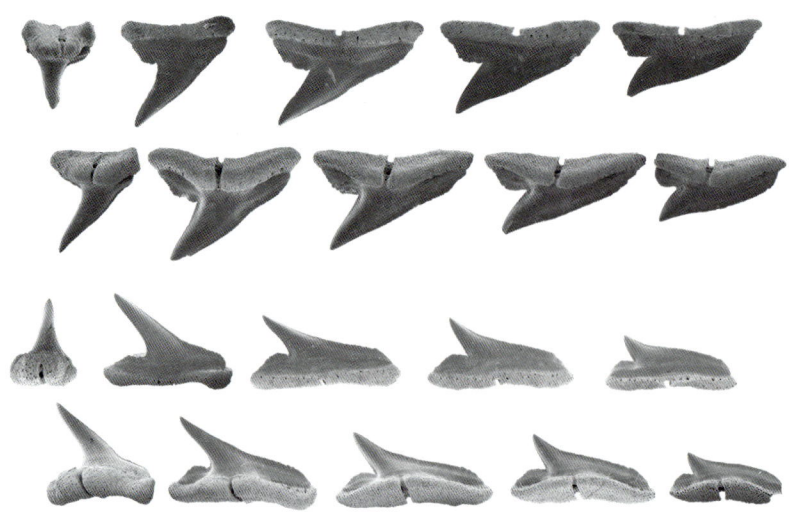

Ober- und Unterkiefer von Rhizoprionodon oligolinx.

stark gewölbten Talon über. In mehr lateralen Zahnpositionen erhält die Hauptspitze eine geschwungenere Form, welche von stark konvex bis zu sigmoidal reichen kann. Zusätzlich nimmt der Neigungswinkel der Hauptspitze ab. Der Übergang von der Zahnkrone zur Wurzel ist eingeschnürt, wodurch die Wurzel in mesialer und distaler Richtung unterhalb der Zahnkrone hervortritt. Die Wurzel entspricht einem carcharhiniden Wurzeltyp und ist mit zahlreichen Foramina bestückt. Die **Zähne des Unterkiefers** sind jenen des Oberkiefers ähnlich, unterscheiden sich jedoch durch die grazileren Zahnformen. Zusätzlich besitzen sie eine ausgeprägte Konkavität der mesialen Schneide. Je weiter seitlich die Zähne aus dem Kiefer entstammen, desto länger ist die mesiale Schneide. Dies führt zu auffällig langgezogenen Zahnformen, welche eindeutig dem Unterkiefer zuzuordnen sind.

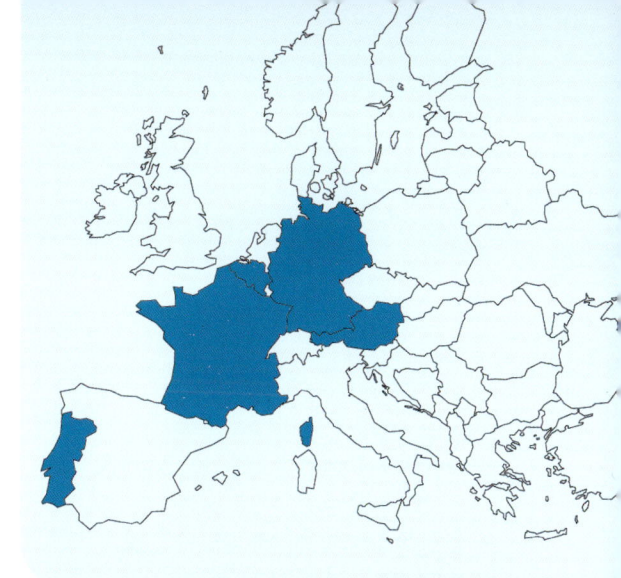

Höhe ≤ 3 mm
Breite ≤ 5 mm

Systematik
Carcharhiniformes – Carcharhinidae

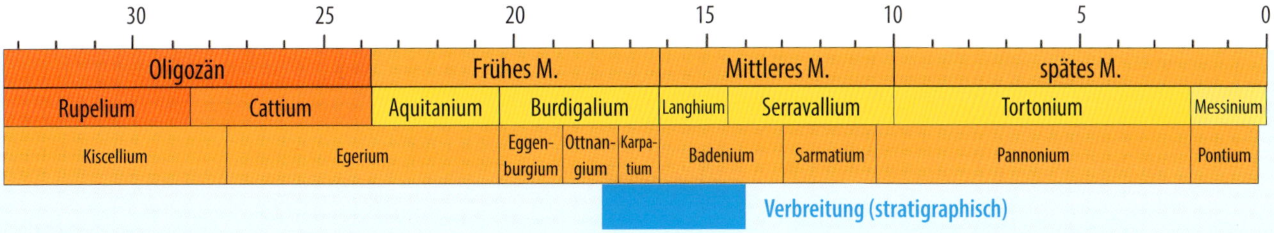

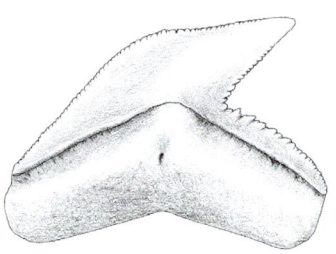

Galeocerdo aduncus
(Agassiz, 1835)

Wesentliche Unterscheidungsmerkmale

- asymmetrische Zahnkrone
- stark gezähnelte Schneidekante
- Hauptspitze mesial deutlich konvex
- distaler, stark gezähnelter Talon

Synonyme
Carcharias (Prionodon) angustidens, Carcharias (Prionodon) armatus, Carcharias (Prionodon) baltringensis, Carcharias (Prionodon) deformis, Carcharias (Prionodon) modestus, Carcharias (Prionodon) speciosus, Carcharias (Prionodon) tumidus, Galeocerdo angustidens, Galeocerdo davisi, Galeocerdo gajensis, Galeocerdo medius, Galeocerdo praecursor, Galeocerdo wynnei, Galeocerdus gibbus, Galeocerdus rectus, Notidamus biserratus

Habitat
Tigerhaie sind kräftige Schwimmer, die sich meist in küstennahen, äquatorialen Gewässern aufhalten, immer wieder aber auch pelagisch und offenmarin gesichtet werden.

Beschreibung
Zähne von *Galeocerdo aduncus* besitzen eine minimal ausgeprägte dignathe Heterodontie und eine gradient monognathe Heterodontie. Die an der Basis breite, auf der Lingualseite schwach gewölbte Zahnkrone der **antero-lateralen Zähne** läuft in einer ziemlich schmalen Kronenspitze aus. Sie ist bei den **Symphysenzähnen** steil aufgerichtet, bei den **lateralen Zähnen** nimmt die Neigung zum Gaumen hin kontinuierlich zu. Die mesiale Schneide verläuft im unteren Kronenabschnitt entweder leicht konkav oder fast gerade. Im mittleren Teil wölbt sie sich zu einem kräftigen gleichmäßigen Bogen auf, der im oberen Drittel der Krone wieder in einer Geraden ausläuft. So entsteht der optische Eindruck, als ob die Schneide an dieser Übergangsstelle abgeknickt wäre. Über ihre gesamte Länge ist die Schneide fein gezähnelt, wobei die Ausbildung der Zähnelung im Mittelteil stark hervortritt, in ihrer Intensität zur Spitze hin jedoch abnimmt. Auch die konvexe, distale Schneide ist über ihre gesamte Länge gezähnelt. Durch eine kleine Kerbe ist sie vom stark abfallenden distalen Talon abgesetzt. An dieser Stelle ist die Zähnelung zunächst ziemlich groß. Sie schwächt sich zum Rand des Zahnes hin

Die Namensgebung der Tigerhaie beruht auf ihrer deutlichen Zeichnung, welche durch die Streifen tatsächlich an die Fellmusterung eines Tigers erinnert. Besonders bekannt sind Tigerhaie wegen ihres interessanten Beuteschemas. Neben Schildkröten, Fischen, Vögeln und anderen Haien wurde schon allerhand Unrat in ihren Mägen gefunden. Darunter fallen zum Beispiel Teile eines Autoreifens oder ein Nummernschild, was ihnen den Namen „Abfallfresser" einbrachte.

Tigerhai.

wieder kontinuierlich ab und kann oft auch noch in sich selbst (sekundäre Zähnelung) gezähnelt sein. Lingual beschreibt die Wurzel an ihrem oberen Rand einen hohen Bogen und bildet eine niedrig entwickelte Wurzelprotuberanz aus, die von einem kurzen Nährkanal durchbrochen ist. Die Wurzeläste sind bei den vorderen Zähnen schwach gespreizt. Sie dehnen sich bei den seitlichen und hinteren Zähnen immer mehr horizontal aus, wodurch der basale Wurzelbogen fast gänzlich verschwindet.

Systematik
Carcharhiniformes – Galeocerdonidae

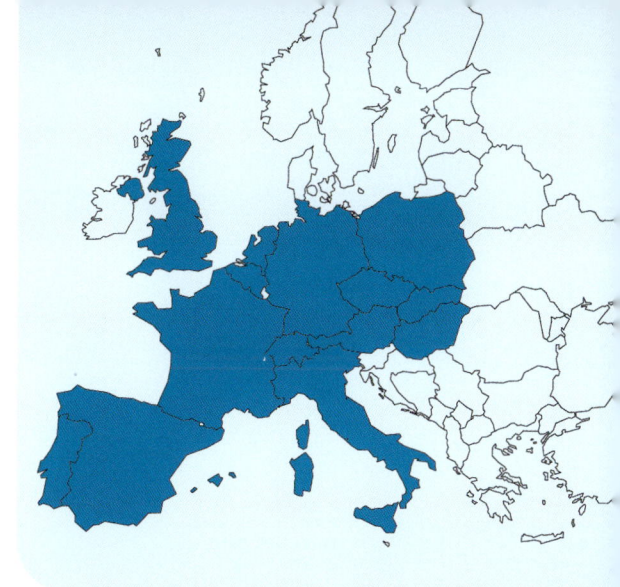

Höhe ≤ 19 mm
Breite ≤ 23 mm

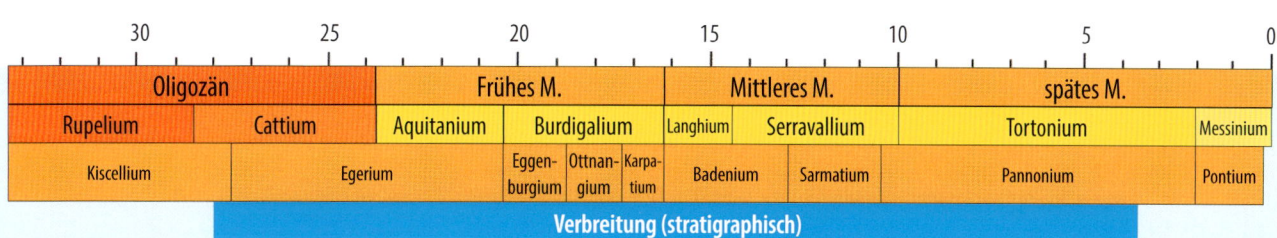

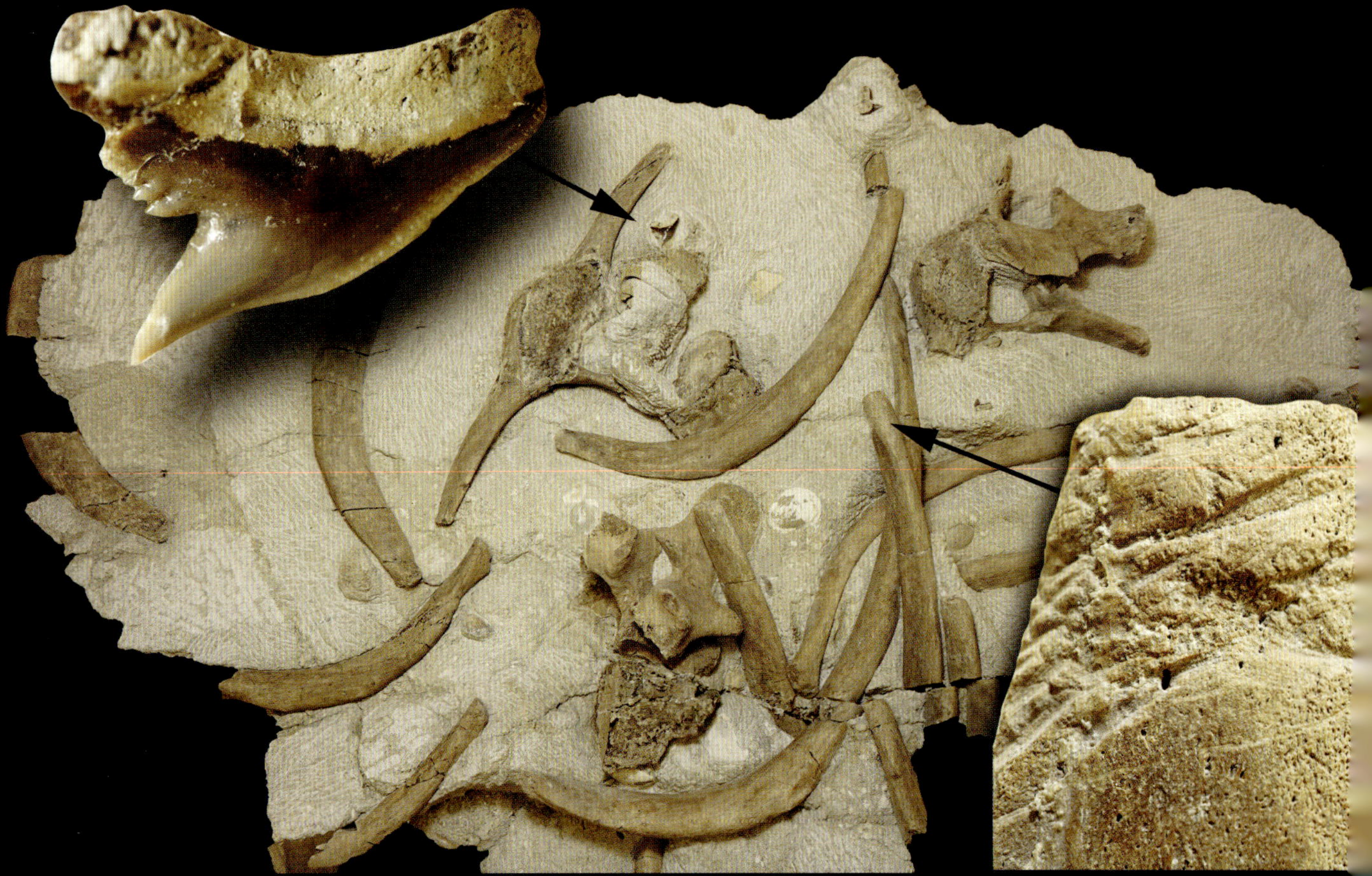

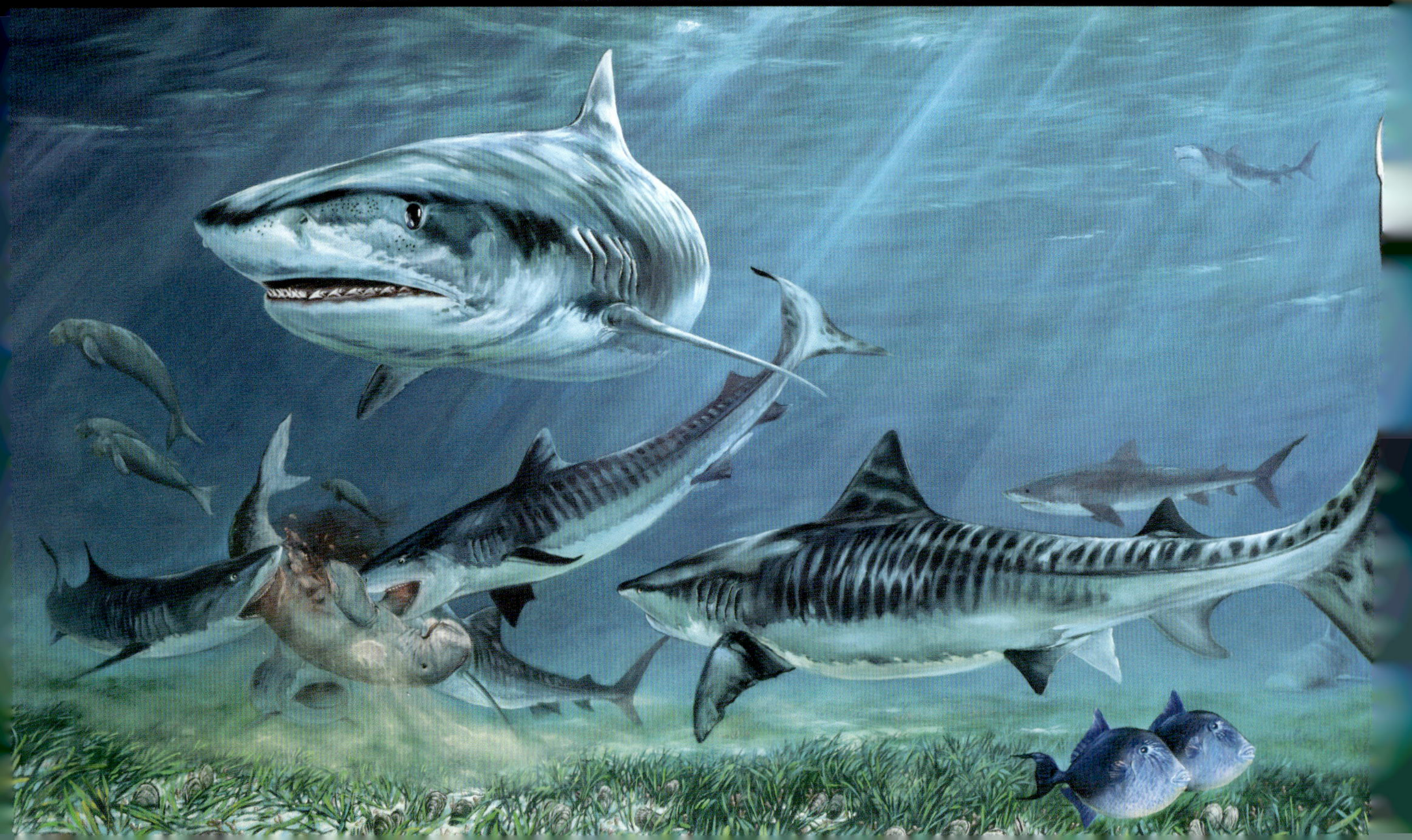

Älteste Räuber-Beute-Beziehung zwischen Tigerhai und Seekuh

Fossile Zähne und Knochen sind nicht nur Zeugen einer längst vergangenen Zeit, sondern auch interessante Indizien, die zur Rekonstruktion einstiger Lebensräume und ihren Bewohnern dienlich sind. Einen besonderen Fund fossiler Knochen einer 14,5 Millionen Jahre alten Seekuh gelang im Jahr 2012 dem engagierten Hobbypaläontologen und Fossiliensammler Gerhard Wanzenböck in einem Steinbruch in Retznei (Südsteiermark). Die Überreste des gut erhaltenen Skelettes wurden anschließend von Paläontologen des Universalmuseums Joanneum (Graz) geborgen und präpariert, wobei echte Raritäten ans Tageslicht kamen: fossile Bissspuren und Zähne des Tigerhais *Galeocerdo aduncus*.

Seekühe leben bevorzugt in küstennahen Gewässern mit ausgedehnten Seegraswiesen, die ihnen ein reichhaltiges Nahrungsangebot bieten. Dieser Lebensraum lieferte auch schon früher den Seekühen im steirischen Becken eine gute Grundlage für eine ausgewogene Population, deren fossile Überreste mit etwas Glück heute noch gefunden werden können. Meistens beschränken sich die Funde jedoch auf einzelne Knochenfragmente. Umso erfreulicher war daher der Fund eines zum Teil artikulierten Skeletts. Die darauf befindlichen Bissspuren konnten experimentell nachgebildet werden und passen perfekt zu der unverwechselbaren Zahnform der Tigerhaizähne, welche sich neben dem Skelett im Gestein befanden.
Vergleichbare Räuber-Beute-Beziehungen kennt man heute zum Beispiel von der Shark Bay an der Westküste Australiens. Studien zeigen, dass sich die dort lebende Seekuhpopulation an die Gefahr, von Tigerhaien gejagt zu werden, angepasst hat und ihre Nahrungsaufnahme von der Anwesenheit der Haie abhängig macht: Die Seekühe grasen an den üppigen, küstennahen Seegraswiesen nur zwischen Juni und August, also während des Winters auf der Südhemisphäre, wenn sich weniger Tigerhaie in diesen Gewässern aufhalten. Im restlichen Jahr ziehen sich die Seekühe in tiefere Gewässer zurück und verzichten für bessere Überlebenschancen auf das reichliche Nahrungsangebot im Küstenbereich.

Dieser seltene und älteste Beleg einer derartigen Räuber-Beute-Beziehung trägt wesentlich zum Verständnis und zur Rekonstruktion des damaligen Lebensraumes bei und ermöglicht eine realistische Nachbildung der Szenerie im Steirischen Becken vor 14,5 Millionen Jahren.

Oben: 14,5 Millionen Jahre alte Knochen einer Seekuh mit Bissspuren und Zähnen des Tigerhais Galeocerdo aduncus aus Retznei.
Unten: Die Szenerie gemalt in Öl auf Leinwand von Fritz Messner 2021.

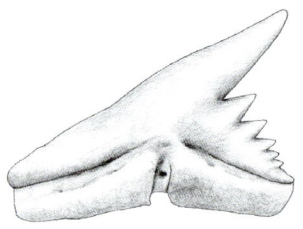

Chaenogaleus affinis
(Probst, 1878)

Wesentliche Unterscheidungsmerkmale

Oberkieferzähne:
- Hauptspitze stark nach distal geneigt
- distal stark gezähnelter, hoher Talon

Unterkieferzähne:
- schlanke Zähne, höher als breit
- glatte Schneidekante
- ein Paar Nebenspitzen möglich

carcharhinider Wurzeltyp

Die Hakenzahnhaie sind eine von den vier Gattungen der Familie der Wieselhaie (Hemigaleidae). Allen Gattungen gemein ist die relativ geringe Größe und die für die ganze Ordnung typische Nickhaut über dem Auge. Diese schützt die eigentliche Hornhaut vor mechanischen Verletzungen und wird insbesondere beim Zubeißen über das Auge gezogen.

Synonyme
Scyliorhinus joneti, *Scyllium guttatum*

Habitat
Die relativ häufigen Hakenzahnhaie besiedeln flache, küstennahe, tropische Gewässer und Schelfbereiche bis in eine Tiefe von etwa 60 Metern.

Beschreibung
Die Zähne von *Chaenogaleus affinis* besitzen eine deutliche gradient monognathe und eine starke dignathe Heterodontie.

Die **antero-lateralen Oberkieferzähne** besitzen eine relativ schlanke, jedoch deutlich nach distal geneigte Hauptspitze, welche sich manchmal auch leicht sigmoidal krümmt. Die distale Schneidekante ist entweder gerade oder konvex ausgebildet und durch eine Kerbe deutlich von dem angrenzenden, stark gezähnelten distalen Talon getrennt. Der Talon trägt meist zwischen 5–6 Zähnchen, welche gradient nach distal an Größe abnehmen. Die mesiale Schneidekante ist glatt und reicht von der Hauptspitze bis zur Wurzelbasis, wo sie manchmal einen gezähnelten Kamm ausbildet. Die Zahnkrone ist auf beiden Seiten glatt und leicht konvex. Die Wurzel tritt in mesialer und distaler Richtung deutlich unter der Krone hervor. Die Labialseite der Wurzel ist dabei sehr niedrig, die Lingualseite hingegen erscheint triangular und besitzt zentral unter der Hauptspitze eine kleine Wurzelprotuberanz, in der ein Nährkanal eingebettet ist. Der Nährkanal trennt die beiden Wurzeläste voneinander.

Die **Zähne des Oberkiefers aus mehr lateralen Positionen** besitzen eine breitere Zahnbasis mit einer stärker nach distal geneigten Hauptspitze. Diese kann dabei das distale Ende der Wurzel erreichen. Sie ist bei diesen Zahnpositionen deutlicher sigmoidal gekrümmt als bei Zähnen in weiter anterioren Positionen. Im weiteren Verlauf werden die Zahnkronen bis zum Mundwinkel immer niedriger, jedoch ohne sigmoidale Ausprägung der Hauptspitze.

Die **Unterkieferzähne** sind generell höher als breit. Die Hauptspitze der Zähne von vorderen Positionen zeigt meist nur eine leichte oder keine signifikante distale Neigung. Diese anterioren Zähne besitzen sowohl auf mesialer als auch auf distaler Seite einen glatten Talon, auf dem sich bis zu zwei Nebenspitzen befinden können. In Profilansicht sind die Zähne stark nach lingual geneigt.

Bei **Unterkieferzähnen aus mehr lateralen Zahnpositionen** kann der distale Talon auch gezähnelt sein. Die Wurzel zeigt in basaler Ansicht bei allen Zähnen des Unterkiefers eine deutlich verbreiterte Basis, welche durch den Nährkanal in zwei Wurzeläste separiert wird.

Systematik
Carcharhiniformes – Hemigaleidae

Höhe ≤ 6 mm
Breite ≤ 7 mm

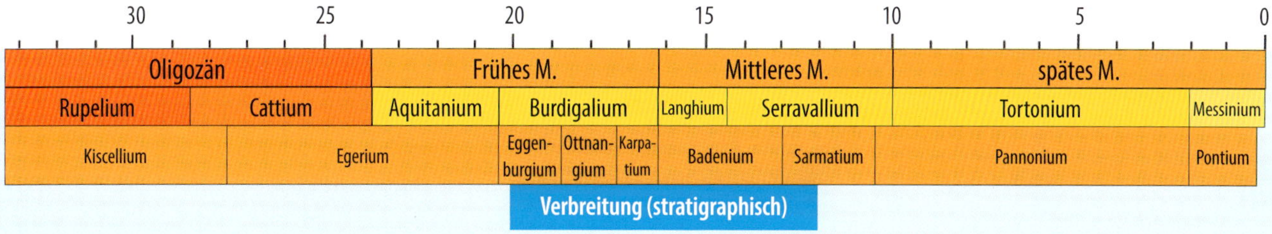

Zeit (Ma)	30	25	20	15	10	5	0
Epoche	Oligozän		Frühes M.		Mittleres M.	spätes M.	
Stufe	Rupelium	Cattium	Aquitanium	Burdigalium	Langhium / Serravallium	Tortonium	Messinium
Regional	Kiscellium	Egerium	Eggenburgium / Ottnangium / Karpatium	Badenium / Sarmatium	Pannonium	Pontium	

Verbreitung (stratigraphisch)

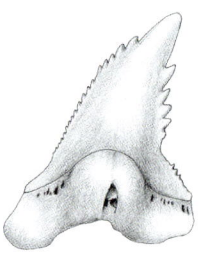

Hemipristis serra
Agassiz, 1835

Wesentliche Unterscheidungsmerkmale

Oberkieferzähne:
- dreieckige Zahnform
- grob gezähnelte Schneidekante

Unterkieferzähne:
- schlanke, hohe Zahnform
- unregelmäßige Zähnelung der Schneidekante
- extrem ausgebildete linguale Wurzelprotuberanz

Zähne der Gattung *Hemipristis* sind in Sammlerkreisen besonders begehrt. Rezent gibt es nur noch einen Vertreter, *Hemipristis elongata*, dessen Verbreitungsgebiet sich auf küstennahe Gewässer rund um den Äquator bis in höhere Breitengrade (z. B. Persischer Golf) erstreckt. Im Fossilbericht gibt es derzeit mehrere gültige Arten mit den ältesten Nachweisen aus dem mittleren bis späten Eozän (etwa 40 Ma).

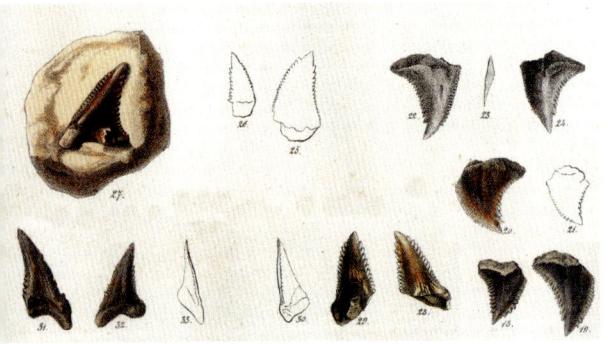

Synonyme
Carcharias morricei, Carcharius feddeni, Galeorhinus hannibali, Glyphis scacchii, Hemipristis crenulatus, Hemipristis heteropleurus, Hemipristis klunzingeri, Hemipristis minutus, Hemipristis paucidens, Hemipristis serra maxima, Hemipristis simplex, Hemipristis sureshi, Odontaspis sacheri, Oxyrhina cyclodonta

Habitat
Der Fossilhai kommt heute in tropischen, küstennahen Gewässern bis in eine Wassertiefe von etwa 30 Metern vor.

Beschreibung
Die Zähne von *Hemipristis serra* weisen sowohl eine markante dignathe als auch eine deutliche gradient monognathe Heterodontie auf.

Die **anterioren Zähne des Oberkiefers** haben eine – im Vergleich zu den lateralen Zähnen – schmale Zahnkrone. Die Hauptspitze weist jedoch eine deutliche distale Neigung auf. Die labiale Kronenfläche ist eben und die linguale Fläche stark konvex. Die mesiale Schneidekante entspringt einem niederen, undeutlich entwickelten „Talon" und ist über die ganze Kronenhöhe hin gleichmäßig konvex gekrümmt und gezähnelt. Diese Zähnelung nimmt zur Zahnspitze hin kontinuierlich an Größe zu, ohne den apikalen Bereich der Krone selbst zu erreichen. Auch die stark konkav gebogene, distale Schneide weist eine grobe Zähnelung auf, die mit kleinen Zäckchen beginnt, welche zur Zahnspitze hin größer werden. Die Kronen der **lateralen Oberkieferzähne** sind viel breiter, stimmen im Übrigen jedoch mit den wesentlichen Merkmalen der Anteriorzähne überein. Die Wurzeläste öffnen je nach Kieferposition in unterschiedlichen Winkeln. Alle Zähne weisen jedoch eine extrem ausgebildete linguale Wurzelprotuberanz auf.

Die **anterioren Zähne des Unterkiefers** besitzen eine hohe, spitze und sehr massiv gebaute schmale Zahnkrone mit leicht sigmoidaler

Krümmung nach lingual. Sie ist auf der Lingualseite sehr stark, auf der Labialseite weniger stark gewölbt. Die mesial und distal absolut glatte und scharfe Schneide ist nur im oberen Drittel der Zahnkrone entwickelt. An der Kronenbasis können sehr kleine und spitze Nebenspitzen auftreten. Bei den vorderen **Lateralzähnen des Unterkiefers** sind die Schneiden über die gesamte Kronenhöhe entwickelt und tragen im unteren Teil eine Zähnelung. Ihre Wurzel besteht aus zwei schmalen Wurzelästen und besitzt auf der lingualen Wurzelfläche eine extrem stark ausgebildete Wurzelprotuberanz. Der Verlauf des Nährkanals ist als flache Rille nur schwach angedeutet, das große Zentralforamen ist jedoch gut entwickelt.

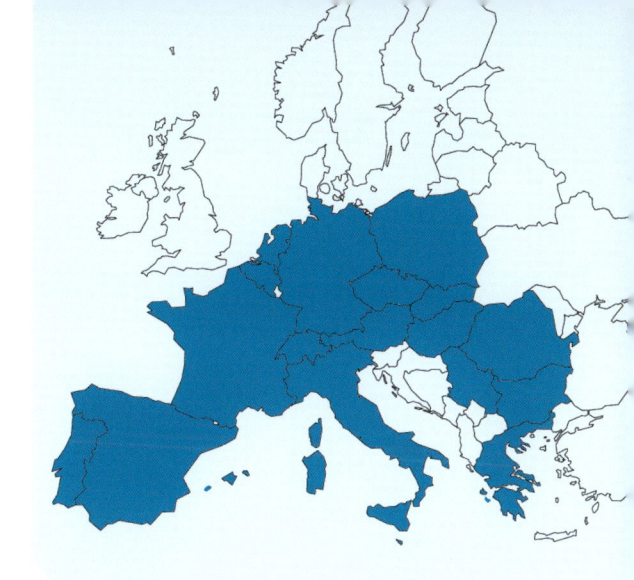

Systematik
Carcharhiniformes – Hemigaleidae

Höhe ≤ 31 mm
Breite ≤ 25 mm

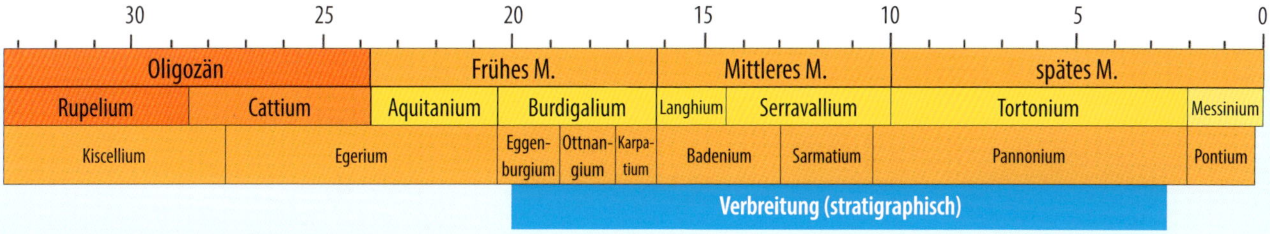

30		25		20		15	10	5	0
Oligozän				Frühes M.		Mittleres M.		spätes M.	
Rupelium		Cattium		Aquitanium	Burdigalium	Langhium	Serravallium	Tortonium	Messinium
Kiscellium		Egerium			Eggenburgium / Ottnangium / Karpatium	Badenium	Sarmatium	Pannonium	Pontium

Verbreitung (stratigraphisch)

183

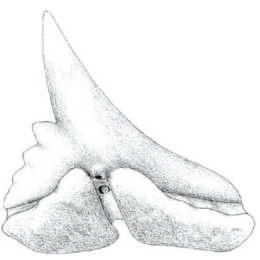

Paragaleus tenuis
(Probst, 1878)

Wesentliche Unterscheidungsmerkmale

- Hauptspitze bei Oberkieferzähnen stark nach distal geneigt
- gezähnelter distaler Talon
- anteriore Unterkieferzähne symmetrisch mit stark aufgerichteter Hauptspitze, ein gezähnelter Talon fehlt
- carcharhinider Wurzeltyp

Synonyme
keine

Habitat
Wieselhaie der Gattung *Paragaleus* kommen in küstennahen, tropischen Gewässern bis in eine Wassertiefe von etwa 100 Metern vor.

Beschreibung
Die Zähne von *Paragaleus tenuis* besitzen eine sehr stark ausgeprägte dignathe Heterodontie und eine leichte gradient monognathe Heterodontie.

Die **Zähne des Oberkiefers** haben eine Zahnkrone mit einer stark nach distal geneigten Hauptspitze. Die Hauptspitze kann eine deutlich konkav ausgebildete mesiale Schneidekante aufweisen, wo sie in einer steil aufrechten Zahnspitze endet. Die distale Schneide ist meist konkav entwickelt und geht in etwa auf mittlerer Kronenhöhe in einen stark gezähnelten distalen Talon über. Die Höhe sowie die Anzahl der kleinen Spitzen des Talons variieren beträchtlich. Zähne nahe der Symphyse besitzen auch eine Zähnelung der mesialen Schneidekante. Im Profil weisen manche Zähne eine linguale Krümmung auf. Die linguale Kronenfläche ist konvex, die labiale Seite eher flach. Die labiale und linguale Kronenfläche ist glatt und der Übergang zur Wurzel leicht eingeschnürt. Die Wurzel ist typisch carcharhinid.

Die **anterioren Zähne des Unterkiefers** sind sehr symmetrisch gebaut und besitzen eine stark aufgerichtete Hauptspitze. Die Schneidekante ist glatt und eine Zähnelung des distalen Talons fehlt. Erst in mehr seitlichen Zahnpositionen erscheint eine Zähnelung des distalen Talons – die Zähne des Unterkiefers ähneln dabei der Form jener des Oberkiefers, unterscheiden sich jedoch durch die grazilere Hauptspitze.

Die vorliegende Art wird häufig mit der von Jonet 1966 aus Portugal beschriebenen Art *Paragaleus pulchellus* synonymisiert. Vergleichbare Zähne wurden aber bereits von Probst im Jahr 1878 abgebildet und unter dem Artnamen *tenuis* beschrieben. Detaillierte Untersuchungen werden zeigen, ob es sich um eine einzige Art oder um zwei getrennte Arten handelt.

Systematik
Carcharhiniformes – Hemigaleidae

Wieselhai (Paragaleus).

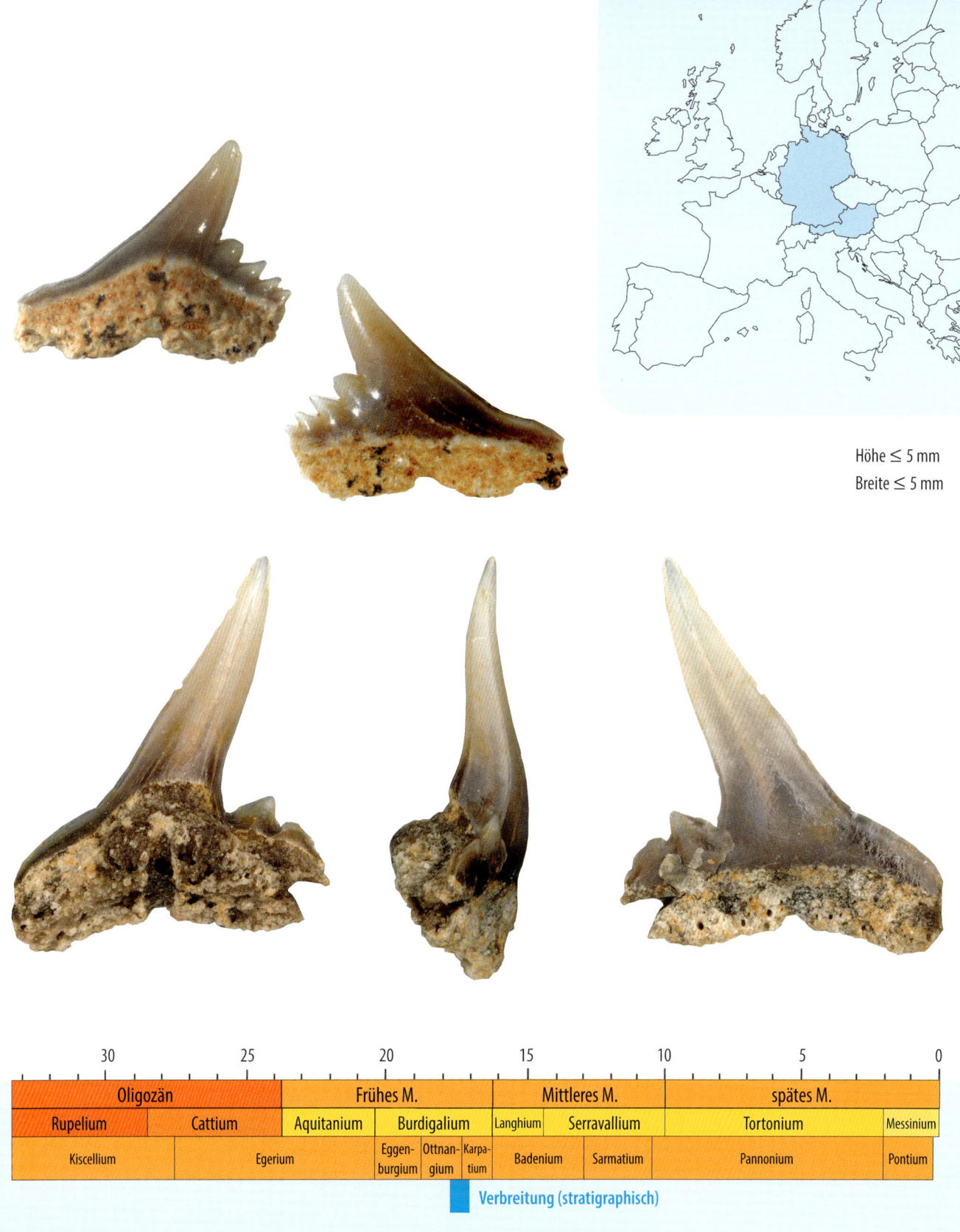

Höhe ≤ 5 mm
Breite ≤ 5 mm

Verbreitung (stratigraphisch)

Apristurus sp.

Wesentliche Unterscheidungsmerkmale

- ein bis drei Paar kräftige Seitenspitzen
- sehr deutliche labiale und linguale vertikale Schmelzstreifung
- netzartige Struktur an der Kronenbasis
- deutliche Wurzelprotuberanz

Detaillierte zahnmorphologische Beschreibungen der 39 bekannten Arten dieser Tiefseekatzenhaie liegen bisher nicht vor. Lediglich für die Art *Apristurus laurussonii* gibt es aussagekräftige Bilder und eine entsprechende Beschreibung. Ohne die genaue Kenntnis der artspezifischen Merkmale der anderen heute noch lebenden Arten ist eine Gattungs- bzw. Artdiagnose nicht möglich. Aus diesem Grund können die abgebildeten Zähne keiner Art zugewiesen werden.

Synonyme
keine

Habitat
Die Gattung *Apristurus* gehört zu den artenreichsten Gattungen, ist weltweit verbreitet und kommt überwiegend in Bodennähe an den Kontinentalhängen bzw. an unterseeischen Erhebungen in Tiefen bis weit unter 1 000 Metern vor.

Beschreibung
Die Zähne von *Apristurus* besitzen eine schwach ausgeprägte dignathe sowie eine gradient monognathe Heterodontie.
Die Zähne der Gattung *Apristurus* sind gekennzeichnet durch ein bis drei Paar kräftige Nebenspitzen, die die Hauptspitze flankieren. Diese ist nur im Bereich der Symphyse senkrecht aufgerichtet und symmetrisch, mit zunehmender Stellung der Zähne zum Gaumen hin neigt sich die Hauptspitze immer weiter nach distal. Sowohl lingual als auch labial wird die Kronenfläche der Hauptspitze und der Nebenspitzen von senkrecht verlaufenden, zahlreichen kräftigen Schmelzfalten überzogen. Alle Zähne weisen in der Labialansicht die für diese und weitere scyliorhinide Gattungen (z. B. *Galeus*,

Tiefseekatzenhai (Apristurus).

Haploblepharus, Holohalaelurus, Halaelurus) typische „netzartige Struktur" entlang der ganzen Zahnbasis auf. Auffallend ist die äußerst dünne und breite Schneidekante der Krone, insbesondere bei den lateralen bzw. lateral-posterioren Zähnen. Diese Schneidekante ist an der Basis der Spitze schmal, nimmt bis zur Mitte der Spitze deutlich an Breite zu und läuft bis zur Kronenspitze wieder gleichmäßig aus. Dadurch wirken die Spitzen in der Mitte wie abgeknickt. Dieser dünne Rand ist aufgrund mechanischer Beanspruchung oftmals beschädigt und erscheint deshalb „ausgefranst".

Die zweilobige, typische scyliorhinide Wurzel reicht lingual weit nach oben. Die beiden Wurzelloben bilden einen spitzen Winkel. Die linguale Wurzelprotuberanz weist mittig ein großes zentrales Foramen auf.

Höhe ≤ 1 mm
Breite ≤ 1 mm

Systematik
Carcharhiniformes – Pentanchidae

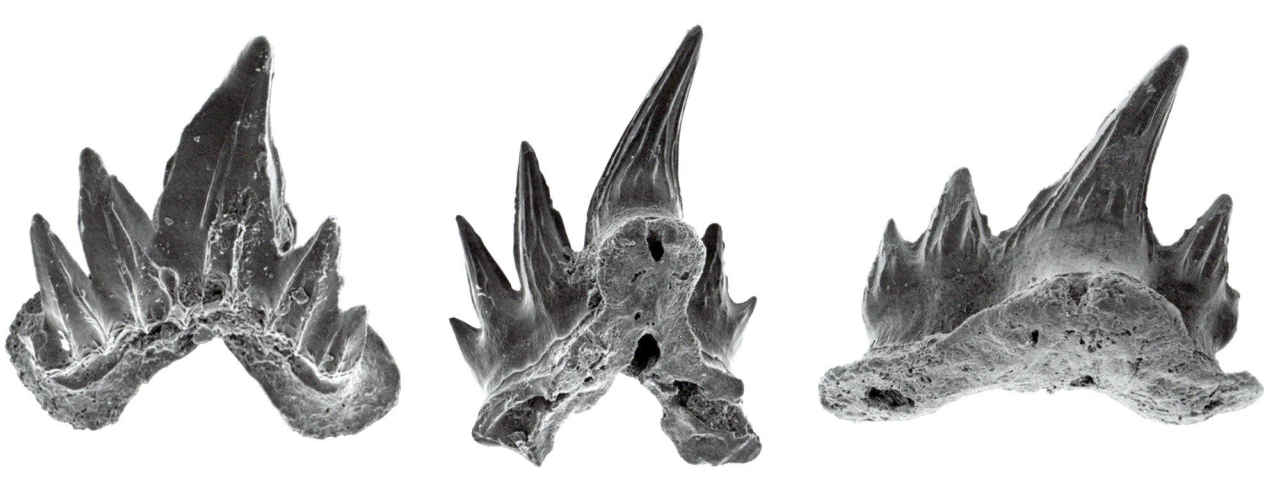

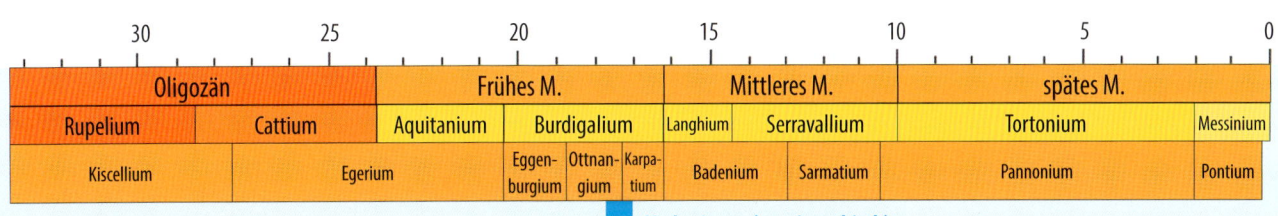

Verbreitung (stratigraphisch)

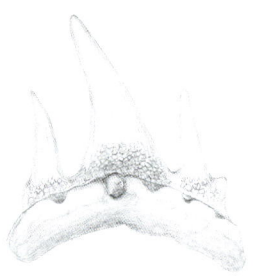

Pseudoapristurus nonstriatus
Pollerspöck & Straube, 2017

Wesentliche Unterscheidungsmerkmale

- extrem schlanke, hohe Seitenspitzen
- netzartige Struktur an der Kronenbasis
- keine vertikale Streifung
- bilobige Wurzel mit zentralem Foramen

Unter anderem anhand der typischen netzartigen Struktur an der Basis der Zähne konnte diese erst kürzlich neu entdeckte Art der Ordnung Carcharhiniformes und – innerhalb dieser Ordnung – der Familie Pentanchidae zugeordnet werden. Diese Struktur ist auch auf den Placoidschuppen dieser Haie zu beobachten.

Hautschuppen mit typischer netzartiger Struktur.

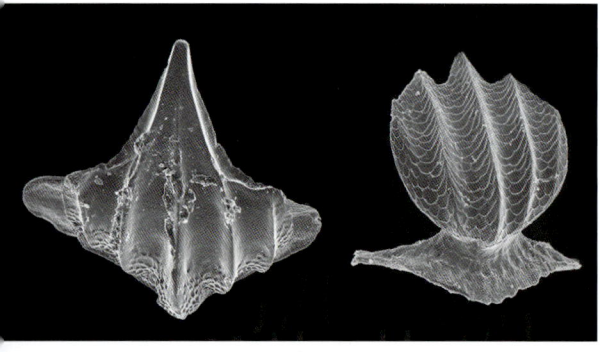

Synonyme
keine

Habitat
Es gibt keine rezenten Vertreter dieser Gattung.

Beschreibung
Die Zähne von *Pseudoapristurus nonstriatus* besitzen eine ausgeprägte dignathe Heterodontie und eine gradient monognathe Heterodontie. Die sehr kleinen Zähne dieser Art – sie erreichen eine Höhe von meist 0,5–0,7 Millimeter – sind mehrspitzig. Dabei wird eine schlanke und hohe Hauptspitze von ein bis zwei Paar Nebenspitzen flankiert. Das erste Paar Nebenspitzen neben der Hauptspitze erreicht bis zu zwei Drittel der Höhe der Hauptspitze. Die Lingualseite der Haupt- und Nebenspitzen sind deutlich konvex gewölbt, die Labialseite schwächer konvex gewölbt. Die Form der Nebenspitzen ist sehr variabel und von der Stellung im Gebiss abhängig. Sie reicht von sehr dünn und dolchförmig bis zu dreieckigen Seitenspitzen mit breiter Basis. Entlang des Kronenrandes ist auf der Lingualseite eine deutliche, entlang der Labialseite eine schwach ausgeprägte, netzförmige Ornamentation vorhanden. Die Schneidekanten bei Haupt- und Nebenspitzen erreichen stets die Spitze. Die Wurzel ist zweilobig und besitzt auf der lingualen Seite zwei mittig angeordnete große Foramina.

Es konnten zwei verschiedene Zahntypen beobachtet werden. Einer mit dolchartigen, extrem langen Seitenspitzen, sowie einer mit deutlich niedrigeren und breiteren, im Querschnitt länglich ovalen Seitenspitzen. Es ist anzunehmen, dass es sich bei den Zähnen mit den spitzen, dolchartigen Seitenspitzen um die Oberkieferzähne, bei den anderen um die Unterkieferzähne handelt.

Systematik
Carcharhiniformes – Pentanchidae

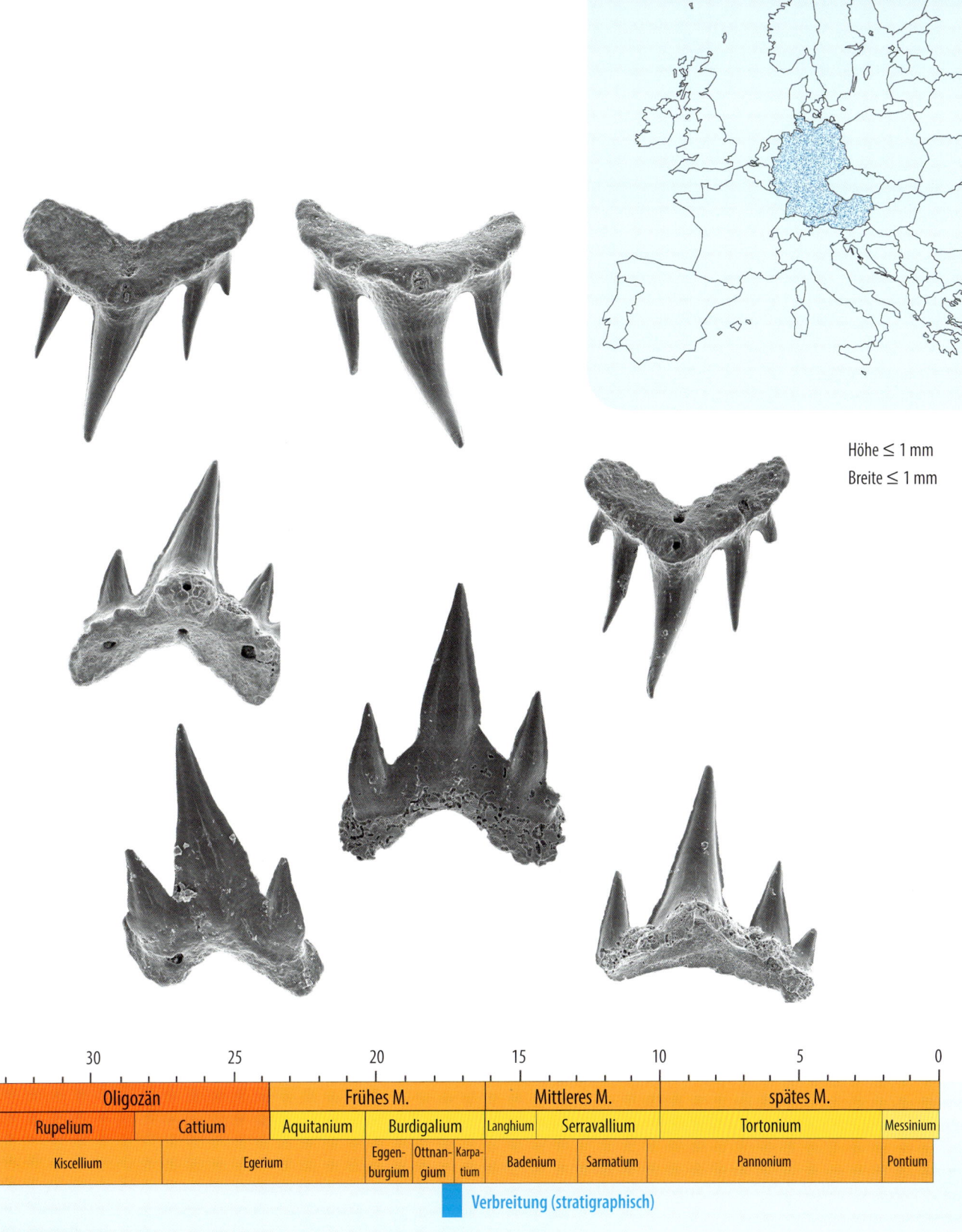

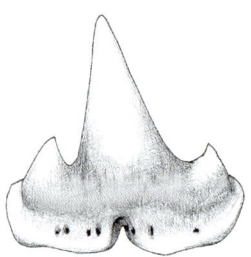

Pachyscyllium dachiardii
(Lawley, 1876)

Wesentliche Unterscheidungsmerkmale

- sehr kleine Zähne
- zentrale, dreieckige Hauptspitze
- ein Paar Nebenspitzen
- keine Schmelzfalten
- massige Wurzel
- ausgeprägte linguale Wurzelprotuberanz mit Nährfurche

Synonyme
Scyllium dachiardii, *Scyliorhinus venloensis*

Habitat
Es gibt keine rezenten Vertreter dieser Gattung.

Beschreibung
Die Zähne von *Pachyscyllium dachiardii* weisen eine gradient monognathe Heterodontie auf, welche durch schlankere Hauptspitzen der anterioren Zahnpositionen im Vergleich zu weiter seitlichen Positionen zum Ausdruck kommt.

Die **anterioren Zähne** besitzen eine zentrale Hauptspitze mit gut entwickelter Schneidekante, welche von einem Paar Nebenspitzen flankiert wird. Die Hauptspitze ist sigmoidal geschwungen und deutlich nach lingual geneigt. Die Nebenspitzen sind niedrig, an der Basis verbreitert und besitzen konvex gewölbte, stumpfe Schneidekanten. Die labiale Kronenfläche ist leicht konvex, die linguale Kronenfläche stark konvex gewölbt. Das eher abgestumpfte und niedrige Paar Nebenspitzen ist nicht von der Hauptspitze abgesetzt, wodurch die Zahnkrone besonders massig wirkt. Sowohl die linguale als auch die labiale Kronenflächen sind glatt, jedoch können an der Kronenbasis der labialen Kronenfläche kurze Schmelzfältchen auftreten. Der Übergang zur niedrigen (jedoch massigen) Wurzel ist deutlich durch eine Einschnürung erkennbar. Die linguale Wurzelfläche besitzt neben mehreren, an der Kronenbasis verlaufenden Foramina eine ausgeprägte Wurzelprotuberanz, welche von einer zentralen Nährfurche durchtrennt wird. Der Wurzeltyp ist holaulacorhiz.

Die Zähne von **lateralen Zahnpositionen** sind jenen in anteriorer Position sehr ähnlich, sie unterscheiden sich jedoch durch die Höhe und den Neigungswinkel der Hauptspitze.

Systematik
Carcharhiniformes – Scyliorhinidae

Die Art wurde in der Vergangenheit meist der ebenfalls ausgestorbenen Gattung *Premontreia* zugewiesen. Im Jahre 2005 wurde die Gattung *Pachyscyllium* neu errichtet; nach genauen Untersuchungen der Originale von Probst wurden diese und die nachfolgende Art „*distans*" dieser Gattung zugeordnet.

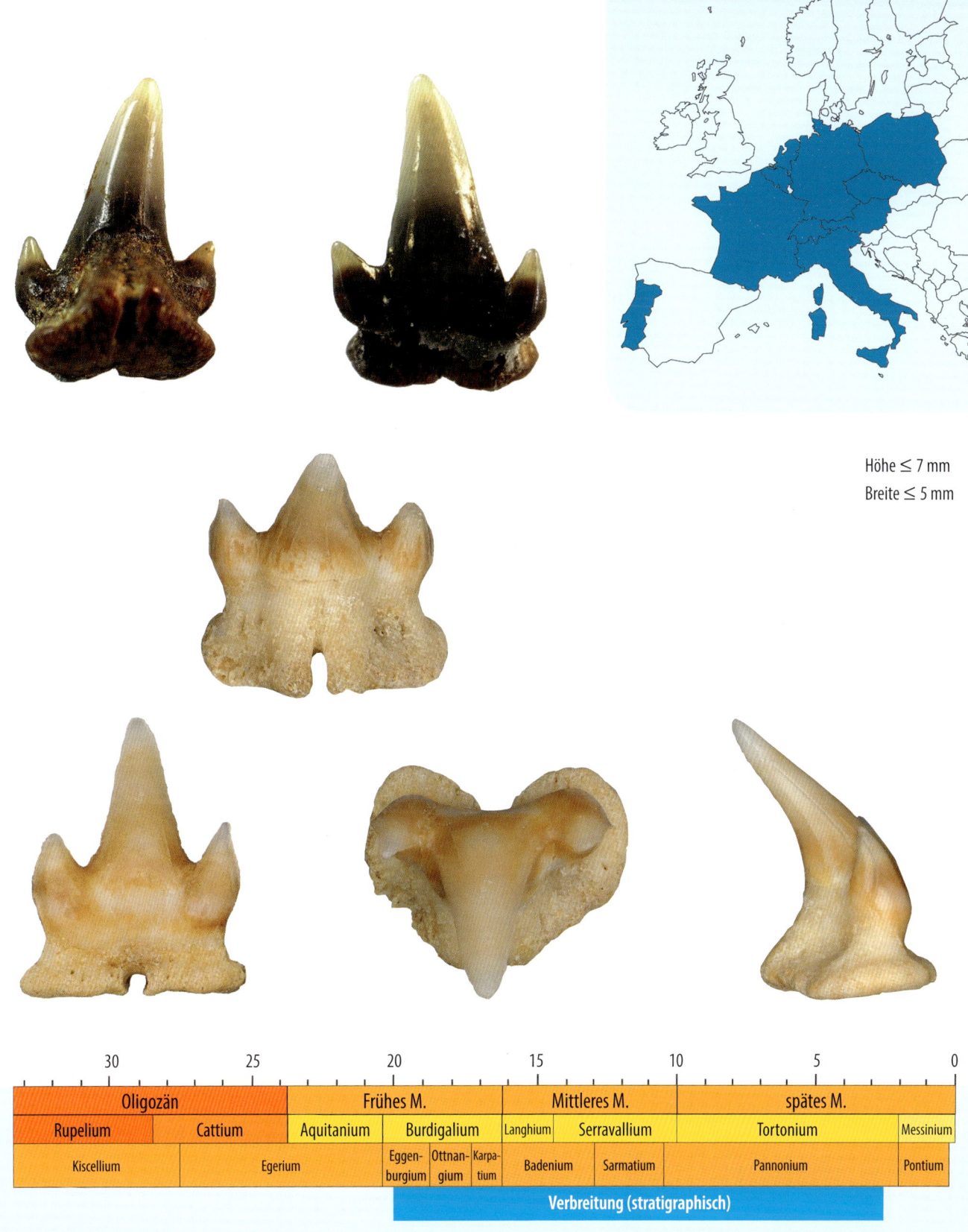

Höhe ≤ 7 mm
Breite ≤ 5 mm

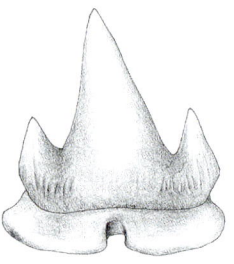

Pachyscyllium distans
(Probst, 1879)

Wesentliche Unterscheidungsmerkmale

- sehr kleine Zähne
- zentrale, dreieckige Hauptspitze
- ein Paar Nebenspitzen
- arttypische Schmelzfalten
- massige Wurzel
- ausgeprägte linguale Wurzelprotuberanz mit Nährfurche

Probst hat 1878 neben der davor beschriebenen Art eine weitere, sehr ähnliche Art – *Scyllium acre* – neu beschrieben. Diese deutlich seltenere Art stellte sich nachträglich als vorderer Zahn der Art *Pachyscyllium distans* heraus. Viele Originale und Typen der Probst'schen Sammlung befinden sich heute in der Paläontologischen Sammlung der Universität Tübingen.

Historisches Foto der Sammlung in Tübingen.

Synonyme
Scyllium acre

Habitat
Es gibt keine rezenten Vertreter dieser Gattung.

Beschreibung

Die Zähne von *Pachyscyllium distans* weisen eine gradient monognathe Heterodontie auf, welche durch schlankere und annähernd senkrechte Hauptsitzen der anterioren Zahnpositionen im Vergleich zu weiter seitlichen Positionen zum Ausdruck kommt.

Die **anterioren und lateralen Zähne** von *Pachyscyllium distans* sind jenen der Art *Pachyscyllium dachiardii* sehr ähnlich. Sie besitzen eine zentrale Hauptspitze mit gut entwickelten Schneidekanten mit einem Paar Nebenspitzen. Die Hauptspitze ist sigmoidal geschwungen und in anterioren Zähnen nahezu senkrecht aufgerichtet. In Lateralzähnen ist die Hauptspitze niedriger und neigt sich in Richtung des Mundwinkels. Die labiale Kronenfläche besitzt deutlich ausgebildete, meist parallele Schmelzfältchen, welche sich von der Kronenbasis bis ins obere Drittel der Nebenspitzen und bis zur halben Höhe der Hauptspitze ziehen. Die labiale Kronenfläche ist hingegen glatt. Die linguale Wurzelfläche besitzt neben mehreren, an der Kronenbasis verlaufenden Foramina eine ausgeprägte Wurzelprotuberanz und eine zentrale, deutlich ausgebildete Nährfurche.

Pachyscyllium dachiardii und *Pachyscyllium distans* sind morphologisch sehr ähnlich und unterscheiden sich im Wesentlichen durch das Vorhandensein oder Fehlen der Schmelzfalten.

Systematik
Carcharhiniformes – Scyliorhinidae

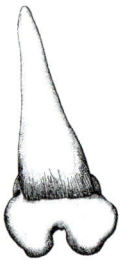

Megascyliorhinus miocaenicus
(Antunes & Jonet, 1970)

Wesentliche Unterscheidungsmerkmale

- zentrale Hauptspitze stark nach lingual geneigt
- Lateralzähne besitzen ein Paar Nebenspitzen
- basale Schmelzfältchen je nach Kieferposition
- massige, beinahe dreieckige Wurzel

Synonyme
keine

Habitat
Es gibt keine rezenten Vertreter dieser Gattung.

Beschreibung

Aufgrund der Seltenheit dieser Gattung konnte keine ausgeprägte Heterodontie festgestellt werden, es liegt jedoch eine gradient monognathe Heterodontie vor.

Zähne **vorderer Kieferpositionen** besitzen eine schlanke, stark nach lingual geneigte Hauptspitze. Die linguale Kronenfläche ist stark konvex gewölbt und weist an der Basis viele feine Schmelzfältchen auf, die labiale Kronenfläche ist hingegen eben und glatt. Lediglich an der labialen Kronenbasis kann ein leichter Schmelzwulst ausgebildet sein. Die Schneidekanten sind beidseitig gut entwickelt und reichen von der Spitze bis zur Kronenbasis. Der Übergang von der Zahnkrone zur massigen Wurzel ist deutlich durch eine feine Einschnürung erkennbar. Die Basis der Wurzel ist beinahe dreieckig ausgebildet, besitzt auf der lingualen Wurzelfläche eine gut ausgebildete Wurzelprotuberanz und einen Nährkanal, welcher die Wurzel an der Basis in zwei Wurzelloben teilt.

Zähne von **seitlicheren Kieferpositionen** besitzen ebenfalls eine zentrale Hauptspitze, welche jedoch von einem Paar Nebenspitzen flankiert wird. Die eher niedrige Hauptspitze ist an ihrer Basis stark verbreitert und nimmt dadurch eine dreieckige Form ein. Die Hauptspitze selbst ist, wie auch die eng anliegenden Nebenspitzen, nach lingual geneigt. Die Nebenspitzen selbst sind besonders spitz und verbreitern sich an der Basis stark. Sie besitzen an ihrer Basis, wie auch die labiale und linguale Kronenfläche, feine Schmelzfältchen. Der Übergang zwischen Kronenfläche und Wurzel ist durch eine Einschnürung gekennzeichnet. Dadurch verbreitert sich die Wurzel in basaler Richtung deutlich und tritt so unterhalb

Bei dem einzigen Nachweis aus den miozänen Ablagerungen Baden-Württembergs (Walbertsweiler) der Molasse handelt es sich nicht um die oben beschriebene Art. Nachweise für die Gattung aus dem Ablagerungsraum nördlich der Alpen liegen aus dem Eozän Österreichs und Deutschlands vor.

Megascyliorhinus aus dem Eozän von Österreich.

der Kronenbasis hervor. Die massige Wurzel ist ebenfalls durch eine Nährfurche in zwei Teile getrennt und zudem auf der labialen Seite deutlich eingebuchtet.

Systematik
Carcharhiniformes – Scyliorhinidae

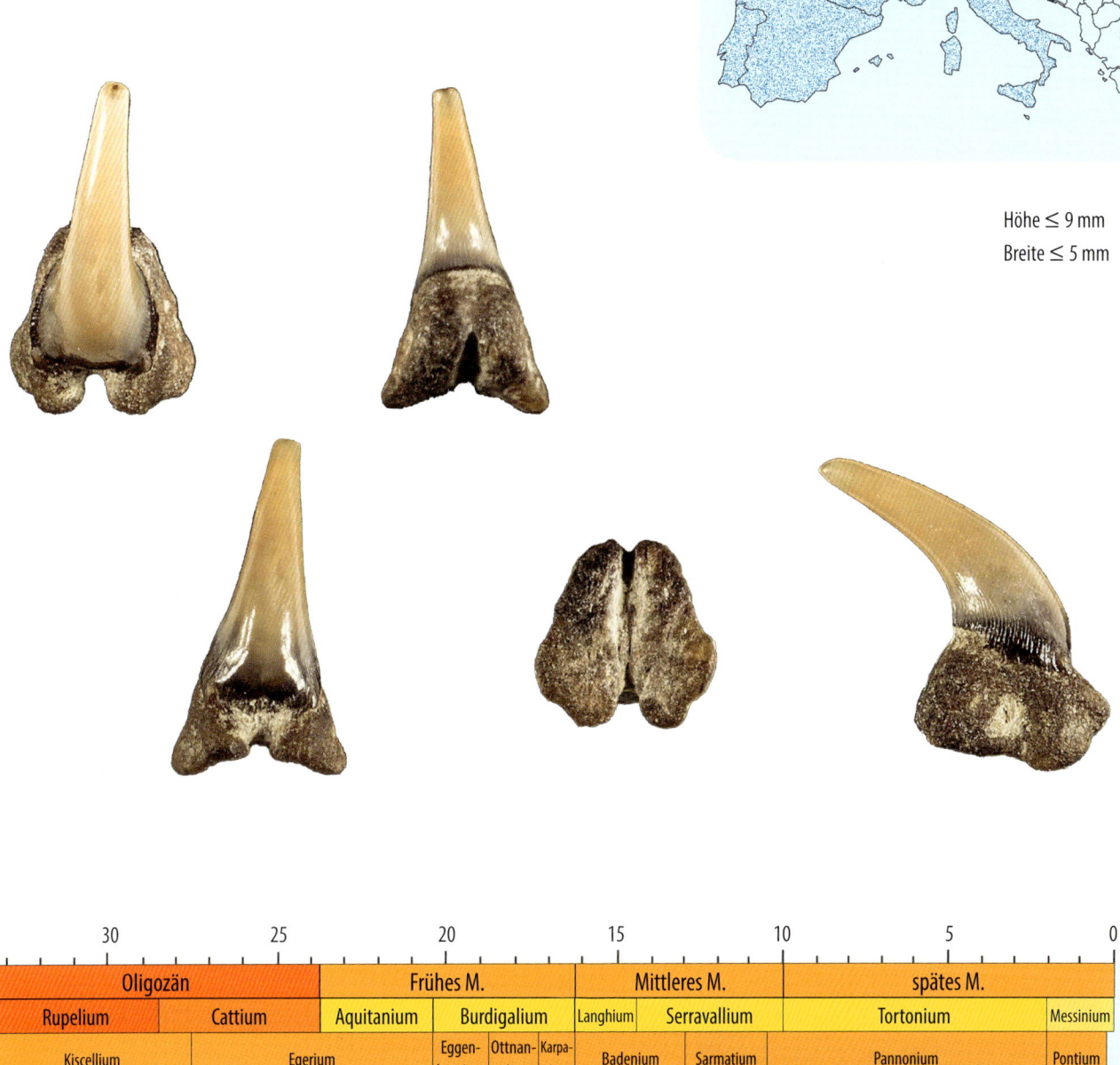

Höhe ≤ 9 mm
Breite ≤ 5 mm

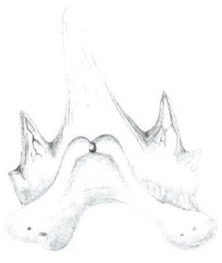

Scyliorhinus biformis
Reinecke, 2014

Wesentliche Unterscheidungsmerkmale

- zentrale Hauptspitze aufrecht bzw. leicht nach distal geneigt
- meist ein Paar Nebenspitzen
- basale Schmelzfältchen je nach Typ
- scyliorhinide Wurzel mit deutlicher Protuberanz

Der Großgefleckte Katzenhai wird auch heute noch häufig gefischt und frisch oder gesalzen gegessen. Die raue Haut wurde früher als Schleifpapier für die Bearbeitung von Holz oder Alabaster genutzt. Die Katzenhaie legen – wie alle Haie der Gattung *Scyliorhinus* – Eier, die sie mittels Schnüren an Wasserpflanzen heften.

Katzenhai (Scyliorhinus).

Synonyme
keine

Habitat
Katzenhaie der Gattung *Scyliorhinus* sind weltweit in den verschiedensten Lebensräumen beheimatet. Im Nordatlantik und im Mittelmeer sind beispielsweise der Klein- und Großgefleckte Katzenhai heimisch.

Beschreibung
Aufgrund verschiedener Zahnformen, die gefunden worden sind, geht man bei der Art von einer ausgeprägten gynandrischen Heterodontie aus, zusätzlich liegt eine gradient monognathe Heterodontie vor.

Die Zähne zeigen in der Labialansicht nur wenige kurze Streifen, die im unteren Bereich deutlich kantig sind und im weiteren Verlauf immer schwächer werden. Lingual sind die Schmelzfalten weniger deutlich ausgeprägt und reichen vereinzelt – sowohl bei den Nebenspitzen als auch bei der Hauptspitze – bis zur Kronenspitze. Im Bereich der Kronenbasis sind die Schmelzfalten bogenförmig zur Mitte ausgebildet. Die Krone ist aufgerichtet bzw. nur wenig nach distal geneigt. Sowohl die Krone als auch die Seitenspitzen sind labial nur schwach und lingual stark konvex gekrümmt. Die Hauptspitze wird von ein bzw. zwei Paar Seitenspitzen flankiert, wobei das äußere Paar nur mehr als Höcker ausgebildet sein kann. Die Wurzel ist zweilobig, breit und reicht lingual weit nach oben. Im Zentrum der deutlich ausgeprägten Wurzelprotuberanz befindet sich das zentrale Foramen. Zwischen Wurzel und Kronenbasis ist eine deutliche Einschnürung erkennbar. Im Gegensatz zeichnen sich die Zähne, die von Reinecke (2015) als „male morph" bezeichnet werden, dadurch aus, dass labial die Ornamentation fehlt bzw. nur sehr schwach ausgebildet ist und die Seitenspitzen variabel ausgebildet sein können.

Systematik
Carcharhiniformes – Scyliorhinidae

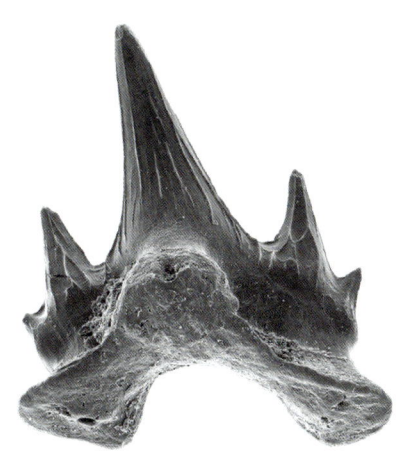

Höhe ≤ 4 mm
Breite ≤ 3 mm

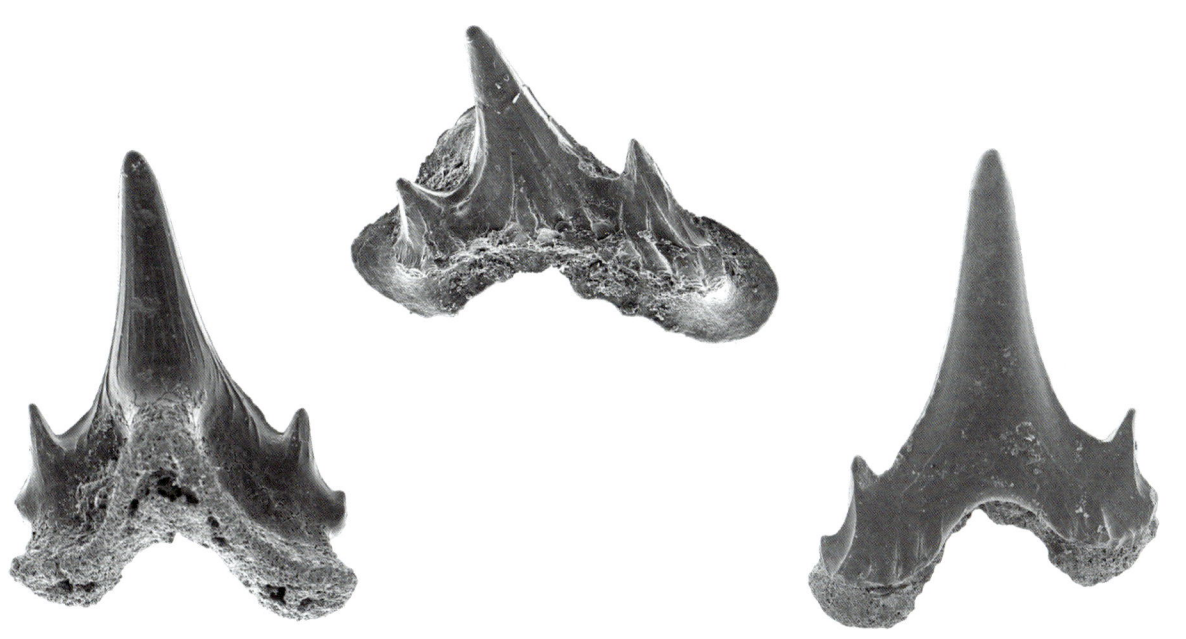

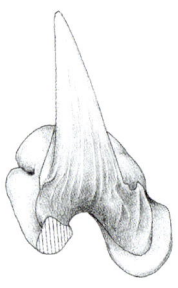

Scyliorhinus joleaudi
Cappetta, 1970

Wesentliche Unterscheidungsmerkmale

- relativ aufrechte Krone
- sehr kleine Seitenspitzen
- labial sehr deutliche Schmelzstreifen
- außergewöhnlich kräftige Wurzelprotuberanz
- asymmetrische Wurzel

Synonyme
Chiloscyllium fossile

Habitat
Katzenhaie der Gattung *Scyliorhinus* sind weltweit in den verschiedensten Lebensräumen beheimatet. Im Nordatlantik und im Mittelmeer sind beispielsweise der Klein- und Großgefleckte Katzenhai heimisch.

Beschreibung
Die Zähne der Art *Scyliorhinus joleaudi* weisen eine gradient monognathe Heterodontie auf.
Die hohe, spitze Zahnkrone ist lingual stark konvex gewölbt, labial dagegen äußerst flach. Die Spitze ist bei anterioren Zähnen aufrecht, bei lateralen Zähnen leicht nach distal geneigt. Die Basis der Zahnkrone reicht labial weit nach unten und bedeckt somit fast die ganze labiale Wurzelfläche. Wenn Seitenspitzen vorhanden sind, sind diese sehr klein und zart. Die mesiale und distale Schneide reicht weit nach unten. Auf der Labialseite der Krone ist eine kräftige, meist parallel verlaufende Schmelzstreifung vorhanden, die bis zur Spitze der Krone reichen kann. Auch auf der Lingualseite sind einige wenige, deutlich schwächere Schmelzfalten ausgebildet.
Besonders auffallend und charakteristisch für diese *Scyliorhinus*-Art ist die asymmetrisch entwickelte Wurzel. Der mesiale Wurzelast ist dabei immer deutlich länger als der distale. Lingual ist eine besonders kräftige, nahezu kugelige Protuberanz ausgebildet, in deren Zentrum sich ein kleines, zentrales Foramen befindet. Flankiert wird dieses Foramen meist von zwei wesentlich größeren Foramina, die sich mesial und distal neben der Protuberanz befinden und zwei tiefe Gruben bilden. Eine Basalfurche ist nur schwach ausgebildet oder kann sogar fehlen.

Katzenhaie leuchten grün! Ein Forscherteam aus den USA hat vor kurzem diese aufregende Entdeckung gemacht. Viele Katzenhaie besitzen in ihrer Haut eine bisher völlig unbekannte Gruppe von Fluoreszenzmolekülen. Diese Moleküle können die Haie sogar vor mikrobiellen Infektionen schützen und leuchten in einem satten Grün. Dieses Leuchten ist aber nur für Artgenossen sichtbar. Diese Eigenschaft zu leuchten, die sich im Tierreich öfters entwickelt hat, nennt man Biofluoreszenz.

„Leuchtender" Kettenkatzenhai (Scyliorhinus retifer).

Systematik
Carcharhiniformes – Scyliorhinidae

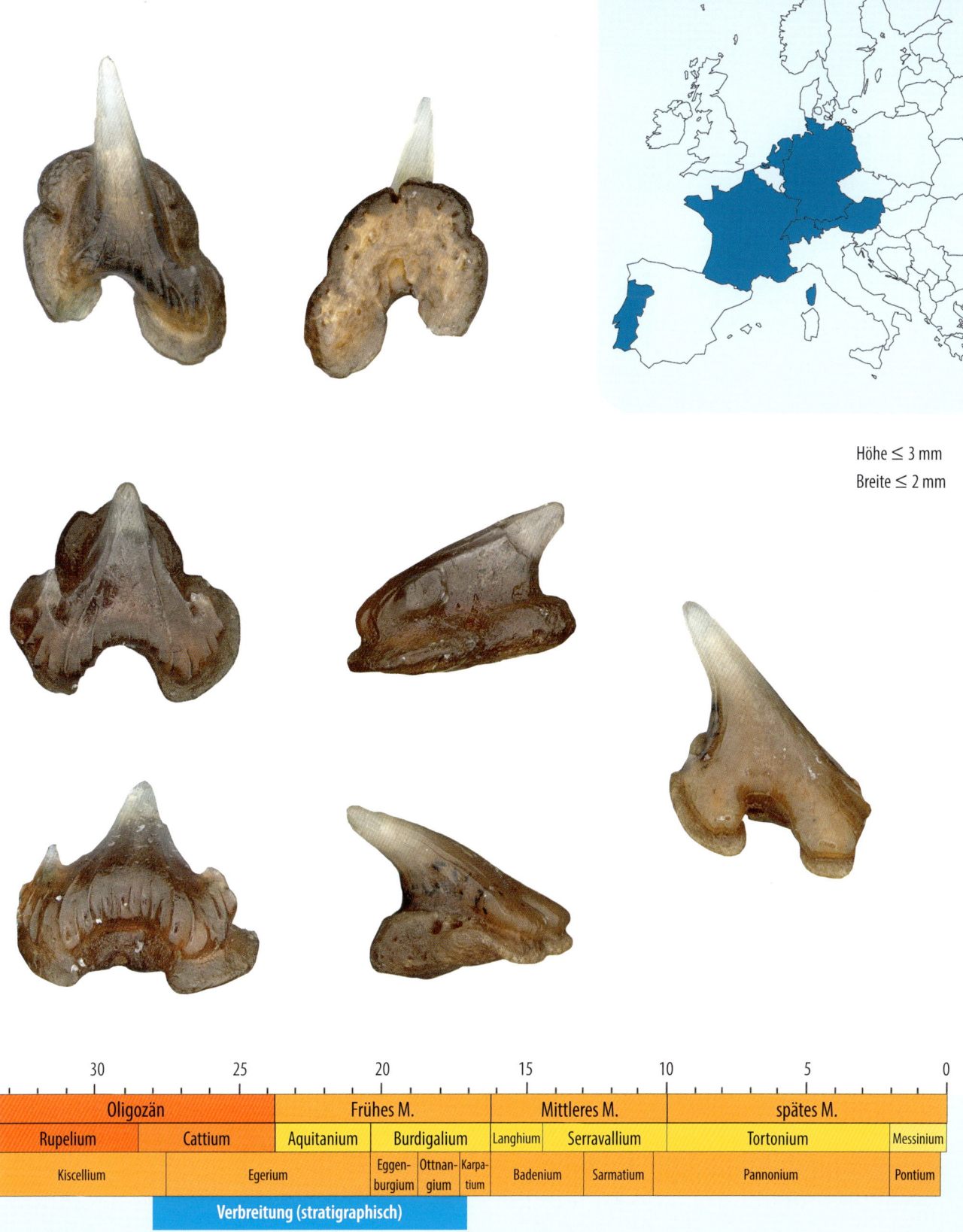

Höhe ≤ 3 mm
Breite ≤ 2 mm

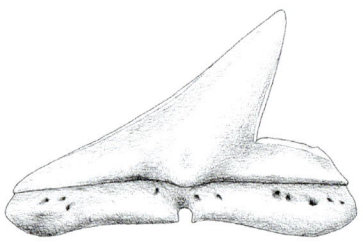

Sphyrna integra
Probst, 1878

Wesentliche Unterscheidungsmerkmale

- zentrale Hauptspitze stets nach distal geneigt
- keine Nebenspitzen
- Krone labio-lingual sehr flach
- distaler Talon
- carcharhinider Wurzeltyp

Die Funktion der charakteristischen und namensgebenden Verbreiterung des Kopfes ist noch nicht restlos geklärt. Studien zeigen jedoch, dass Hammerhaie durch diese innovative Kopfform ein vergrößertes Wahrnehmungsfeld besitzen und die Anordnung der exponierten Augen ein dreidimensionales Sehen ermöglicht.

Großer Hammerhai (Sphyrna mokarran).

Synonyme
Carcharias (Scoliodon) taxandriae, Sphyrna arambourgi, Sphyrna laevis

Habitat
Hammerhaie der Gattung *Sphyrna* können weltweit in eher seichten, tropischen bis subtropischen Küstengebieten angetroffen werden.

Beschreibung
Die Zähne von *Sphyrna integra* weisen lediglich eine leichte dignathe Heterodontie auf, jedoch ist eine deutliche gradient monognathe Heterodontie erkennbar.

Die Zähne des **Oberkiefers** sind massiver als jene des Unterkiefers. Die zentrale Hauptspitze ist dabei deutlich nach distal geneigt und besitzt gut entwickelte, jedoch meist gerade Schneidekanten. Die mesiale Schneidekante zieht sich hierbei ohne Wölbung von der Kronenspitze bis zur mesialen Kronenbasis, wo sie sanft zum Übergang zur Wurzel endet. Die Zähne sind in labio-lingualer Ansicht stark komprimiert, jedoch ist die linguale Kronenfläche selbst leicht konvex gewölbt. Die labiale Kronenfläche ist hingegen glatt und besitzt an der Basis der Hauptspitze einen deutlich erkennbaren Schmelzwulst. Der distale Talon ist nur mäßig gewölbt und durch eine scharfe Einkerbung von der Hauptspitze getrennt. Der Übergang zwischen Zahnkrone und Wurzel ist durch eine leichte Einschnürung charakterisiert. Die linguale Wurzelfläche besitzt eine zentrale Wurzelprotuberanz, welche von einer Nährfurche getrennt wird. Innerhalb der Nährfurche öffnet ein zentrales Foramen. Weitere, jedoch kleinere Foramina sitzen meist zusätzlich entlang des Kronenrandes, sowohl auf der lingualen als auch auf der labialen Wurzelfläche.

Die Zähne des **Unterkiefers** sind etwas graziler als jene des Oberkiefers und der Neigungswinkel der Hauptspitze nimmt in mehr seitlichen Zahnpositionen stetig zu. Anders als bei Oberkieferzähnen verläuft die mesiale Schneide der Unterkieferzähne nicht geradlinig, sondern weist an der Basis eine deutliche konkave Krümmung auf. Diese Krümmung ist besonders deutlich bei Zähnen vorderster Zahnpositionen entwickelt, wodurch die Zähne eine besonders schlanke Form annehmen. Die distale Schneide ist hingegen leicht konvex gewölbt und geht, getrennt durch eine Einkerbung, in den distalen Talon über. Die Wurzel ist jener der Oberkieferzähne ähnlich.

Systematik
Carcharhiniformes – Sphyrnidae

Höhe ≤ 8 mm
Breite ≤ 11 mm

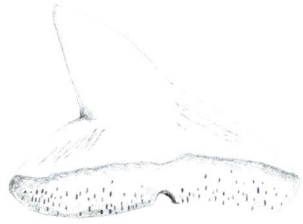

Sphyrna laevissima
(Cope, 1867)

Wesentliche Unterscheidungsmerkmale

- zentrale Hauptspitze stets nach distal geneigt
- keine Nebenspitzen
- sehr robuste Krone
- distales Talon
- carcharhinider Wurzeltyp

Der größte Hammerhai *(Sphyrna mokarran)* kann über 6 Meter Länge erreichen und wurde im Jahr 1837 von dem deutschen Naturforscher Wilhelm Peter Eduard Simon Rüppell beschrieben. Ihre Bezeichnung erhielt die Art nach dem arabischen Trivialnamen. Das abgebildete männliche Tier wurde in Massaua (Eritrea) am Roten Meer lebend gefangen, da „das Unthier beim Verfolgen seiner Beute auf den sandigen Strand aufgelaufen war und nicht mehr flott werden konnte", wie Rüppell berichtete.

Erstbeschreibung des großen Hammerhais aus Rüppell 1837.

Synonyme
Carcharias (Scoliodon) kraussi

Habitat
Hammerhaie der Gattung *Sphyrna* können weltweit in eher seichten, tropischen bis subtropischen Küstengebieten angetroffen werden.

Beschreibung
Die Zähne von *Sphyrna laevissima* weisen eine leichte dignathe Heterodontie und deutliche gradient monognathe Heterodontie auf. Die Zähne dieser Art sind jenen des heute noch lebenden Glatten Hammerhais (*Sphyrna zygaena*) sehr ähnlich. Möglicherweise handelt es sich hierbei um den direkten Vorfahren dieser rezenten Art. Die Zähne des **Oberkiefers** sind wie bei der vorherigen Art (*Sphyrna integra*) massiver als jene des Unterkiefers. Die Hauptspitze ist an der Basis breit, dreieckig und wirkt besonders massig. Der distale Talon ist relativ gerade oder leicht konvex gewölbt. Die mesialen Schneidekanten sind bei den **anterioren Zähnen** fast gerade und werden, je weiter die Zähne im Kiefer aus Richtung Gaumen stammen, immer konvexer. Die distalen Schneidekanten sind gerade oder nur leicht konvex gewölbt. Alle Schneidekanten und der distale Talon sind

glatt und ohne jede Zähnelung. Die Zähne sind in labio-lingualer Ansicht komprimiert, die linguale Kronenfläche selbst ist leicht konvex gewölbt. Die beiden Wurzelloben sind durch eine breite Basalfurche getrennt. In dieser Basalfurche befinden sich meist mehrere Foramina. Die Wurzelflächen sind niedrig.

Die Zähne des **Unterkiefers** sind etwas schlanker als jene des Oberkiefers, die Hauptspitze ist stärker aufgerichtet und bei den Zähnen der hinteren Positionen ist die mesiale Schneidekante nicht so deutlich konvex gewölbt.

Systematik
Carcharhiniformes – Sphyrnidae

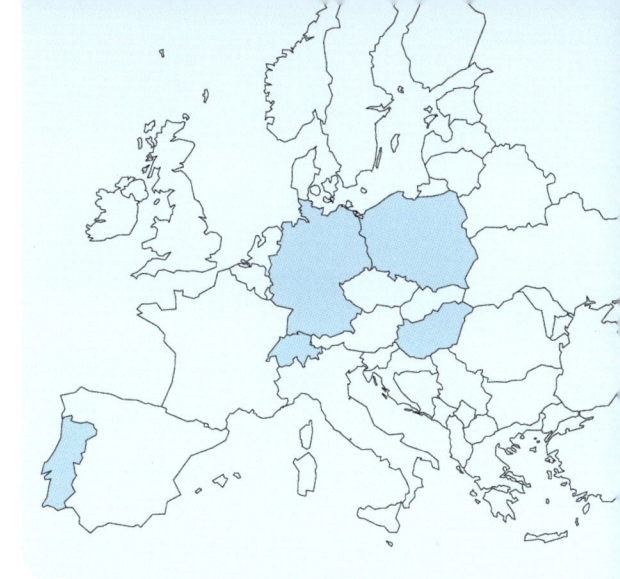

Höhe ≤ 13 mm
Breite ≤ 18 mm

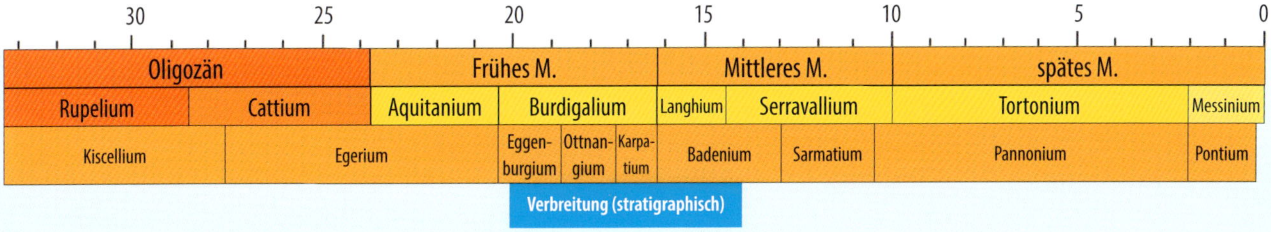

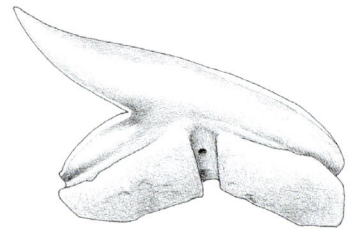

Iago angustidens
(Cappetta, 1973)

Wesentliche Unterscheidungsmerkmale

- zentrale Hauptspitze stets nach distal geneigt
- Krone labio-lingual sehr flach
- gut entwickelte Schneidekante
- deutliche Schmelzfalten an der labialen Kronenbasis
- carcharhinider Wurzeltyp

Synonyme
keine

Habitat
Die beiden rezenten Vertreter dieser Gattung zeigen ein relativ kleines Verbreitungsgebiet in tropischen Gewässern mit Wassertiefen zwischen 250 und 475 Metern (*Iago garricki*) und 110 bis 2 195 Metern (*Iago omanensis*).

Beschreibung
Die Zähne von *Iago angustidens* weisen keine starke Heterodontie auf, dennoch kann eine gradient monognathe Heterodontie von anterioren zu mehr lateralen Kieferpositionen beobachtet werden.

Die **anterioren Zähne** besitzen eine nach distal geneigte Hauptspitze, welche auf der mesialen Seite eine leicht konkave und auf der distalen Seite eine deutlich konvexe Schneidekante tragen. In mesialer Richtung endet die scharfe Schneidekante der Hauptspitze mit einer signifikanten Einschnürung am Übergang zwischen Zahnkrone und Wurzel. Die distale Schneidekante der Hauptspitze besitzt, getrennt durch eine Einkerbung, einen distalen Talon. Ebenso wie bei der mesialen Seite zeigt auch der distale Übergang zwischen Zahnkrone und Wurzel eine deutliche Einschnürung. Die Kronenfläche beider Seiten ist im mittleren Bereich der Hauptspitze konvex gewölbt und verflacht an der Basis der Zahnkrone. Die labiale Kronenfläche ist mit kurzen, zur Zahnspitze gerichteten Schmelzfalten gesäumt. Die linguale Kronenfläche besitzt hingegen nur vereinzelt kurze Schmelzfältchen, welche sich zudem eher an den lateralen Enden der Zahnkrone befinden. Die Wurzel ist relativ nieder und besitzt auf der lingualen Wurzelfläche eine kleine Wurzelprotuberanz, welche von einer Nährfurche in zwei Hälften geteilt wird. In der Mitte der lingualen Nährfurche ist ein zentrales Foramen eingebettet.

Die **lateralen Zähne** sind den anterioren Zähnen relativ ähnlich, jedoch ist ihre Hauptspitze deutlich stärker nach distal geneigt und

Heute sind nur mehr zwei Vertreter dieser Gattung bekannt (*Iago garricki* und *Iago omanensis*), welche ein relativ kleines Verbreitungsgebiet aufweisen. Ihre Vorfahren stammten noch aus einem weitaus größeren Gebiet, welches weite Teile Europas, darunter Frankreich, Malta, Deutschland und die Schweiz, umfasste. Zeitlich ist die Gattung *Iago* seit dem Eozän über das Miozän bis in das Pliozän nachgewiesen und verschwand danach aus dem Atlantik und dem Mittelmeer. Dieser plötzliche faunistische Umschwung wird als Folge von postpliozänen Veränderungen der Umweltbedingungen gedeutet, welche generell für den Faunenumbruch im Mittelmeer vermutet werden.

Iago garricki.

leicht sigmoidal gekrümmt. Zudem trägt die Hauptspitze sowohl auf distaler als auch auf mesialer Seite eine konvexe Schneidekante. Der distale Talon ist im Vergleich zu anterioren Zahnpositionen stärker konvex gebogen und deutlich länger.

Die **Symphysenzähne** unterscheiden sich deutlich von anderen Zahnpositionen, da diese Zähne einen symmetrischen Zahntyp aufweisen. Die Zahnkrone besteht aus einer hohen, dreieckigen Hauptspitze, welche von einem Paar relativ breiter Nebenspitzen flankiert wird. Eine gut entwickelte Schneidekante verläuft vom unteren Drittel der Hauptspitze bis über die breiten Nebenspitzen. Die Schneidekante der zentralen Hauptspitze wird dabei lediglich von einer Kerbe von der jeweiligen Nebenspitze getrennt. Die basale Kronenfläche der labialen Seite wird von vielen kurzen, zur Zahnspitze gerichteten Schmelzfalten gesäumt, welche sich manchmal zur Zahnbasis hin gabeln. Die Wurzel ist ähnlich jener von anterolateralen Kieferpositionen.

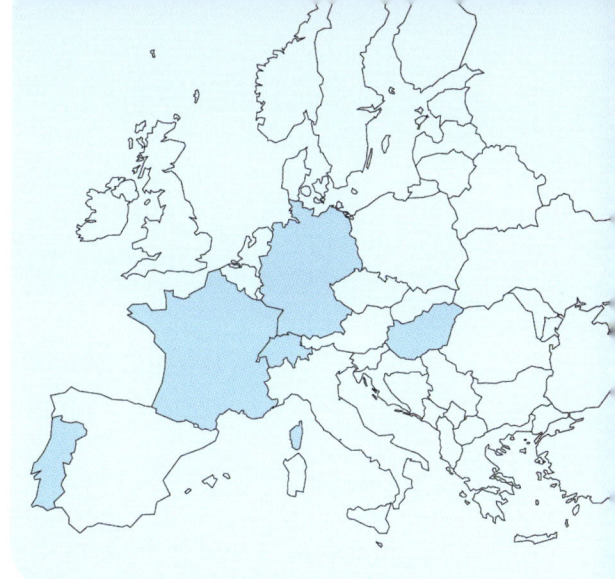

Höhe ≤ 2 mm
Breite ≤ 3 mm

Systematik
Carcharhiniformes – Triakidae

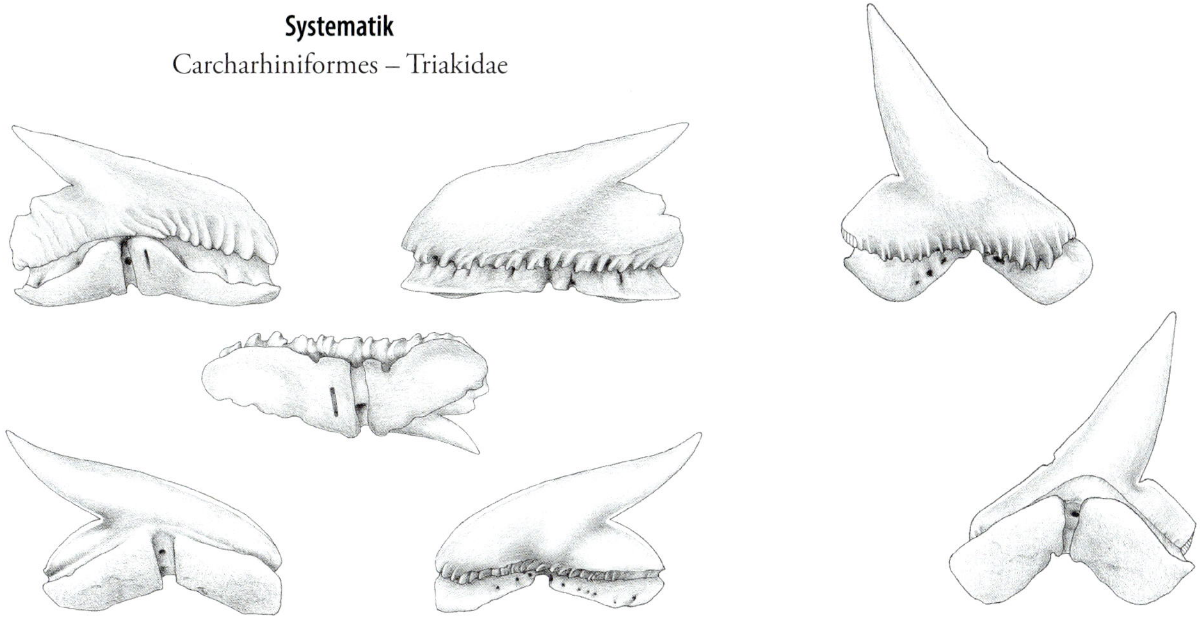

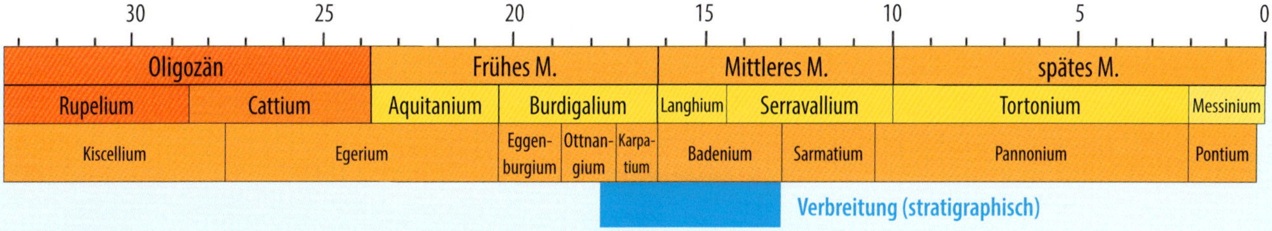

Orectolobiformes
Ammen- oder Teppichhaiartige

Oben: Australischer Schwellhai (Cephaloscyllium laticeps). Unten: Atlantische Ammenhai (Ginglymostoma cirratum).

Zu dieser Ordnung gehören heute 45 Arten, die sich auf sieben Familien – Brachaeluridae (Blindhaie), Ginglymostomatidae (Ammenhaie), Hemiscylliidae (Bambushaie), Orectolobidae (Teppichhaie), Parascylliidae (Kragenteppichhaie), Rhincodontidae (Walhaie), Stegostomatidae (Zebrahaie) – und 13 Gattungen verteilen.

Diese Haie bewohnen vielfältige Lebensräume, wie zum Beispiel flache Buchten, Fels- und Korallenriffe, Flussmündungen und Sandstrände, den Bereich der Kontinentalschelfe bis zu den äußeren Schelfen und die pelagischen Gebiete. Dabei besiedeln sie meist die

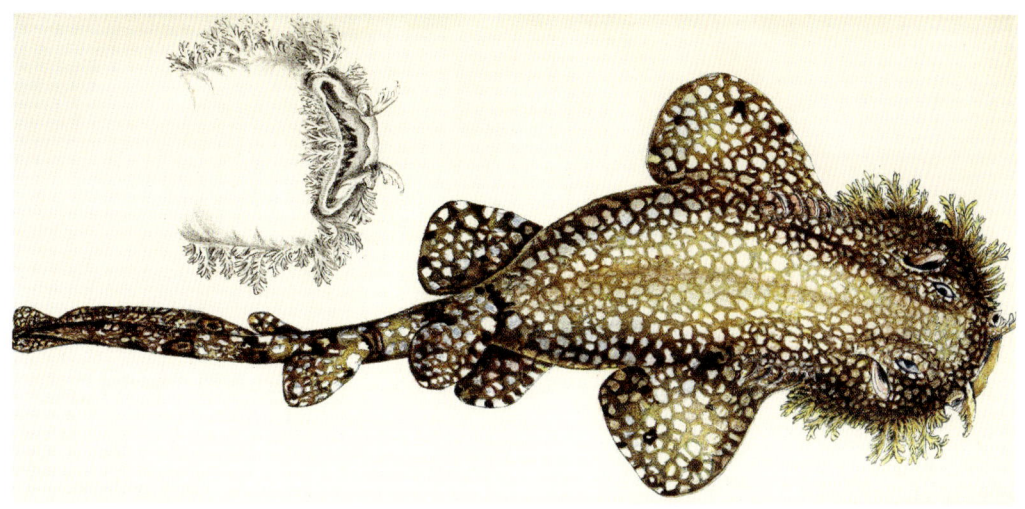

Fransenteppichhai (Eucrossorhinus dasypogon).

Flachwasserbereiche; im offenen Meer sind sie nahe der Oberfläche nur in wenigen Fällen in Tiefen zwischen 200 und 435 Metern zu finden.

Die meisten Arten kommen in tropischen Meeren vor und sind im westlichen Pazifik am artenreichsten. Der Walhai ist als größter Hai dieser Gruppe und größter Fisch überhaupt weltweit verbreitet. Einige große Teppichhaie zeichnen sich durch weite Verbreitungsgebiete im Atlantik und östlichen Pazifik (*Ginglymostoma*) oder im Indo-West-Pazifik (*Nebrius* und *Stegostoma*) aus. Die meisten Teppichhaie haben jedoch ein sehr begrenztes Verbreitungsgebiet im Indo-West-Pazifik, wobei mehrere Arten auf Australien, Neuguinea oder Taiwan beschränkt sind. Tiere, die in solch eng begrenzten Gebieten vorkommen, nennt man in der Biologie Endemiten oder endemische Tiere.

Endemismus ist nichts Ungewöhnliches und endemische Lebewesen findet man auf jedem Erdteil, in jedem Ozean, ja oft schon in jedem in sich abgeschlossenen Lebensraum. In Österreich kommen zum Beispiel ca. 166 endemische Pflanzen und rund 575 endemische Tierarten vor. Die mit Abstand meisten Endemiten findet man hierbei unter den Schnecken, Spinnentieren oder Insekten (rund 500 Arten), die wenigsten unter den Säugetieren, nämlich nur eine einzige Art – die „Bayerische Kurzohrmaus".

Doch zurück zu den Ammenhai- oder Teppichhaiartigen. Ihr sicherlich ungewöhnlicher Name rührt von den zahlreichen Arten dieser Gruppe her, die aufgrund ihrer Zeichnung kunstvoll gemusterten Teppichen ähneln. Außerdem verfügen einige Arten im Kopfbereich über zahlreiche Barteln, die Teppichfransen sehr ähnlich sind.

An äußerlichen Merkmalen haben alle Haie dieser Ordnung zwei stachellose Rückenflossen, eine Afterflosse und fünf relativ kleine Kiemenspalten, von welchen die letzten zwei bis vier hinter dem Brustflossenansatz liegen. Die Nasenöffnungen sind oft mit Barteln versehen und stehen mit Nasalgruben in Verbindung.

Ammen- oder Teppichhaiartige: Wo sind sie geblieben?

Fossil ist diese Gruppe bereits seit dem frühen Jura (vor ca. 200 Millionen Jahren) bekannt und war zeitweise eine der artenreichsten Gruppen. Noch in Kreideablagerungen Nordeuropas oder Nordamerikas sind Zähne verschiedener Familien dieser Ordnung regelmäßig zu finden. An dem Beispiel der fossilen Art *Parasquatina zitteli*, die in den jüngsten Kreideschichten Oberbayerns und Salzburgs zu einer der dominantesten Arten gehörte und die in den nur unwesentlich jüngeren Schichten des Paläozäns oder Eozäns dieses Raumes bereits nicht mehr nachweisbar ist, wollen wir versuchen, folgende Fragen zu klären: Warum ist die Art offensichtlich ausgestorben? Was ist im zeitlichen Umfeld passiert? Haben andere Arten dieser Haigruppe das gleiche Schicksal erlitten? Und woher kommen die heute noch lebenden Vertreter der Ammenhaie?

Um für diese Fragen mögliche Antworten zu erhalten, müssen wir uns in einem ersten Schritt mit der Verbreitung sowie der Lebensweise der heute noch lebenden Ammenhaiartigen auseinandersetzen und uns dann der Verbreitung während der Oberkreide bzw. des Paleogens (Paläozän, Oligozän) und Neogens (Miozän, Pliozän) zuwenden.

Fast alle Ammenhaiartigen sind als typische bodenbewohnende und reviertreue Haie überwiegend in tropischen, küstennahen und flachen Bereichen des Indopazifiks anzutreffen. Sie sind in der Regel eher passive Räuber, die gut getarnt nach naher vorbeischwimmender Beute schnappen und selten aktiv Jagd machen. Das heutige Verbreitungsgebiet dieser Haie ist geradezu ideal für die Entwicklung und Entstehung neuer Arten. Neben den optimalen klimatischen Verhältnissen, wie der Wassertemperatur, wird das Verbreitungsgebiet durch ausgedehnte Flachwasserbereiche mit einer Wassertiefe von bis zu 130 Metern geprägt. Dies trifft insbesondere auf den Meeresbereich zwischen Java, Sumatra, Thailand und Borneo (Sunda) bzw. Australien und Neuguinea (Sahul) zu. Nahezu alle rezenten Arten sind auf dieses Gebiet beschränkt, lediglich der Walhai sowie die vier Arten der beiden Familien Ginglymostomatidae und Stegostomatidae kommen auch außerhalb dieser Meeresbereiche vor.

Dieser Lebensraum wird darüber hinaus von einer Vielzahl von Tiefwassergräben, wie zum Beispiel vom Philippinengraben (10 540 Meter), Java- oder Sundagraben (7 450 Meter) oder

Links: Parasquatina zitteli, ein Ammenhaiartiger aus den Kreideablagerungen Oberbayerns. Rechts: Indopazifik.

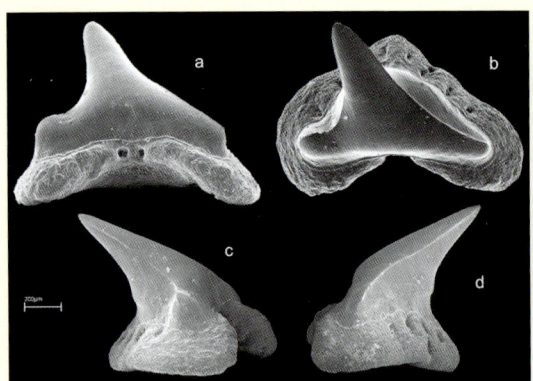

	geologisches Zeitalter	Anzahl der fossil nachgewiesenen Gattungen
Känozoikum	Quartär	13
	Pliozän	2
	Miozän	3
	Oligozän	2
	Eozän	16
	Paläozän	13
Mesozoikum	Oberkreide	23
	Unterkreide	13
	Oberjura	4
	Mitteljura	7
	Unterjura	3

Diversitätsentwicklung Ammenhaiartiger (Ordnung Orectolobiformes) anhand der nachgewiesenen Gattungen.

Bandagraben (7 440 Meter), durchzogen und regelrecht eingekesselt. Diese Gräben stellen für die flachwasserbewohnenden Ammenhaie natürliche geographische Barrieren dar, die einen genetischen Austausch mit benachbarten Populationen bzw. die räumliche Ausbreitung stark einschränken, wenn nicht sogar unmöglich machen.

Betrachtet man die räumliche Verteilung der Fossilnachweise der Ammenhaiartigen, kann man feststellen, dass in den Kreideablagerungen Amerikas bzw. Europas annähernd gleich viele Gattungen bekannt sind. Eine Auswertung von mehr als 800 wissenschaftlichen Arbeiten über Haie bzw. Rochen aus der Kreide und dem Paläogen (Paläozän, Oligozän) zeigt, dass in Amerika die Zahl der bekannten Gattungen von 18 während der Kreidezeit auf nur mehr 6 während des Paläogens zurückgegangen ist. Vergleicht man diesen Befund mit Funden aus europäischen Sedimenten gleichen Alters, so stellt man fest, dass hier der Rückgang wesentlich geringer ausfällt. So finden sich in Kreideablagerungen Zähne von 16 verschiedenen Gattungen und in paläogenen Ablagerungen immerhin noch von 14 Gattungen. Verfolgt man nun den doch dramatischen Rückgang der „atlantischen" Gattungen aus den Ablagerungen Amerikas weiter, so bleibt festzustellen, dass im Neogen (Miozän, Pliozän) nur mehr drei Gattungen gefunden wurden. Diese drei Gattungen umfassen die zwei heute noch im Atlantik vorkommenden Gattungen *Rhincodon* und *Ginglymostoma* sowie die in diesem Bereich mittlerweile nicht mehr vorkommende Gattung *Nebrius*.

Um die möglichen Ursachen dieses räumlich ungleichen Rückgangs zwischen der Kreide und dem Paläogen herauszufinden, sollte zunächst ein Blick auf die Land-Meer-Verteilung zum Ende der Kreidezeit geworfen werden. Wie man deutlich erkennen kann, ist zu dieser Zeit der amerikanische Kontinent bereits weit vom heutigen Europa abgedriftet und durch den neu entstandenen Atlantik getrennt.

*Walhai
(Rhincodon typus).*

Durch die zunehmende Entfernung der beiden Kontinente voneinander und die damit verbundene Vergrößerung und Vertiefung des Atlantischen Beckens wurden die Populationen Amerikas bzw. jene des „europäischen Raums" zunehmend voneinander getrennt. Genau in diesen Zeitraum kam es zu einem großen Massensterben, das durch den Einschlag eines riesigen Meteoriten ausgelöst wurde.

Der Einschlagskrater (Chicxulub-Krater) befindet sich im Norden der Halbinsel Yucatán in Mittelamerika (Mexiko). Eine Folge dieses katastrophalen Ereignisses war, dass im Umkreis von mehreren hundert Kilometern um die Einschlagszone fast alle Lebewesen durch die entstandene Hitze, Schockwelle sowie im Zuge der nachfolgenden Tsunamis ausgelöscht wurden. Unstrittig ist, dass die Gebiete direkt um den Einschlagskrater sowie die Küstenbereiche Nord- bzw. Südamerikas wesentlich stärker betroffen sein mussten als zum Beispiel der durch Afrika und Westeuropa relativ geschützte Meeresbereich der Tethys.

Sowohl der Meteoriteneinschlag als auch der zur gleichen Zeit deutlich zunehmende Vulkanismus – hier muss der riesige, ursprünglich wahrscheinlich rund 1,5 Millionen Quadratkilometer große und von Basaltschichten bedeckte Dekkan-Trapp in Indien genannt werden – haben auch zu einer deutlichen Klimaabkühlung geführt. Während die Auswirkungen im Bereich der Tethys durch Wiederbesiedlung aus östlichen und weniger betroffenen Gebieten möglich war, war eine Zuwanderung über den Atlantik für die Ammenhaie nahezu ausgeschlossen. Der weitere Rückgang an der Paläogen-Neogen-Grenze lässt sich ebenfalls mit einer zu diesem Zeitpunkt stattgefunden Klimaänderung erklären. Zu Beginn des Oligozäns entstanden nämlich erstmals Meeresverbindungen zwischen der Antarktis und den benachbarten Südkontinenten. Dadurch bildete sich eine zirkumpolare Meeresströmung. Als Folge sank die Temperatur weltweit um etwa 5 °C. Dies brachte für die wärmeliebenden Ammenhaiartigen eine weitere Verschlechterung der Lebensbedingungen mit sich.

Zusammenfassend lässt sich also feststellen, dass sich die orectolobiformen Haie nach ihrer Blütephase von den Naturkatastrophen und klimatischen Veränderungen während der Kreidezeit nur eingeschränkt erholen konnten und sich das Verbreitungsgebiet weit nach Osten verschoben hat. Für die Fossilfunde dieser Arten hat dies zur Folge, dass trotz zahl- und artenreicher neogenen Haifischzahn-Fundstellen auf beiden Seiten des Atlantiks (z. B. Molassebecken, norddeutsches Tertiärbecken, Florida, North Carolina und South Carolina) ammenhaiartige Haie hier zu den Raritäten zählen. Erwarten kann man dagegen, dass – insbesondere aus jüngeren Ablagerungen Südostasiens und Australiens – in Zukunft noch eine Reihe von Funden dieser Haie wissenschaftliche Dokumentation erfahren werden.

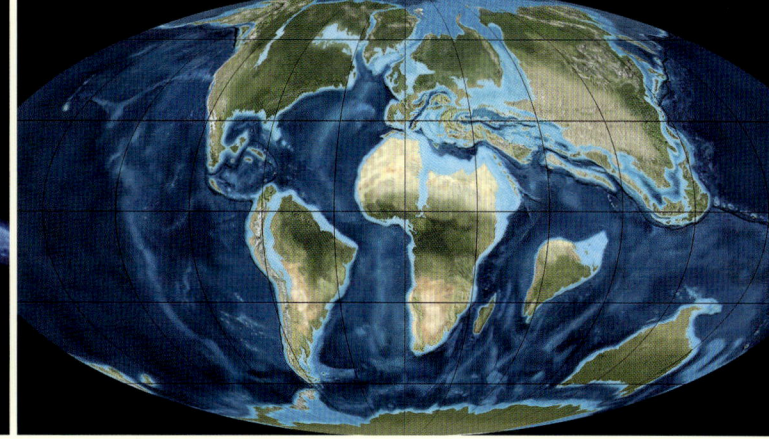

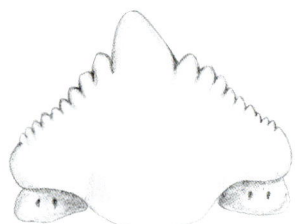

Ginglymostoma delfortriei
Cappetta, 1970

Wesentliche Unterscheidungsmerkmale

- gedrungene, massive Krone
- mesial und distal bis zu 11 Seitenspitzen
- breiter labialer Apron
- flache Wurzel
- großes zentrales Foramen auf der Unterseite

Zähne dieser Art sind aus den miozänen Sedimenten Frankreichs gut bekannt. Von Fundstellen aus Deutschland, der Schweiz oder Österreich sind bisher nur zwei Exemplare in der wissenschaftlichen Literatur dokumentiert. Das hier abgebildete Exemplar ist der dritte Zahn aus den genannten Ländern. Die heutige Art hat im Gegensatz zu der fossilen Art wesentlich weniger – meist nur zwei bis drei Paar – mesiale oder distale Seitenspitzen.

Detailaufnahme der Zahnreihen des Atlantischen Ammenhais (Ginglymostoma cirratum).

Synonyme
Galeus cristatus, Raja grandis

Habitat
Die einzige rezente Art dieser Gattung, der Atlantische Ammenhai (*Ginglymostoma cirratum*) bewohnt vor allem Korallenriffe und Küsten in Bereich von Mangrovenwäldern. Entgegen seinem deutschen Namen ist er auch im Ostpazifik von Mexiko bis Peru heimisch. Die pazifische Population ist seit 2,76 Millionen Jahren – seit der vollständigen Schließung der Landbrücke zwischen Nord- und Südamerika – von der atlantischen Population getrennt.

Beschreibung
Das Gebiss von *Ginglymostoma delfortriei* weist eine gradient monognathe Heterodontie und eine ontogenetische Heterodontie auf, die durch eine verringerte Anzahl der Seitenspitzen gekennzeichnet ist.

Anteriore Zähne haben im Gegensatz zu den Zähnen der hinteren Reihen eine aufrechte Hauptspitze. Zähne **seitlicher Positionen** sind an der leicht nach distal geneigten Spitze erkennbar. Mesial und distal sind zahlreiche, in der Größe kontinuierlich abnehmende Seitenspitzen ausgebildet. Bei den anterioren Zähnen können bis zu 9 Seitenspitzen je Seite entwickelt sein, bei lateralen Zähnen ist ihre Anzahl auf der mesialen Seite größer als distal und kann bis zu 11 betragen. Die labiale Kronenfläche ist recht groß, flach und völlig glatt. Lingual ist die Krone relativ stark konvex gewölbt. Auffallend ist der ausgeprägte, weit nach unten reichende labiale Apron. Die Zähne sind stets breiter als hoch. Die Wurzel ist aus der Basalansicht annähernd dreieckig mit einem ungewöhnlich großen, mittig liegenden Foramen. Labial schließt die Wurzel mit der Kronenfläche ab, lingual ragt die Spitze der dreieckigen Wurzel weit nach vorne. Aufgrund der oftmals hartschaligen Nahrung der Ammenhaie, wie z. B. Seeigel, Krebse oder Langusten, sind die Spitzen der in

Gebrauch befindlichen Zähne oftmals stark abgenutzt. Aus diesem Grund ist auch erklärbar, warum Probst 1877 einen dieser seltenen Zähne als Rochenzahn identifizierte und unter den Namen *Raja grandis* beschrieb.

Systematik
Orectolobiformes – Ginglymostomatidae

Höhe ≤ 6 mm
Breite ≤ 9 mm

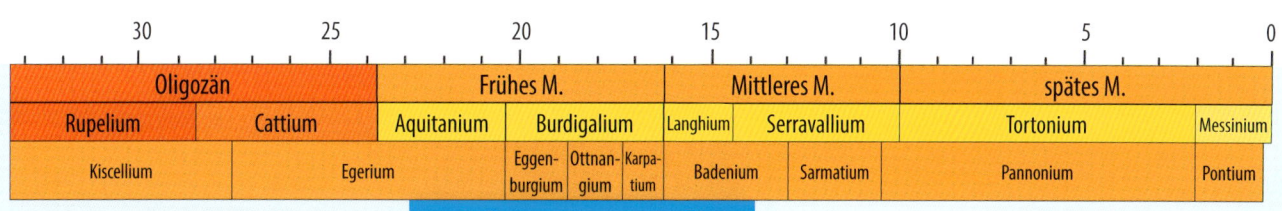

Nanocetorhinus tuberculatus
Underwood & Schlögl, 2013

Wesentliche Unterscheidungsmerkmale

- sehr kleine und schlanke Zähne
- starke Ornamentierung auf labialer Kronenfläche
- charakteristischer Kragen an der Kronenbasis
- keine Nebenspitzen
- zwei- bis vierlobige Wurzel

Synonyme
keine

Habitat
Die Gattung ist ausgestorben. Aufgrund der Vermutung, dass es sich bei dieser Gattung um einen filtrierenden Hai handelt und die Zähne nur in tiefmarinen Sedimenten gefunden werden, wird eine pelagische Lebensweise vermutet.

Beschreibung
Zähne dieser ausgestorbenen Gattung sind besonders klein und erreichen kaum eine Zahnhöhe von 1 Millimeter. Die Zahnkrone ist lanzettförmig und endet an der Basis mit einer leichten Einschnürung,

Aufgrund der besonders auffälligen und stark entwickelten Schmelzornamentierung der labialen Kronenfläche wird vermutet, dass es sich um keine funktionalen Zähne handelt. Riesenhaie, wie zum Beispiel der Walhai *(Rhincodon typus)*, besitzen trotz ihrer Größe sehr kleine Zähne, welche durch ihre filtrierende Ernährungsweise und den damit einhergehenden Funktionsverlust zurückgebildet wurden. Ähnlich wird es für *Nanocetorhinus* vermutet. Die kleinen, stark ornamentierten Zähne könnten zu einem großen, jedoch rein saisonalen Besucher der Paratethys gehören, welcher nur bei besonders nährstoffreichen Strömungen im Molassemeer anzutreffen war.

Walhai (Rhincodon typus).

welche wie ein Kragen zur Wurzel überführt. Im Profil ist die schlanke Hauptspitze leicht sigmoidal geschwungen, kann aber ebenso gerade ausgebildet sein. Die linguale Kronenfläche ist konvex und, bis auf vereinzelte Schmelzstreifungen, glatt. Die labiale Kronenfläche ist hingegen stark ornamentiert. Eine zur Zahnspitze hin deutlich entwickelte Schneidekante franst in Richtung der Zahnbasis aus und erscheint dadurch sehr unregelmäßig. Der charakteristische Kragen markiert den Übergang von der Zahnkrone zur Wurzel. Die Wurzel selbst kann zwischen zwei bis vier Loben ausbilden. Größere Foramina sind kaum vorhanden.

Systematik
Neoselachii incertae sedis

Höhe ≤ 1 mm
Breite ≤ 0,5 mm

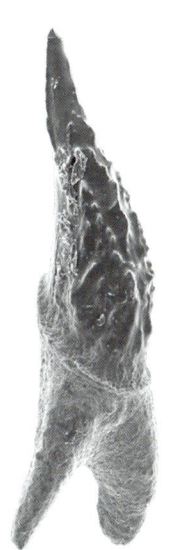  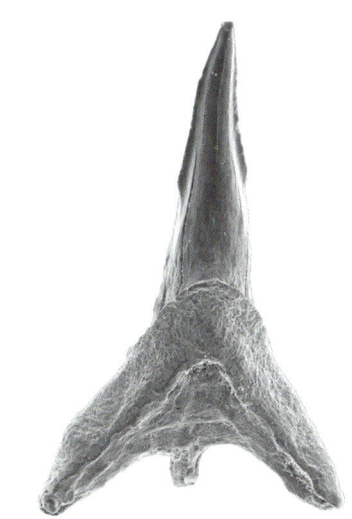

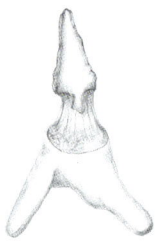

Nanocetorhinus zeitlingeri
Feichtinger, Pollerspöck & Harzhauser, 2020

Wesentliche Unterscheidungsmerkmale

- sehr kleine und schlanke Zähne
- keine Ornamentierung auf labialer Kronenfläche
- charakteristischer Kragen an der Kronenbasis
- keine Nebenspitzen
- zwei- bis vierlobige Wurzel

Diese Art wurde erst kürzlich aus oligozänen Sedimenten in Oberösterreich erstbeschrieben. Die Erforschung und Probennahmen dieser Meeresablagerungen, welche sich ehemals weit über die Böhmische Masse erstreckten, ermöglichte Franz Zeitlinger. Durch sein Engagement und Interesse wurde diese neu entdeckte Art nach ihm benannt und trägt fortan den Namen *N. zeitlingeri*.

Fundlokalität von Nanocetorhinus zeitlingeri in Kriechbaum, Oberösterreich.

Synonyme
keine

Habitat
Die Gattung ist ausgestorben. Aufgrund der Vermutung, dass es sich bei dieser Gattung um einen filtrierenden Hai handelt und die Zähne nur in tiefmarinen Sedimenten gefunden werden, wird eine pelagische Lebensweise vermutet.

Beschreibung
Zähne der Art *Nanocetorhinus zeitlingeri* sind ebenfalls sehr klein, jedoch ist die Krone etwas schlanker wie die der Typusart *Nanocetorhinus tuberculatus*. Die linguale Kronenfläche ist stark konvex und besitzt nur vereinzelte Schmelzstreifen. Die labiale Kronenfläche ist ebenfalls glatt und endet an der Basis mit einer sehr starken Einschnürung, welche in den gattungstypischen Kragen übergeht. Die labiale Kronenfläche nimmt dadurch die Form einer Speerspitze an.

Der Kragen markiert den Übergang zur Wurzel, welche aus mehreren Wurzelloben bestehen kann.

Systematik
Neoselachii incertae sedis
(noch zu keiner Ordnung zuordenbar)

Höhe ≤ 1 mm
Breite ≤ 0,6 mm

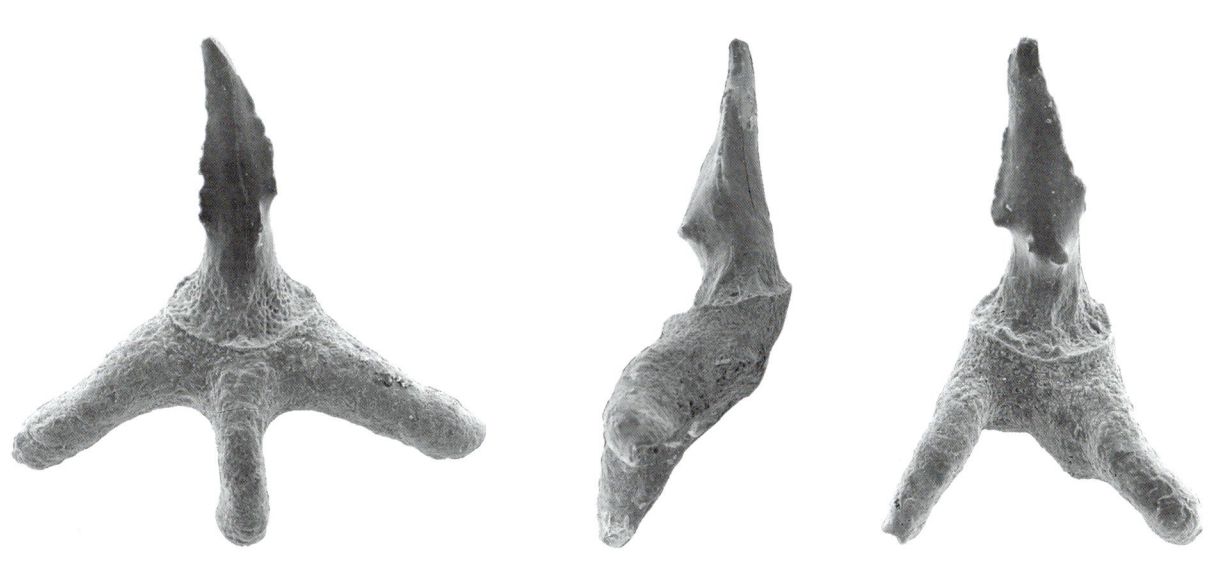

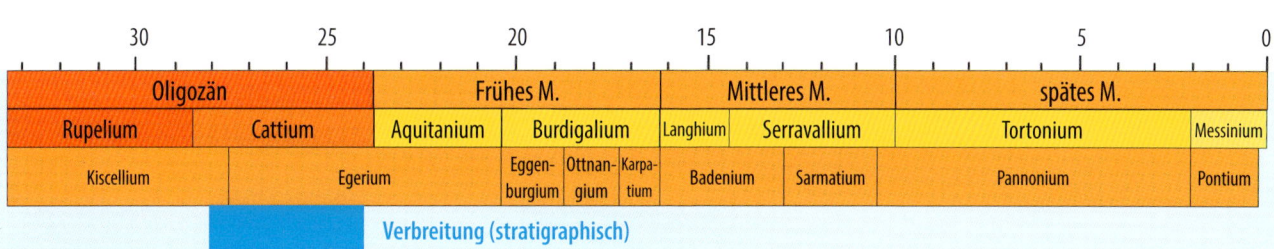

ROCHEN

Myliobatiformes
Stechrochenartige

Rochen werden heute in vier Ordnungen eingeteilt. Die Stechrochenartigen sind mit derzeit 237 Arten nach den Rajiformes die zweitreichste Rochen-Ordnung. Die Arten werden in 11 Familien (Aetobatidae, Dasyatidae, Gymnuridae, Hexatrygonidae, Mobulidae, Myliobatidae, Plesiobatididae, Potamotrygonidae, Rhinopteridae, Urolophidae, Urotrygonidae) und 37 Gattungen eingeteilt.

Sie besiedeln die unterschiedlichsten Lebensräume, sind in allen Weltmeeren vertreten und beinhalten sogar die einzige Familie der Knorpelfische, die ausschließlich im Süßwasser vorkommt. Die Süßwasserstechrochen (Familie Potamotrygonidae) sind nur in südamerikanischen Flüssen vorzufinden, die in den Atlantik oder in die Karibik münden.

Viele der derzeit 39 Arten sind endemisch. Sie haben meist eine sehr auffällige Zeichnung und einen stachelbewehrten Schwanz ohne Flosse. Aufgrund der Tatsache, dass diese Rochen ausschließlich im Süßwasser vorkommen, sind sie bei Aquarianern sehr beliebt und man kann diese Tiere auch oftmals in großen Schauaquarien bewundern.

Eine weitere sehr ungewöhnliche Gruppe dieser Ordnung sind die Teufelsrochen. Wer hat diese gigantischen und majestätischen Rochen nicht schon einmal in einer Naturdokumentation gesehen und war beeindruckt von der Leichtigkeit und Anmut, wie diese bis zu 8 Meter langen und 1 300 Kilogramm schweren Tiere durch das Wasser „fliegen"? Bis vor kurzem wurden die Teufelsrochen (Gattung *Mobula*) und die Mantarochen (ehemals Gattung *Manta*) in getrennte Gattungen gruppiert. Aufgrund von genetischen Untersuchungen wurden diese mittlerweile zusammengefasst und die Mantarochen zur Gattung *Mobula* gestellt. Ebenso wie die größten Haie sind diese großen Rochen Filtrierer und ernähren sich von Zooplankton, Garnelen und kleinen Fischen.

Links: Pfauenaugen-Stechrochen (Potamotrygon motoro). Rechts: Riffmanta (Mobula alfredi).

Erwähnenswert und ein absolutes Unikat unter allen Rochenarten ist der Sechskiemen-Stachelrochen (*Hexatrygon bickelli*). Diese monotypische Art ist der einzige Rochen, der sechs Kiemenspalten besitzt, alle anderen haben dagegen nur fünf. Auffallend ist das sehr lange Rostrum, das dem Rochen ein ungewöhnliches Aussehen verleiht.

Die Geburtsstunde von Haien und Rochen

Wie bringen Knorpelfische eigentlich ihre Jungen zur Welt? Bei Haien und Rochen haben sich im Laufe Ihrer Entwicklung mehrere unterschiedliche Fortpflanzungssysteme entwickelt. Grundsätzlich werden im Tierreich zwei Typen unterschieden: die lebendgebärenden (vivipar) und die eierlegenden Arten (ovipar).

Oviparität kommt bei den Knorpelfischen nur in den folgenden Ordnungen vor: bei einigen Familien der Grundhaie (Carcharhiniformes), bei allen Stierkopfhaien (Heterodontiformes), bei etwa der Hälfte der Teppichhaiartigen (Orectolobiformes) und bei der Rochenordnung Rajiformes. Ihre Eier sind sehr unterschiedlich und können in vielen Fällen anhand ihres äußeren Erscheinungsbildes einer Art oder zumindest einer Gattung zugeordnet werden. Das Aussehen reicht hierbei von den länglichen Eikapseln der Katzenhaie (den sogenannten Seemäusen oder Mermaid's Purses) über die rechteckigen Eikapseln der Rochen bis hin zu den schraubenartigen Kapseln der Stierkopfhaie.

Während viele Rochen ihre Eier meist nur am Meeresboden ablegen, dienen die langen Fäden der Eier der Katzenhaie dazu, dass sich die Eier an Unterwasserpflanzen oder Seetang verfangen. Die Entwicklungsdauer beträgt meist mehrere Monate, in dieser Zeit ernährt sich der Embryo ausschließlich von den im Ei befindlichen Nährstoffen. Da die Eihüllen durchscheinend sind, kann man die verschiedenen Entwicklungsstadien der Embryonen gut beobachten.

Links: Stierkopfhai (Heterodontus) mit Eikapsel.
Rechts: Eikapsel eines Katzenhais mit Embryo.

Rochen-Eikapsel.

Ein schönes Beispiel für die Einzigartigkeit und Verschiedenheit der Knorpelfischeier ist die erst im Jahr 2021 wiederentdeckte Art des Dunkelmaul-Rochen, *Raja arctowskii*, aus antarktischen Gewässern. Diese Art wurde 1904 von Louis Dollo, der als Kurator im belgischen Museum für Naturwissenschaften tätig war, anhand von drei kleinen leeren Eikapseln beschrieben. Anhand der Originalabbildung erhält man einen schönen Eindruck über die verschiedenen Formen der Knorpelfischeier. Erst als im Rahmen von deutschen Forschungsreisen in die Antarktis in den 1970er-Jahren ein trächtiges Weibchen gefangen wurde, konnten die bis dahin nur anhand der Eier beschriebene Art einem Rochen zugeordnet werden.

Viviparie oder Lebendgeburt ist jedoch die vorherrschende Fortpflanzungsstrategie bei den Knorpelfischen. Diese Form der Brutpflege, bei der meist nur relativ wenige Jungtiere geboren werden, hat jedoch den entscheidenden Vorteil, dass sich die Jungtiere im Mutterleib geschützt vollständig entwickeln können. Die für die Entwicklung im Mutterleib erforderliche Energie oder Nährstoffe können auf zwei verschiedene Arten den Embryos zur Verfügung gestellt werden. Entweder ernährt sich der Embryo – wie bei den eierlegenden Arten – nur vom im Ei enthaltenen Dotter (lecithotrophe Viviparie), oder das Muttertier stellt den Embryonen, nachdem der Dotter aufgezehrt worden ist, zusätzlich Nahrung zur Verfügung (matrotrophe Viviparie).
Diese Form der zusätzlichen Ernährung wurde bereits vom griechischen Philosophen Aristoteles (384–322 v. Chr.) beschrieben. Seine anatomischen Studien an zahlreichen Meerestieren brachten unter anderem die Entdeckung des plazentaähnlichen Dottersacks des Grauen Glatthais (*Mustelus mustelus*) zu Tage. Bei dieser hochspezialisierten Ernährungsvariante, die nur bei relativ wenigen Arten vorkommt, verbrauchen die Embryos zunächst alle Nährstoffe, die sich innerhalb des Eies befinden. Anschließend verbindet sich die sehr dünne Eihülle mit der Dottersackplazenta und das Muttertier kann auf diese Weise die Embryonen weiterhin mit allen erforderlichen Nährstoffen versorgen. Eine sehr frühe Darstellung, die möglicherweise auf die Beschreibung von Aristoteles zurückgeht, findet sich in dem 1554 erschienenen

Buch *Libri de piscibus marinis, in quibus verae piscium effigies expressae sunt* des französische Forschers Guillaume Rondelet. Er stellt hier einen Hai (Galeo) dar, der mit einer Nabelschnur mit dem Muttertier verbunden ist.

Eine weitere ungewöhnliche und brutal anmutende Ernährungsform der Embryonen ist bei einigen Makrelenhaien, wie zum Beispiel dem Heringshai (*Lamna nasus*) oder dem Sandtigerhai (*Carcharias taurus*), typisch. Bei diesen Arten kommt es bereits im Mutterleib zu Kannibalismus unter dem Nachwuchs! So ist etwa beim Heringshai das Fressen von weiteren befruchteten Eiern durch die bereits am weitesten entwickelten Embryonen nachgewiesen. Bei den Sandtigerhaien werden sogar bereits geschlüpfte Jungtiere von ihren weiter entwickelten Jungtieren gefressen. Die Muttertiere, die über zwei Gebärmuttersäcke verfügen, produzieren bis zu 25 Eizellen, die auch befruchtet werden. Die Jungtiere schlüpfen bereits in einem sehr frühen Stadium, ernähren sich, nachdem der Dotter aufgebraucht wurde, zunächst von den weiteren Eiern und anschließend setzt sich das stärkste Jungtier durch. Letztendlich kommen nur zwei Junge zur Welt, die nach einer Tragezeit von acht bis zwölf Monaten mit einer Länge von rund einem Meter geboren werden.

Links: Guillaume Rondelets Abbildung von 1554 der Viviparie oder Lebendgeburt bei einem Hai, die wahrscheinlich auf die Beschreibung von Aristoteles zurückgeht. Rechts: Abbildung von verschiedenen Knorpelfischeiern aus Luis Dollos Werk „Poissons" von 1904.

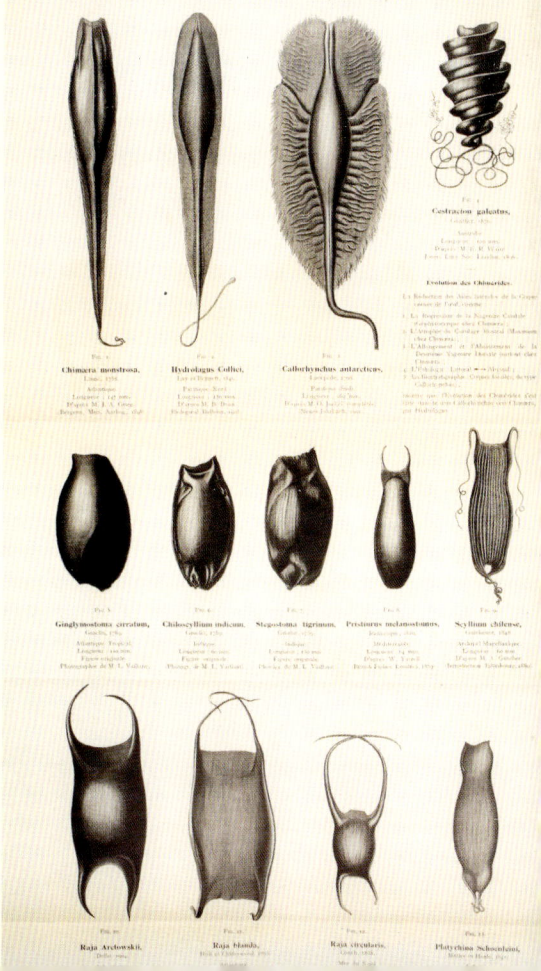

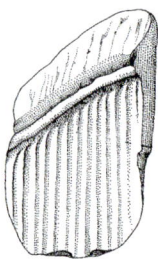

Aetobatus arcuatus
(Agassiz, 1843)

Wesentliche Unterscheidungsmerkmale

- Zahnleisten mit relativ glatter Kaufläche
- Wurzel enthält markante, parallele Rillen
- Zahnleisten des Oberkiefers gerade
- Zahnleisten des Unterkiefers v-förmig

Synonyme
Goniobatis omaliusi, Aetobatis arcuatus baripadensis, Aetobatis biochei, Aetobatis profundus, Aetobates omaliusi latidens, Aetobates omaliusi curtidens

Habitat
Adlerrochen der Gattung *Aetobatus* haben eine pelagische Lebensweise und kommen in allen tropischen Gewässern, meist küstennah vor.

Beschreibung
Die Zähne sind bei dieser Gattung als Kauplatten entwickelt. Die Kauplatten bestehen im Gegensatz zu den anderen Rochengattungen jeweils nur aus einer Kauleiste (Zahn) pro Reihe. Die Kauplatte des **Unterkiefers** enthält dabei deutlich mehr Zahnleisten als die des Oberkiefers und die einzelnen Leisten weisen eine v-förmige Krümmung auf. Eine Zahnleiste ist in etwa 5 Millimeter breit, occlusal schwach gewölbt und stark nach lingual gebogen, um lückenlos wie ein Stecksystem ineinander zu passen. Die Zahnkrone trägt auf der Kaufläche eine stumpfe Schmelzlage und fällt beidseitig fast rechtwinklig ab. Lingual durchzieht ein schmaler, vorspringender Sims die ganze mesio-distale Breite des Zahnes. Er bildet eine deutliche Grenze zur außerordentlich weit nach lingual vorspringenden Wurzel. Die Wurzel wird von unzähligen, vertikal angeordneten Leisten und Rillen durchzogen. Am oberen Rand der Wurzel wird die schmale Grube von unterschiedlich großen Foramina durchbrochen. Im **Oberkiefer** sind die einzelnen Kauleisten gerade, etwas schmäler als im Unterkiefer und an den beiden äußeren Enden nach lingual etwas gebogen.

Derzeit sind fünf rezente Arten der Gattung *Aetobatus* bekannt. Der größte Vertreter dieser Gattung, *Aetobatus ocellatus* (Kuhl, 1823), erreicht eine „Flügelspannweite" von bis zu 3 Metern. Daher zählen diese Giganten, welche schon einmal gut 300 Kilogramm auf die Waage bringen können, nicht gerade zu den Fliegengewichten unter den Rochen. Umso erstaunlicher ist daher ihre elegante Schwimmweise, die sie in der Wassersäule regelrecht schweben lässt.

Systematik
Myliobatiformes – Aetobatidae

Gefleckter Adlerrochen (Aetobatus narinari).

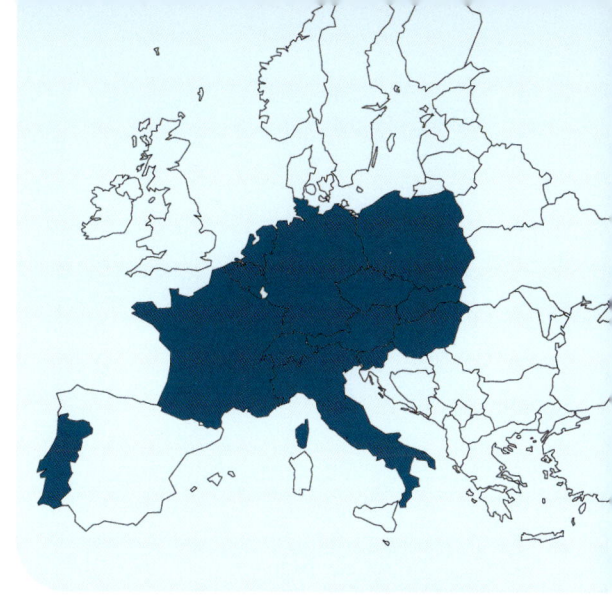

Höhe ≤ 13 mm
Breite ≤ 50 mm

30		25		20		15		10		5		0
Oligozän				Frühes M.		Mittleres M.				spätes M.		
Rupelium		Cattium		Aquitanium	Burdigalium	Langhium	Serravallium		Tortonium			Messinium
Kiscellium		Egerium		Eggen-burgium	Ottnan-gium	Karpa-tium	Badenium	Sarmatium	Pannonium			Pontium

Verbreitung (stratigraphisch)

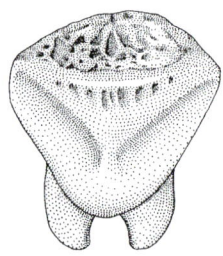

Dasyatis rugosa
(Probst, 1877)

Wesentliche Unterscheidungsmerkmale

- labiale Kronenfläche stark ornamentiert
- rautenförmige Kronenfläche
- zweilobige Wurzel
- markanter Sexualdimorphismus

Wie der Name der Ordnung schon vermuten lässt, besitzen die meisten Stechrochen einen oder mehrere lange Schwanzstacheln. Diese meist mit Widerhaken besetzten Giftstacheln können empfindliche Verletzungen hervorrufen. Dadurch, dass viele dieser Arten in Strandnähe leben, machen auch jährlich zahlreiche Badende die unangenehme Bekanntschaft mit diesen Tieren. Auch in Gebissen von Haien hat man schon des Öfteren diese Stacheln gefunden.

Synonyme
Raja praeclavata

Habitat
Die Stechrochen der Gattung *Dasyatis* leben küstennah auf dem Meeresboden – meist in Flachwasserbereichen bis zu 30 Meter tief – und kommen an der Atlantikküste Südamerikas, Afrikas, Europas, im Mittelmeer und an der Pazifikküste Südafrikas vor.

Beschreibung
Das Gebiss von *Dasyatis rugosa* ist gekennzeichnet durch eine ausgeprägte gynandrische Heterodontie, die sich in niederen Zahnkronen bei den weiblichen Tieren und in hohen, spitzen Zahnkronen bei den Männchen äußert.

Bereits Probst hat in seiner Beschreibung 1877 festgestellt, dass es sich bei dieser Art um die häufigste Rochenart der (schwäbischen) Molasse handelt. Diese weit verbreitete und größte aller Stechrochenarten ist gekennzeichnet durch die starke Ornamentierung der labialen Kronenfläche. Diese Ornamentierung besteht aus zahlreichen tiefen Gruben und kantigen Schmelzleisten, die die ganze

Flossenstachel eines Stechrochens.

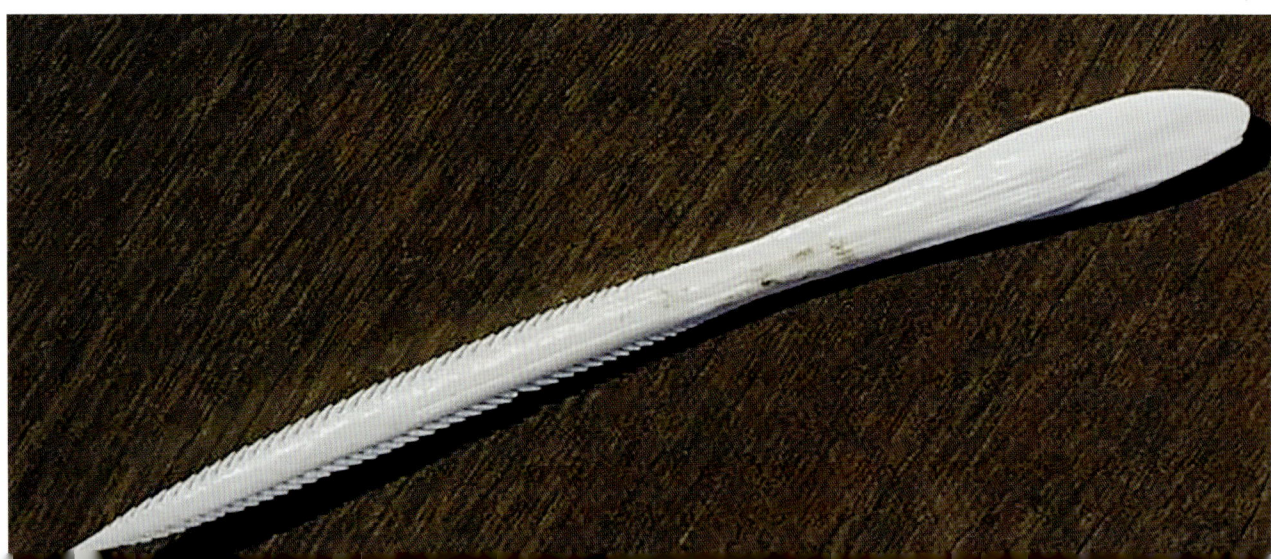

– leicht bis mäßig kugelig aufgewölbte – Kronenfläche bedecken. Im Gegensatz dazu sind die lingualen Kronenflächen glatt und werden durch einen vertikalen Grat in zwei Hälften geteilt. Die Unterseite der Krone wird durch einen breiten Schmelzrand eingefasst, der sich deutlich von der Wurzel absetzt. Die zweilobige Wurzel wird durch eine deutliche Nährfurche getrennt. Im Zentrum der Zähne befinden sich meist zwei Foramina. Die Zähne der männlichen Tiere haben eine hochgezogene schmale, nach lingual gebogene Krone. Die Struktur der labialen Kronenfläche und die Wurzel entspricht den Zähnen der weiblichen Tiere.

Systematik
Myliobatiformes – Dasyatidae

Höhe ≤ 3 mm
Breite ≤ 4 mm

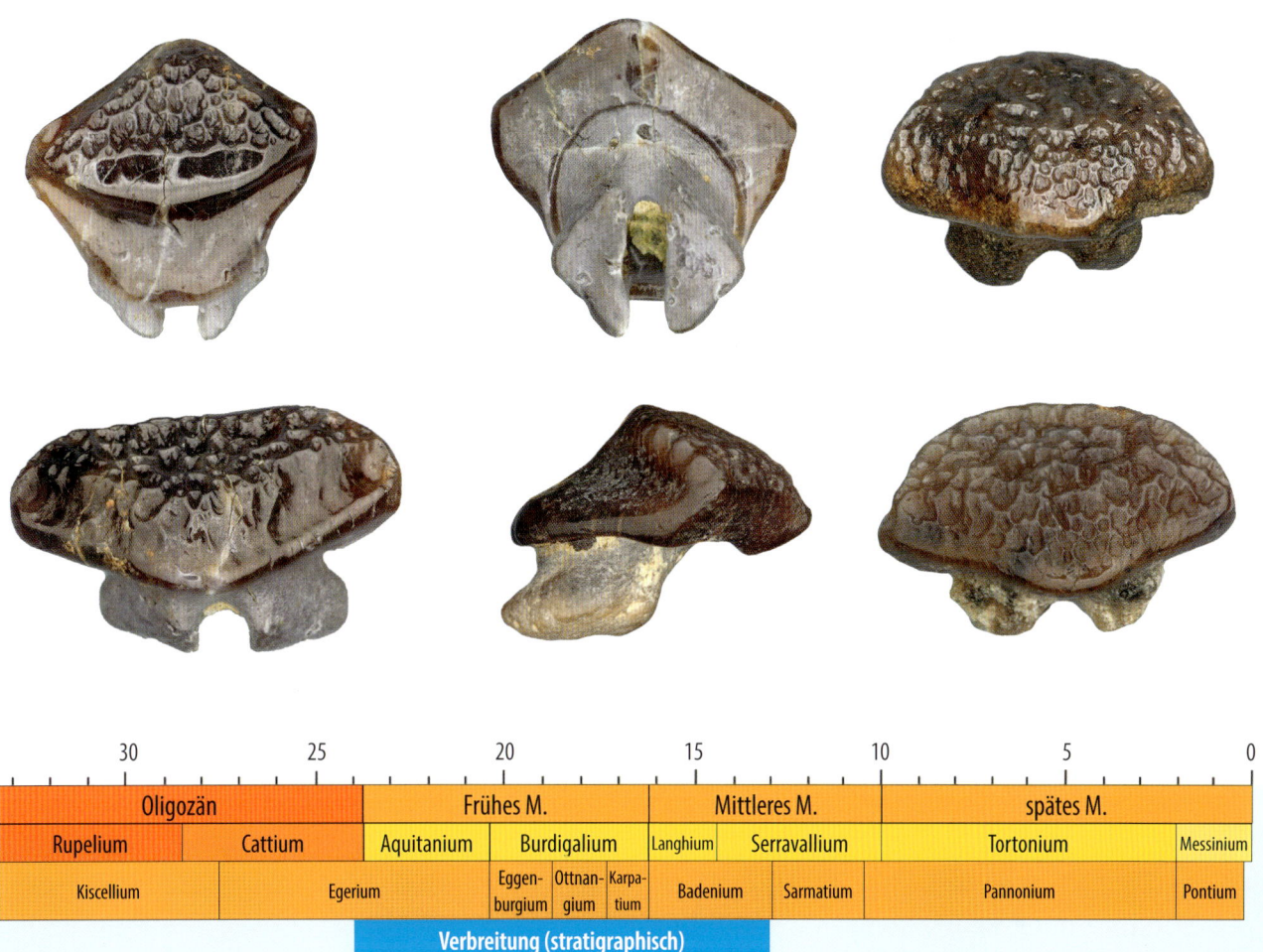

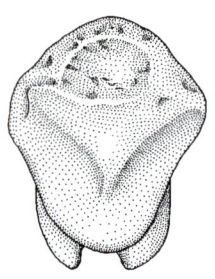

Dasyatis probsti
Cappetta, 1970

Wesentliche Unterscheidungsmerkmale

- labiale Kronenfläche mäßig ornamentiert
- runde, tiefe Depressionsfläche in der labialen Kronenfläche
- rund-ovale Kronenfläche
- zweilobige Wurzel
- markanter Sexualdimorphismus

Synonyme
keine

Habitat
Die Stechrochen der Gattung *Dasyatis* leben küstennah auf dem Meeresboden – meist in Flachwasserbereichen bis zu 30 Meter tief – und kommen an der Atlantikküste Südamerikas, Afrikas, Europas, im Mittelmeer und an der Pazifikküste Südafrikas vor.

Beschreibung
Das Gebiss von *Dasyatis probsti* ist gekennzeichnet durch eine ausgeprägte gynandrische Heterodontie, die sich in niederen Zahnkronen bei den weiblichen Tieren und in hohen, spitzen Zahnkronen bei den Männchen äußert.

Diese etwas kleinere *Dasyatis*-Art ist aufgrund der markanten, meist rund-ovalen Depressionsfläche, die sich auf der labialen Kronenfläche befindet, eindeutig von der Art *Dasyatis rugosa* zu unterscheiden. Lediglich die Zähne der Stechrochenart *Taeniurops cavernosa* haben ebenfalls eine Depressionsfläche auf der labialen Kronenfläche. Obwohl Probst diese Art nicht erkannte – vermutlich fasste er die Arten *cavernosa* und *probsti* zusammen –, ist es unzweifelhaft, dass es sich um zwei getrennte Arten handelt. Der Bereich der Depressionsfläche kann glatt oder mit einigen Falten bedeckt sein. Die restliche Fläche ist immer von Falten und Gruben bedeckt, die sich über den Transversalgrat ziehen. Die lingualen Kronenflächen sind ansonsten glatt. Auf der Unterseite der Krone zieht sich der Zahnschmelz labial als breites Band bis zu den lateralen Ecken. Lingual verjüngt sich dieses Schmelzband. Die zweilobige, deutlich schlankere Wurzel wird durch eine tiefe Nährfurche getrennt. Im Zentrum der Zähne befindet sich ein Foramen, manchmal sind es zwei Foramina.

Die Zähne der männlichen Tiere haben eine hochgezogene, aufgerichtete und nach lingual gebogene Krone. Die Struktur der labialen Kronenfläche und die Wurzel entspricht den Zähnen von weiblichen

Rochen der Gattung *Dasyatis* besitzen normalerweise weder Dermaldentikel, noch die zum Teil bei anderen Rochen (meist Arten der Ordnung Rajiformes) verbreiteten großen Dornen, die sich meist in einer Reihe vom Zentrum des Körpers bis hin zum Schwanz ziehen. Fossil werden oftmals derartige große Dentikel gefunden. Auch Probst hat in seiner Arbeit mehrere solcher Dornen abgebildet.

Sternrochen (Amblyraja radiata).

Tieren. Die labiale Kronenfläche wird ebenfalls von einer tiefen und breiten Depressionsfläche dominiert, die sich von der Spitze bis annähernd zur Basis erstreckt.

Systematik
Myliobatiformes – Dasyatidae

Höhe ≤ 3 mm
Breite ≤ 3 mm

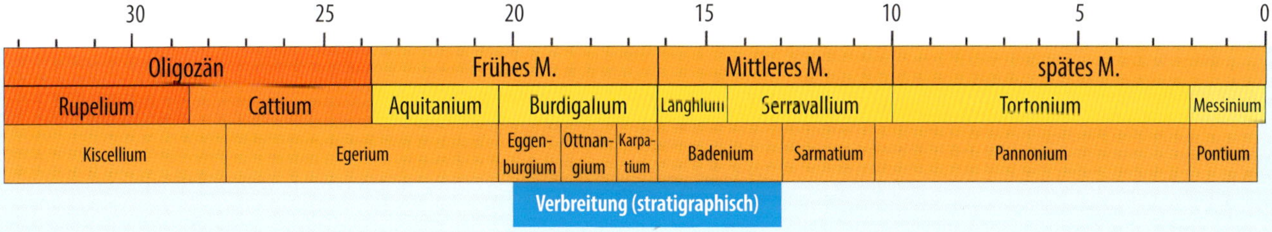

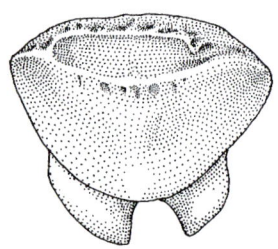

Taeniurops cavernosa
(Probst, 1877)

Wesentliche Unterscheidungsmerkmale

- labiale Kronenfläche mäßig ornamentiert
- breite, ovale, tiefe Depressionsfläche ohne Ornamentierung
- zweilobige Wurzel
- markanter Sexualdimorphismus

Synonyme
keine

Habitat
Die beiden rezenten Vertreter der Gattung *Taeniurops* bewohnen sandige, meist flache und küstennahe Lebensräume der europäischen und afrikanischen Atlantikküste, des Mittelmeeres, Roten Meeres und des Indo-West-Pazifiks.

Beschreibung
Wie bei der Gattung *Dasyatis* tritt auch bei dieser Gattung ein ausgeprägter Sexualdimorphismus auf. Zähne männlicher Tiere besitzen eine hohe aufgerichtete Krone, Zähne von weiblichen Tieren haben niedrige und flache Kronen.

Die Zähne dieser Art lassen sich ebenfalls am besten anhand der Merkmale der labialen Kronenfläche bestimmen. Wie bei *Dasyatis probsti* weist diese Kronenfläche eine charakteristische Depressionsfläche auf. Diese sich direkt an den markanten und oft bogig ausgebildeten Transversalgrat anschließende ovale Eindellung zieht sich meist über die ganze Breite des Zahnes. Der Zahnschmelz am Grund dieser Eindellung ist normalerweise glatt und ohne erkennbare Ornamentierung. Am labialen Rand dieser Depression beginnt eine kräftige Ornamentierung, die aus tiefen Gruben und scharfen Schmelzkanten besteht. Diese Musterung bedeckt den Großteil der restlichen Kaufläche. Die linguale Kronenfläche ist glatt und ohne deutlichen zentralen, vertikalen Grat. Auf der Unterseite der Krone zieht sich der Zahnschmelz labial als breites Band bis über die lateralen Ecken hinaus, um sich dann kontinuierlich zu verjüngen. Die zweilobige Wurzel wird durch eine tiefe Nährfurche getrennt. Im Zentrum der Zähne befinden sich zwei, manchmal bis zu vier Foramina.

Die Zähne der männlichen Tiere haben eine hochgezogene, aufgerichtete Krone. Die Struktur der labialen Kronenfläche und die

Die Art wurde früher ebenfalls zur Gattung *Dasyatis* gestellt. Aufgrund von detaillierten Vergleichen mit den Zähnen der Gattung *Taeniurops* kam man jedoch 1999 zu dem Ergebnis, dass diese Gattung zutreffend ist. Anzumerken ist noch, dass erst 2016 die ganze Familie einer umfassenden Revision unterzogen worden ist und zahlreiche Arten, die vormals zu *Dasyatis* gestellt wurden, in neu errichteten Gattungen Platzierung fanden. Die sehr artenreiche Familie Dasyatidae umfasst heute alleine 99 verschiedene Arten.

Stechrochen (Dasyatis).

Wurzel entsprechen jener der Zähne von weiblichen Tieren. Die labiale Kronenfläche wird ebenfalls von einer glatten Depressionsfläche dominiert.

Systematik
Myliobatiformes – Dasyatidae

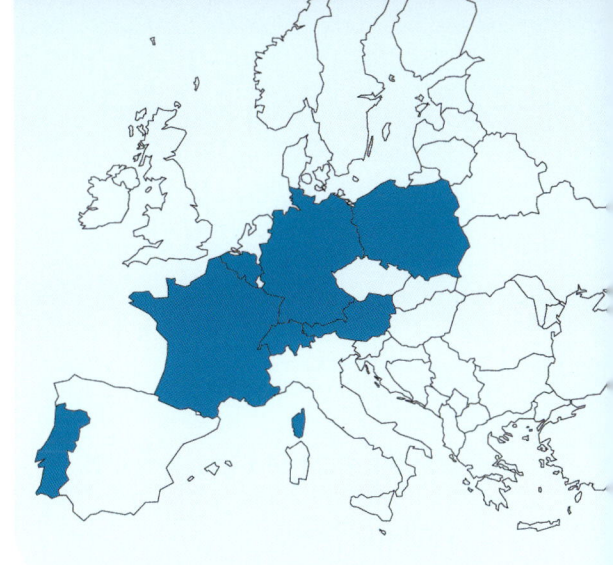

Höhe ≤ 3 mm
Breite ≤ 4 mm

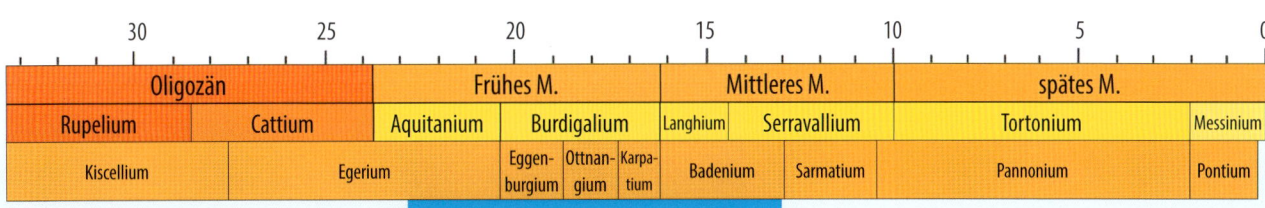

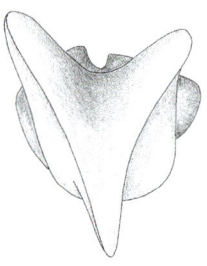

Gymnura sp.

Wesentliche Unterscheidungsmerkmale

- glatte Zahnflächen
- pfeilspitzenförmige Kaufläche
- kräftige, zweilobige Wurzel
- schwach ausgeprägter Sexualdimorphismus

Synonyme
keine

Habitat
Schmetterlingsrochen kommen in allen Weltmeeren in Küstennähe vor. Sie bewohnen dort meist sandige Bereiche im flachen Wasser.

Beschreibung
Im Gegensatz zu den Vertretern der Familie Dasyatidae haben Schmetterlingsrochen nur eine sehr schwach ausgeprägte Form der gynandrischen Heterodontie bzw. des Sexualdimorphismus. Bei Untersuchungen rezenter Arten wurde festgestellt, dass die Zahnspitzen der Weibchen breiter und kräftiger sind, als die der Männchen, die spitzer und schlanker sind.

Die sehr seltenen Zähne haben jedoch ein unverwechselbares Aussehen. Dies wird besonders in der Occlusal- oder Draufsicht deutlich.

In der monotypischen Familie der Schmetterlingsrochen (Gymnuridae) werden heute 12 Arten zusammengefasst. Die Rochen haben ihren Namen aufgrund der ungewöhnlichen Form ihres Körperumrisses. Die Tiere sind rund 1½-mal so breit wie lang, haben einen für Rochen sehr kurzen Schwanz und keine Rückenflossen. Mit einem Durchmesser von bis zu 260 Zentimetern und einem dokumentierten Höchstgewicht von bis zu 290 Kilogramm gehören sie zu den größeren Rochen.

Schmetterlingsrochen (Gymnura micrura).

Die Labialfläche der Zahnkrone hat einen pfeilspitzenförmigen Umriss. Die Zahnspitzen sind aufgerichtet, spitz und mit einer scharfen Schneidekante versehen. Die Labialseite ist tief eingedellt, der Zahnschmelz des kompletten Zahnes ist völlig glatt. Die Lingualflächen sind stark konkav gekrümmt und die bilobige Wurzel ist relativ nieder. Am oberen Rand der Wurzel befindet sich noch ein schmales Band von Zahnschmelz, das sich ringförmig um den ganzen Zahn zieht. Der Übergang vom Zahnschmelz zur Wurzel ist klar und deutlich erkennbar. Die beiden Wurzeläste werden durch einen breiten Nährkanal getrennt. In diesem befindet sich ein Foramen oder es zeigen sich mehrere relativ kleine Foramina.

Die bisher wenigen dokumentierten Zähne dieser Gattung lassen die Antwort auf die Frage offen, ob der bei den rezenten Tieren auftretende Sexualdimorphismus an den Einzelzähnen immer eindeutig erkennbar ist.

Höhe ≤ 1 mm
Breite ≤ 1 mm

Systematik
Myliobatiformes – Gymnuridae

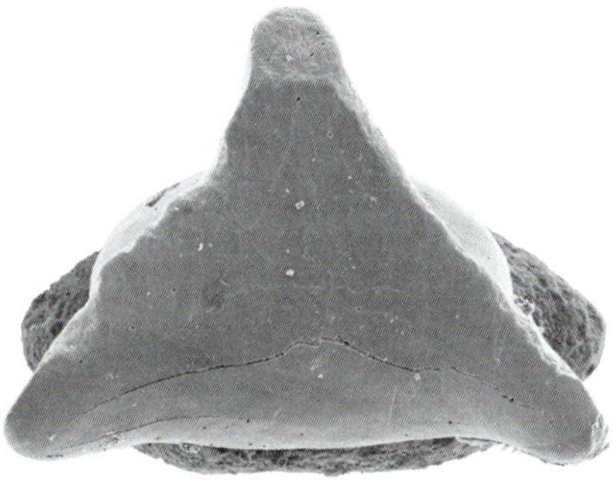

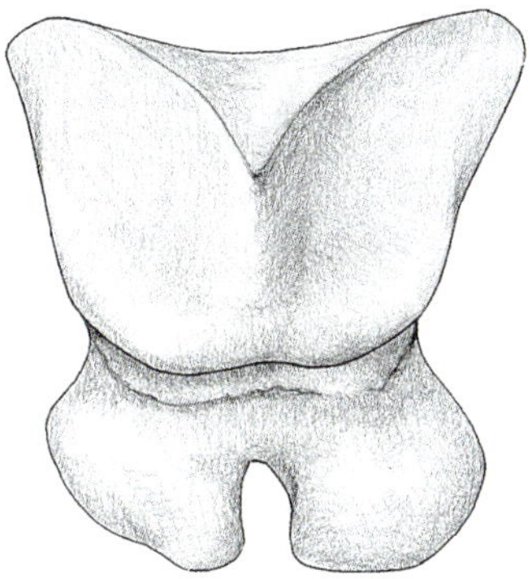

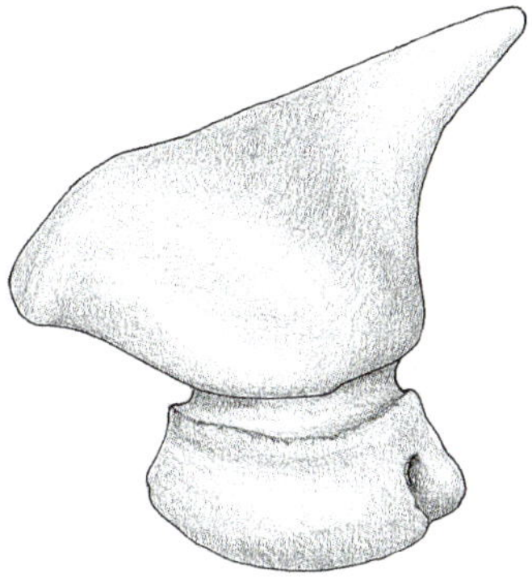

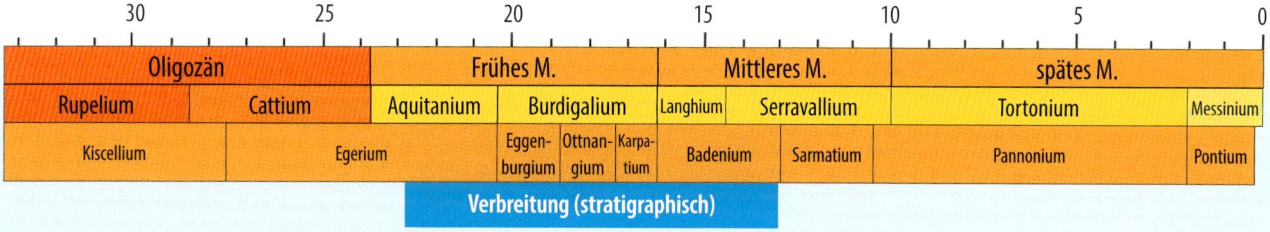

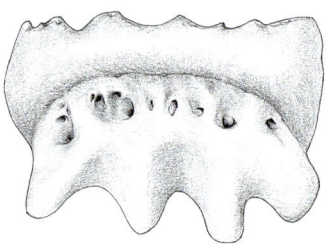

Mobula sp.

Wesentliche Unterscheidungsmerkmale

- sehr variable Zahnformen mit und ohne labiale Schmelzfalten
- Zahnkronen mit zerspaltener Hauptspitze
- Zahnkronen mit zentraler Hauptspitze und Nebenspitzen
- dreieckig-flache Zahnkronen
- Wurzel zwei- oder mehrgeteilt

Teufelsrochen können häufig in Gebieten mit aufsteigenden, nährstoffreichen Tiefengewässern beobachtet werden. Diesem Phänomen liegt zugrunde, dass sie sich filtrierend von kleinen, planktonisch lebenden Organismen ernähren, welche sich durch die nährstoffreichen Ströme besonders gut vermehren und dadurch ein Überangebot an Nahrung bereitstellen.

Synonyme
Manta sp., *Paramobula* sp.

Habitat
Teufelsrochen leben pelagisch in tropischen Gewässern rund um den Äquator.

Beschreibung
Zähne der Gattung *Mobula* besitzen eine gynandrische Heterodontie und sie weisen eine große Bandbreite an verschiedenen Zahnformen auf. Die Zähne, welche sowohl im Oberkiefer als auch im Unterkiefer gebildet werden, sitzen dicht an dicht nebeneinander. Im Gegensatz dazu besitzen Mantarochen, die heute ebenfalls zur Gattung *Mobula* gerechnet werden, nur im Unterkiefer Zähne. Die nachfolgende Beschreibung bezieht sich auf die Bezahnung der Teufelsrochen (ohne ehemalige Gattung *Manta*).

Die Zahnkrone ist stark nach lingual geneigt und überhängt in der Profilansicht die Wurzel deutlich. Die hohe Variationsbreite der

Ostatlantischer Teufelsrochen (Mobula mobular).

Zahnkrone beinhaltet Zahnformen mit einer zentralen Spitze, welche von zwei flügelartigen Ausläufern flankiert werden, bis zu einer Zwei- oder Mehrteilung des oberen Kronenbereichs. Zudem können auch dreieckig-abgeflachte Zahnformen zur Gattung *Mobula* gezählt werden. Häufig ist eine beinahe parallele Schmelzstreifung auf der labialen Kronenoberfläche entwickelt.

Die charakteristische Wurzel besteht aus mindestens zwei deutlich getrennten Wurzelästen, häufig trennt sich die Wurzel aber in mehrere Loben (polyaulacorhizer Typ). Die Wurzel selbst ist stark mit Foramina durchsetzt.

Systematik
Myliobatiformes – Mobulidae

Höhe ≤ 3 mm
Breite ≤ 4 mm

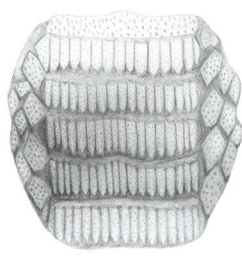

Myliobatis sp.

Wesentliche Unterscheidungsmerkmale

- längliche Zahnleisten mit sechseckigem Umriss
- kleine, sechseckig bis quadratische Seitenzähne
- Zahnkrone überhängt die labiale Wurzelfläche
- Wurzel der länglichen Zahnleisten gerillt
- Wurzel der Seitenzähne meist zweilobig
- Wurzel ist relativ flach

Die perfekt angepassten Kauplatten ermöglichen es den Rochen, hartschalige Organismen, wie zum Beispiel Krebstiere, zu knacken und als Nahrungsquelle zu verwenden. Die einzelnen Zahnleisten werden dabei wie auf einem Förderband, ähnlich wie bei Haien, zur Mundaußenseite vorgeschoben und fallen dort, in regelmäßigen Abständen, aus.

Kauleisten eines Adlerrochens (Myliobatis freminvillei).

Synonyme
keine

Habitat
Adlerrochen der Gattung *Myliobatis* kommen in tropischen bis temperierten Küstengewässern im äquatorialen Bereich bis in höhere Breitengrade vor und bevorzugen sandige Lebensräume.

Beschreibung
Zähne der Gattung *Myliobatis* bilden durch ihre lückenlose Aneinanderreihung stabile Kauplatten. Die Zahnplatten des Ober- und Unterkiefers sind sich dabei sehr ähnlich.

Die einzelnen Zahnleisten unterscheiden sich durch Form und Länge, abhängig von ihrer Position im Kiefer. Die zentralen, länglichen Zahnleisten sind in ihrer Grundform ebenso sechseckig wie auch jene der seitlicheren Positionen. Die wesentlich kleineren, sechseckig bis manchmal auch quadratisch geformten Seitenzähne bilden mehrere Reihen nebeneinander. Die Zahnkrone überhängt die labiale Wurzelfläche deutlich, wodurch ein perfektes Ineinandergreifen der einzelnen Zahnleisten gewährleistet wird. In der Profilansicht ist die Zahnkrone, im Vergleich zur flachen Wurzel, relativ hoch und beinahe quadratisch. Der Übergang von Zahnkrone zu Wurzel erfolgt über einen schmalen Sims, der sowohl auf labialer als auch auf lingualer Seite ausgeprägt ist. Die flache Wurzel der zentralen Zahnleisten besteht an der Unterseite aus vielen parallelen Rillen, was einem polyaulacorhizen Vaskularisationstyp entspricht. Die Wurzel der kleineren Seitenzähne ist meist zweilobig.

Systematik
Myliobatiformes – Myliobatidae

Höhe ≤ 8 mm
Breite ≤ 30 mm

30		25		20			15		10		5	0
Oligozän				Frühes M.			Mittleres M.			spätes M.		
Rupelium		Cattium		Aquitanium	Burdigalium		Langhium	Serravallium		Tortonium		Messinium
Kiscellium		Egerium		Eggen-burgium	Ottnan-gium	Karpa-tium	Badenium	Sarmatium		Pannonium		Pontium
Verbreitung (stratigraphisch)												

237

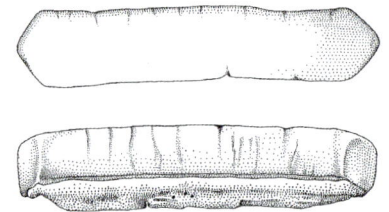

Rhinoptera studeri
(Agassiz, 1843)

Wesentliche Unterscheidungsmerkmale

- sechseckige, längliche Zahnleisten
- sechseckige, kleine Zähne
- labiale und linguale Kronenfläche weisen häufig Schmelzfalten auf
- fein lamellierte Wurzelunterseite

Kuhnasenrochen erhielten ihren Namen durch ihre spezielle Kopfform, welche sie deutlich von anderen Rochen unterscheidet. Diese Rochen werden nicht selten in großen Schulen angetroffen, welche aus bis zu 10 000 Tieren bestehen können. Dadurch sind sie leider auch der Gefahr ausgesetzt, in großen Mengen gefangen und auf Fischmärkten angeboten zu werden.

Synonyme
Zygobates dubius

Habitat
Kuhnasenrochen sind in küstennahen, tropischen bis subtropischen Gewässern, häufig auch offenmarin in Schulen anzutreffen.

Beschreibung
Diese Gattung besitzt das typische Pflasterzahngebiss vieler Rochen, bei dem die Einzelzähne wabenförmig zu einer geschlossenen Kauplatte zusammengefügt sind. Je nach Kieferposition variieren die in der Regel sechseckigen Zähne in ihrer Größe sehr stark. In der Plattenmitte sind sie in der mesio-distalen Achse bis zu 40 Millimeter lang und messen an den seitlichen Rändern teilweise deutlich unter 5 Millimeter. Die kompakte Zahnkrone ist im Querschnitt fast rechteckig und kann sowohl auf der senkrecht gestellten Innen- wie auch auf der Außenfläche grobe Schmelzfalten aufweisen. Die Kaufläche fällt von lingual nach labial leicht schräg ab. Der Zahnschmelz der Kaufläche ist entweder glatt oder schwach gekörnt.

Kuhnasenrochen (Rhinoptera steindachneri).

Lingual grenzt ein schmal gerundeter Grat die Krone von der fein lamellierten Wurzelfläche hin ab. Beim Großteil der Funde sind diese Lamellen jedoch erodiert.

Systematik
Myliobatiformes – Rhinopteridae

Höhe ≤ 5 mm
Breite ≤ 40 mm

Rajiformes
Echte Rochen

Nagelrochen (Raja clavata).

Die Ordnung Rajiformes umfasst vier Familien: Anacanthobatidae, Arhynchobatidae, Gurgesiellidae und Rajidae) mit insgesamt 298 Arten. Die taxonomische Situation aller Rochen war aufgrund von intensiven Forschungen und genetischen Analysen in den letzten Jahren großen Veränderungen unterworfen. Ein Ende dieses Prozesses ist noch nicht abzusehen.

Die zahlenmäßig größte Gruppe und damit typischen Vertreter dieser Ordnung sind die sogenannten Echten Rochen (Rajidae), zu welchen 158 Arten gehören. Diese in allen Meeren und Lebensräumen vorkommenden Rochen haben einen rautenförmigen, stark abgeflachten Körper. Der Schwanz ist stachellos, relativ schlank und verfügt über zwei Rücken- und eine Schwanzflosse. Die Oberseite der Rochen ist in vielen Fällen mit Dornen und stacheligen Höckern besetzt, die stets auch fossil nachweisbar sind. Alle Echten Rochen legen Eier. Die hornigen Eikapseln sind rechteckig und an jeder Ecke mit einem kurzen, gebogenen Faden versehen. Aufgrund der großen Artzahl und der nur lückenhaften Erkenntnisse über die artspezifischen Merkmale der Zähne ist eine Bestimmung von fossilen Zähnen auf Artniveau oftmals nur unter großen Schwierigkeiten möglich. Voraussetzung ist, dass ausreichend Material zu Verfügung steht, um die ganze Variationsbreite einer Art zu erfassen. Man kann davon ausgehen, dass es sich bei einer Reihe von fossilen Arten um Artkomplexe handelt, d. h. es werden aus Unkenntnis der artspezifischen Merkmale mehrere Arten unter einem Namen zusammengefasst.

Sexualdimorphismus

Bei einer Reihe von Artbeschreibungen ist der Begriff „Sexualdimorphismus" bereits gefallen, in Bezug auf die Unterschiede bei der Bezahnung spricht man auch von einer gynandrischen Heterodontie. Nachfolgend wollen wir uns dieses Phänomen in Bezug auf die Knorpelfische einmal genauer ansehen.

Unter Sexualdimorphismus versteht man nach dem *Lexikon der Biologie* alle Unterschiede zwischen den Geschlechtern in Bezug auf Gestalt, Größe, Färbung, Physiologie oder Verhalten. Unter dem Begriff „Gestalt" meint man nicht nur das äußere Erscheinungsbild des Lebewesens, sondern auch alle seine Substrukturen (z. B. Wirbel, Zähne, Zellstrukturen oder sogar

Moleküle). Diese Definition bezieht sich nicht auf die primären Geschlechtsmerkmale, sondern nur auf Unterschiede, die nicht unmittelbar etwas mit der Fortpflanzung zu tun haben. Wie bei allen Tiergruppen lassen sich Unterschiede bei Haien und Rochen auch anhand der Körpergröße darstellen: Bei zahlreichen Arten werden Weibchen größer als Männchen. Ein Grund dafür kann in der aufwendigen Eiproduktion bzw., bei lebendgebärenden Arten, im erhöhten Energieaufwand bei trächtigen Weibchen liegen.

In Zusammenhang mit Fossilien interessiert uns natürlich in erster Linie der Unterschied bei den Zähnen oder Dermaldentikeln. Studien, die sich mit den Unterschieden bei Dermaldentikeln beschäftigt haben, kommen zu einem interessanten Ergebnis. So hat man z. B. bei Untersuchungen des Kleingefleckten Katzenhais (*Scyliorhinus canicula*) festgestellt, dass nicht nur die Hautschichten der Weibchen in bestimmten Körperregionen dicker sind, sondern auch die Dermaldentikel in Bezug auf Länge, Breite und Dichte. Diese Unterschiede konnten nur in Körperbereichen festgestellt werden, die bei der Paarung eine Rolle spielen. Dazu muss man wissen, dass sich Männchen des Kleingefleckten Katzenhais bei der Kopulation in die Brust- und Schwanzflossen der Weibchen verbeißen, um diese während der Kopulation festzuhalten – genau in diesen Bereichen konnten nun die Unterschiede bei den Dermaldentikeln festgestellt werden. In den anderen untersuchten Körperbereichen (wie Kopf, Rücken und im Bereich des Schwanzes) wurden dagegen keine signifikanten Unterschiede bei den Dentikeln gefunden. Dieses Verbeißen in die Weibchen im Bereich der Brustflossen und das Festhalten wurde bereits bei einer ganzen Reihe von Arten beobachtet.

Naheliegend ist es deshalb, sich die „Haltewerkzeuge" der Knorpelfische genauer anzusehen: Bei einer Reihe von Rochen – unter anderem bei den oben beschriebenen Gattungen *Raja*, *Dasyatis* oder *Taeniurops* – kann man auffällige Unterschiede bei der Bezahnung feststellen. Die Zähne männlicher Tiere haben aufgerichtete und spitze Zahnkronen, die Weibchen dagegen runde, niedere Zähne. Da die Zähne in erster Linie zum Zerkleinern der Beutetiere dienen, könnte ein Grund für die unterschiedlichen Zähne darin liegen, dass sich Männchen und Weibchen auf unterschiedliche Nahrung spezialisiert haben, um nicht zu Nahrungskonkurrenten zu werden. Dies ist aber bei diesen Gattungen nicht der Fall, wie Nahrungsstudien belegen. Ein weiterer naheliegender Grund könnte sein, dass die spitzeren Zähne die Männchen in die Lage versetzen, sich bei der Paarung besser an den Weibchen festzuhalten. Wer in einer Tierdokumentation schon einmal die oftmals heftige Gegenwehr der Weibchen beim Geschlechtsakt gesehen hat, wie sich die Geschlechtspartner winden und drehen, kann sich gut vorstellen, dass spitze Zähne für die Männchen einen evolutionären Vorteil bringen. Dies wird umso klarer, wenn man weiß, dass einige Rochenarten diese spitzen und aufgerichteten Zahnkronen erst ausbilden, wenn sie geschlechtsreif werden.

Ähnliche Ergebnisse konnten wir auch bei Laternenhaien der Gattung *Etmopterus* feststellen. Bei diesen hat sich herausgestellt, dass Männchen mit Erreichen der Geschlechtsreife zahlenmäßig mehr spitze Oberkieferzähne bekommen. Diese sind auch noch schlanker und haben mehr Seitenspitzen als jene der Weibchen.

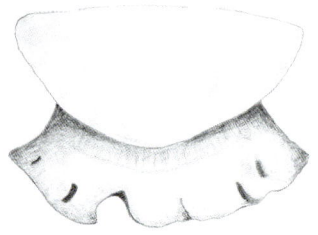

Ostarriraja parva
Marramà, Schultz & Kriwet, 2019

Wesentliche Unterscheidungsmerkmale

- sehr kleine Zähne
- schwach entwickelte Hauptspitze
- Kronenfläche in Aufsicht leicht oval
- Schneidekante erreicht Kronenbasis
- glatter Schmelz

Synonyme
keine

Habitat
Es gibt keine rezenten Vertreter dieser Gattung.

Beschreibung
Es handelt sich um sehr kleine Zähne mit einer gradient monognathen Heterodontie, welche in Reihen im Kiefer angeordnet sind. Die Zahnkrone ist in der Aufsicht leicht oval geformt und besitzt auf der lingualen Kronenseite eine kleine Protuberanz, wodurch diese Seite deutlich über die Wurzel hängt. Eine glatte Schneidekante trennt die linguale von der labialen Kronenfläche, welche sowohl die mesiale als auch die distale Kronenbasis erreicht. Die Zähne besitzen keine stark ausgeprägte Hauptspitze und der Zahnschmelz ist glatt. Im Profil ist der linguale Kronenüberhang deutlich zu erkennen,

Das gut erhaltene Exemplar von *Ostarriraja parva* ist der bisher einzige wissenschaftlich beschriebene Fund von einem fossilen Knorpelfisch-Skelett in Österreich. Die Anatomie verrät, dass es sich bei dem Rochen wahrscheinlich um ein weibliches Jungtier handelt. Dieser Fund ist auch wissenschaftlich von besonderer Bedeutung, da er tatsächlich den ältesten fossilen Skelettnachweis für die Ordnung Rajiformes darstellt.

Der einzige bestätigte Nachweis eines Körperfossils eines Österreichischen Knorpelfisches, links unter UV-Licht, rechts im Tageslicht.

wobei sich die Wurzel zusätzlich leicht nach labial orientiert. Dies verstärkt die asymmetrische, stark nach lingual überhängende Position der Zahnkrone im Verhältnis zur Wurzel. Die Wurzel selbst teilt sich in zwei Wurzelloben.

Systematik
Rajiformes – Familie Incertae sedis

Höhe ≤ 0,5 mm
Breite ≤ 0,5 mm

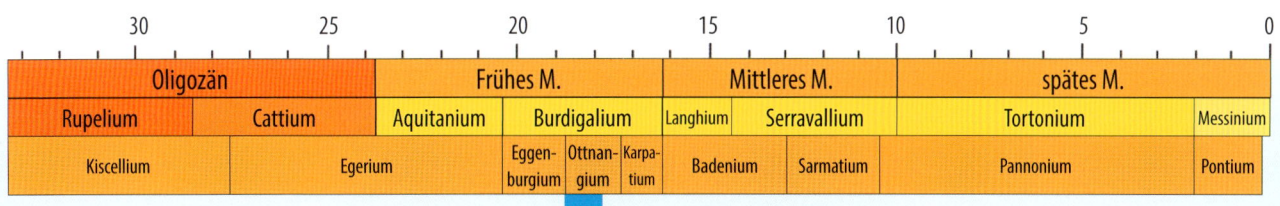

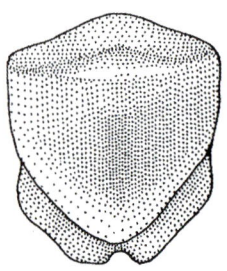

Raja gentili
Joleaud, 1912

Wesentliche Unterscheidungsmerkmale

- relativ kleine Zähne
- starke gynandrische Heterodontie
- glatter Zahnschmelz
- Krone überhängt labiale Wurzelseite
- bilobige Wurzel

Aufgrund der benthischen Lebensweise besitzen einige Nagelrochen eine an den sandigen Untergrund angepasste Tarnfarbe (z. B. *Raja asterias*), andere schützen sich zusätzlich durch auffällige Augenflecken, wie zum Beispiel *Raja miraletus*. Bei dieser Art sind diese Augenflecken durch eine blaue Färbung in der Mitte und einer gelben Umrandung besonders farbenprächtig. Dieses Merkmal bescherte dieser Art den Beinamen Pfauenaugen-Nagelrochen.

Synonyme
keine

Habitat
Die am weitesten verbreitete rezente Art *Raja clavata* lebt benthisch am kontinentalen Schelf bis zum Kontinentalhang in Tiefen zwischen 5–1 020 Metern. Das Verbreitungsgebiet erstreckt sich von kühleren Gewässern von der Küste Islands bis zum südlichen Ende vor Südafrika und deckt damit einen großen Temperaturbereich ab.

Beschreibung
Zähne der Gattung *Raja* weisen eine stark ausgeprägte gynandrische Heterodontie auf.
Weibliche Tiere besitzen leicht pyramidenförmige bis zum Teil flache Zähne. Der Umriss nimmt eine Form von beinahe rund, über dreieckig bis rautenförmig an. Die labiale Kronenfläche wird durch einen Transversalgrat von der lingualen Kronenfläche getrennt. Dieser Grat ist je nach Kieferposition entsprechend gekrümmt und zeigt in

Spiegelrochen (Raja miraletus).

der Kronenmitte eine unterschiedlich stark ausgeprägte Aufwölbung. Zähne männlicher Tiere besitzen sehr hohe und schlanke Zahnkronen, welche sich in linguale Richtung neigen. Die labiale Kronenfläche besitzt eine teils gut entwickelte Schneidekante und überhängt die Wurzel. Die Basalansicht der Zähne ist rundlich bis oval und bildet einen weichen Wulst, bevor sich die Zahnkrone Richtung Spitze verjüngt.

Der Zahnschmelz ist bei weiblichen und bei männlichen Zähnen durchwegs glatt und zeigt keine besonderen Schmelzornamentierungen. Die Wurzel ist ebenfalls gleich und besitzt eine bilobate Form, welche oft weit unter der Zahnkrone hervortritt. Zwischen den separierten Wurzelästen befindet sich mindestens ein großes Foramen.

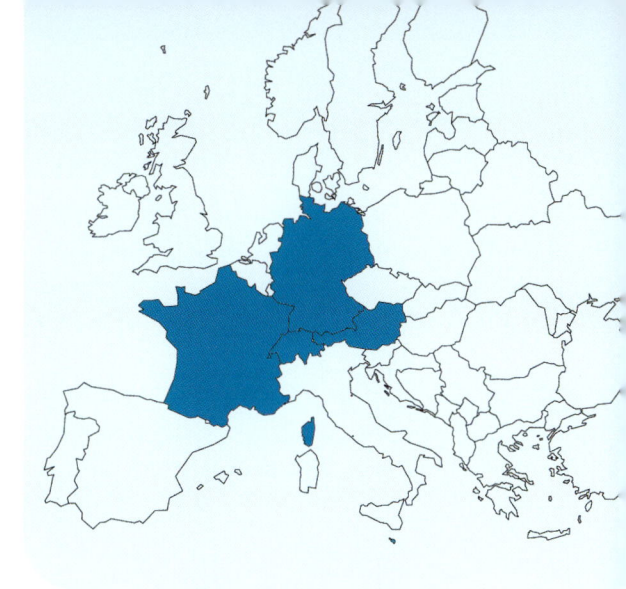

Systematik
Rajiformes – Rajidae

Höhe ≤ 2 mm
Breite ≤ 1,3 mm

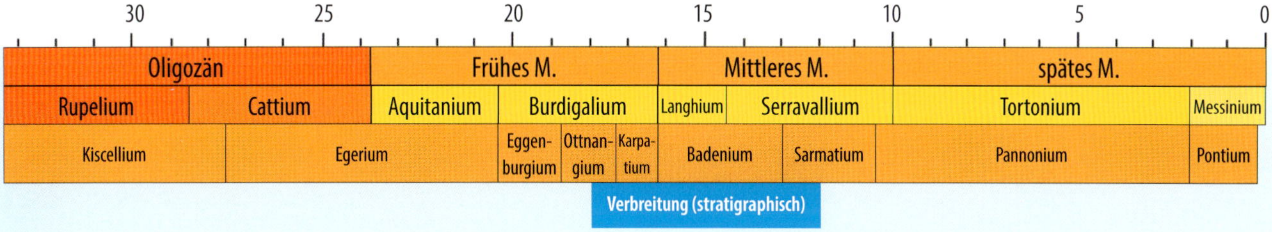

Rhinopristiformes
Gitarren- und Sägerochen

In der Ordnung der Gitarren- und Sägerochen, die erst 2016 eingeführt worden ist, werden heute aufgrund der engen genetischen Verwandtschaft diese zwei äußerlich doch sehr unterschiedlichen Rochengruppen zusammengefasst.

Beiden Gruppen gemein ist die für Rochen ungewöhnlich langgestreckte Gestalt, die im ersten Augenblick an Haie erinnert. Dieser Eindruck wird auch durch die zwei großen Rückflossen und die haiähnliche Schwanzflosse verstärkt.

Insgesamt gehören heute zu dieser Ordnung sieben Familien (Glaucostegidae, Platyrhinidae, Pristidae, Rhinidae, Rhinobatidae, Trygonorrhinidae und Zanobatidae) mit 72 verschiedenen Arten. Von den Sägerochen, die heute alle vom Washingtoner Artenschutzabkommen erfasst und vom Aussterben bedroht sind, gibt es lediglich fünf Arten, die in zwei Gattungen und einer Familie (Pristidae) zusammengefasst werden. Auch von den Gitarrenrochen wurden 2019 die Vertreter zweier Familien (Glaucostegidae und Rhinidae) mit 17 Arten unter Schutz gestellt. Erforderlich wurde dies, da diesen Arten – ebenso wie vielen Haie – intensiv nachgestellt wird, um ihre großen Rückflossen auf dem asiatischen Markt zur Herstellung von „Haifischflossensuppe" zu verkaufen.

Fossil sind neben den Zähnen von den Sägerochen oftmals auch die Rostraldornen („Zähne" im Rostrum) erhalten geblieben.

Links: Sägerochen.
Rechts: Geigenrochen.
Rechte Seite: Rostren von Sägerochen (Pristis pristis).

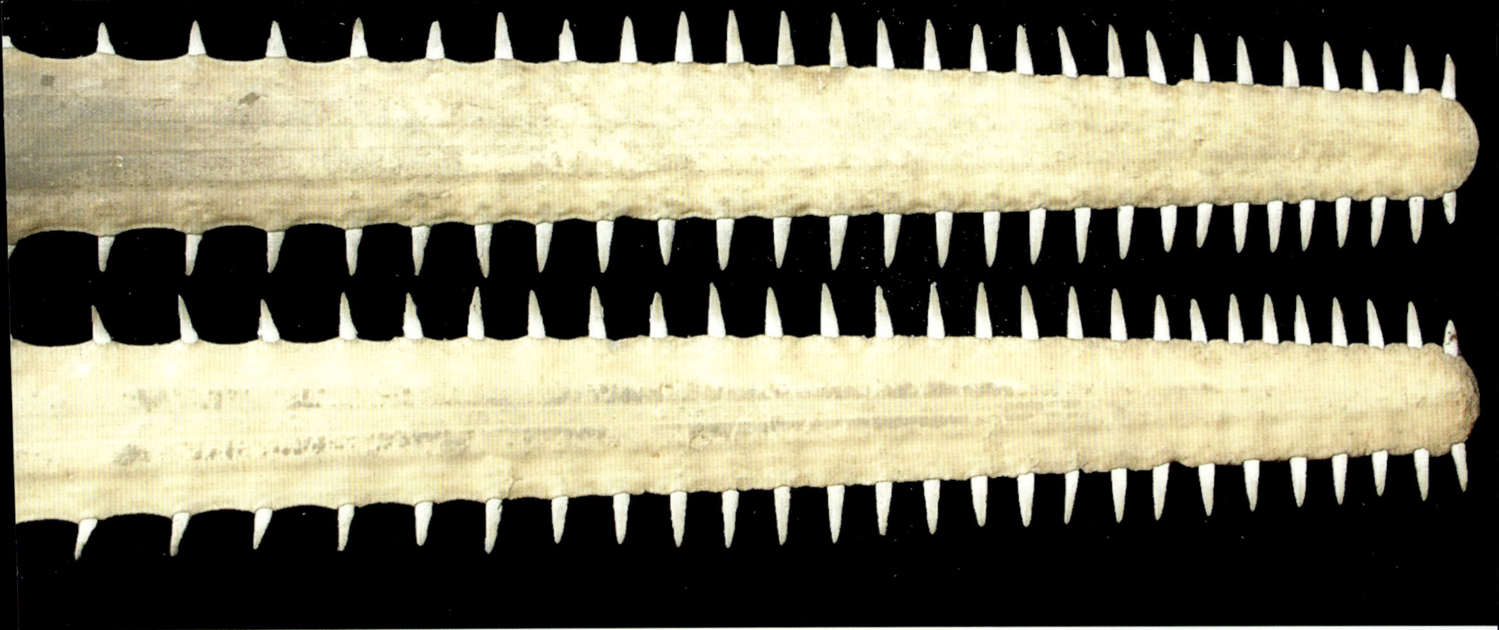

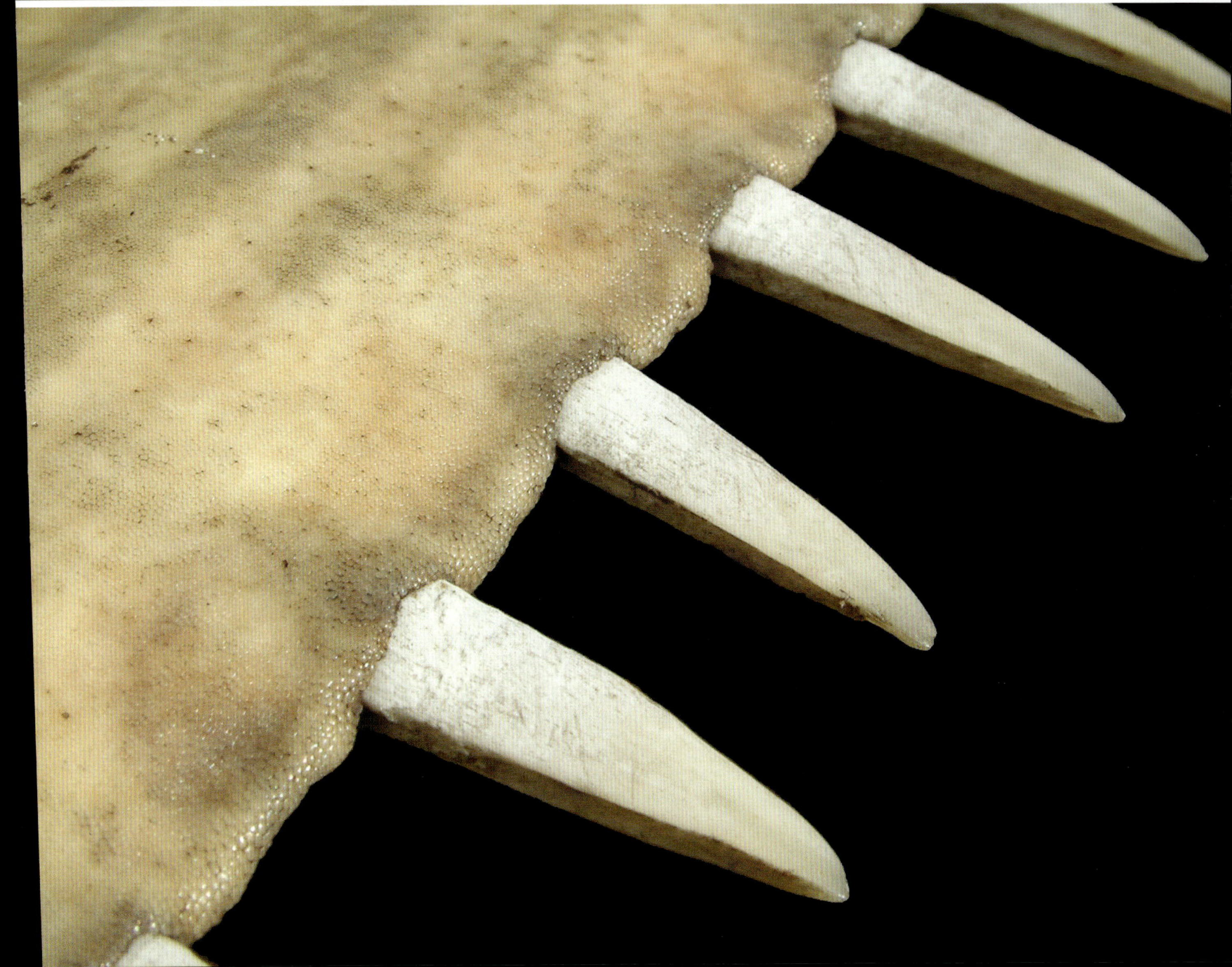

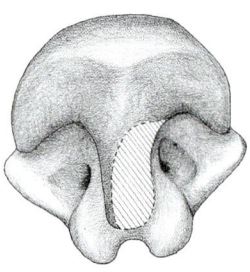

Rhinobatos sp.

Wesentliche Unterscheidungsmerkmale

- massige Erscheinungsform
- charakteristischer, lingualer Zahnkronenfortsatz
- keine Ornamentierung des Zahnschmelzes
- Wurzel zweigeteilt

Geigenrochen verweilen meist am Meeresgrund, eingebettet im sandigen Untergrund, und zählen daher nicht zu den ausdauernden Schwimmern. Am Meeresboden ernähren sie sich von bodenlebenden Invertebraten (Wirbellosen) wie auch von zufällig vorbeischwimmenden kleinen Fischen.

Synonyme
keine

Habitat
Gitarrenrochen der Gattung *Rhinobatos* kann man heute in allen tropischen bis subtropischen Küstengewässern bis 350 Meter Wassertiefe – meist jedoch in flacheren Bereichen – antreffen.

Beschreibung
Die etwas massig anmutenden Zähne der Gattung *Rhinobatos* weisen eine gradient monognathe Heterodontie auf.

Die kleinen Zähne besitzen eine flache Zahnkrone mit glattem Zahnschmelz. Die ausgedehnte labiale Kronenfläche (Kaufläche) wird von der lingualen Seite durch einen schwach ausgebildeten Transversalgrat getrennt. In okklusaler Ansicht wirkt die labiale

Geigen- oder Gitarrenrochen (Pseudobatos horkelii).

Kronenfläche oval mit einem stark konvexen labialen Rand. Der linguale Rand kann je nach Entwicklung des Transversalgrates beinahe gerade bis leicht spitz ausgebildet sein. In lingualer Ansicht besitzen die Zähne einen auffälligen Zahnkronenfortsatz (Uvula), der beinahe zur Wurzelbasis reicht. Mesial und distal von diesem Fortsatz sitzen zwei eingebuchtete Foramina. Die Wurzel ist zweigeteilt und leicht nach labial orientiert bzw. verlängert.

Systematik
Rhinopristiformes – Rhinobatidae

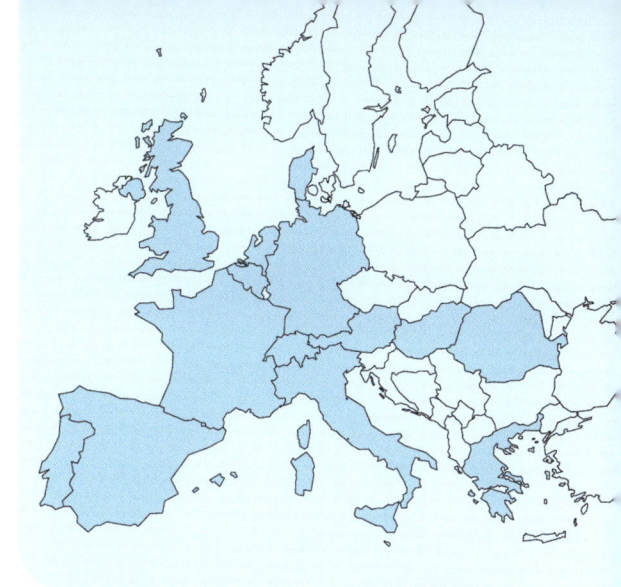

Höhe ≤ 2 mm
Breite ≤ 1,3 mm

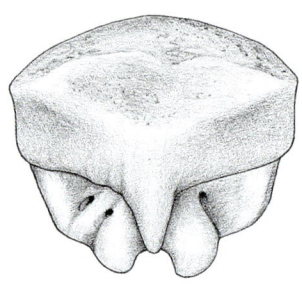

Rhynchobatus pristinus
(Probst, 1877)

Wesentliche Unterscheidungsmerkmale

- glatter Zahnschmelz
- spitz zulaufende Uvula
- bilobige Wurzel
- breiter Nährkanal

Synonyme
Pristis angustior, Pristis pristinus, Rhynchobatus mayeri

Habitat
Die Gattung kommt überwiegend im Indo-Pazifischen Raum vor. Lediglich eine Art ist im Ostatlantik heimisch. Alle heute lebenden Arten sind Flachwasserbewohner tropischer oder subtropischer Klimazonen und kommen auch im Bereich vor Flussmündungen vor.

Beschreibung
Bei der Gattung *Rhynchobatus* ist keine ontogenetische Heterodontie (oder Sexualdimorphismus) bekannt. Es kann jedoch eine schwach gradient monognathe Heterodontie beobachtet werden, die sich in der Größe der Zähne zeigt.

Die Zähne sind in der Regel breiter als hoch. Grundsätzlich kann die Krone in drei Bereiche unterteilt werden. Der ausgeprägte Transversalgrat, der sich von der mesialen zur distalen Ecke des Zahnes zieht, trennt den abfallenden labialen Bereich der Krone vom Rest. Bei der rezenten Art ist dieser Bereich im Gegensatz zu den fossilen Zähnen der Art *pristinus* kräftig ornamentiert. Direkt vor dem Grat ist eine annähernd dreieckige Kaufläche zu erkennen. Davor liegt der charakteristische Teil der Krone, dominiert von einer mittig liegenden, spitz zulaufenden und relativ schlanken Uvula, die bis zur Basis der Wurzel reicht und diese minimal überragen kann. In diesem Fall ist die Spitze der Uvula auch auf der Basalfläche der Wurzel sichtbar. Die Wurzel überragt die Krone in mesial-distaler Richtung nicht. Neben der Uvula ist die Wurzel durch je eine tiefe Furche eingekerbt, an deren Ende je ein seitliches Foramen liegt. Die Wurzel wird von einem tiefen Nährkanal in zwei gleiche Teile getrennt. Innerhalb dieser Furche befinden sich weitere Foramina.

Die Art wurde von Josef Probst aus der schwäbischen Molasse beschrieben. Probst ging noch davon aus, dass es sich um die Zähne eines Sägerochen handeln müsse, da er in Stuttgart die Gelegenheit hatte, Zähne der Art *Pristis pristis* zu studieren. Die Zähne sind zwar morphologisch sehr ähnlich, unterscheiden sich aber insbesondere durch die für *Rhynchobatus* markante spitz zulaufende linguale Uvula.

Großer Geigenrochen (Rhynchobatus djiddensis).

Systematik
Rhinopristiformes – Rhinidae

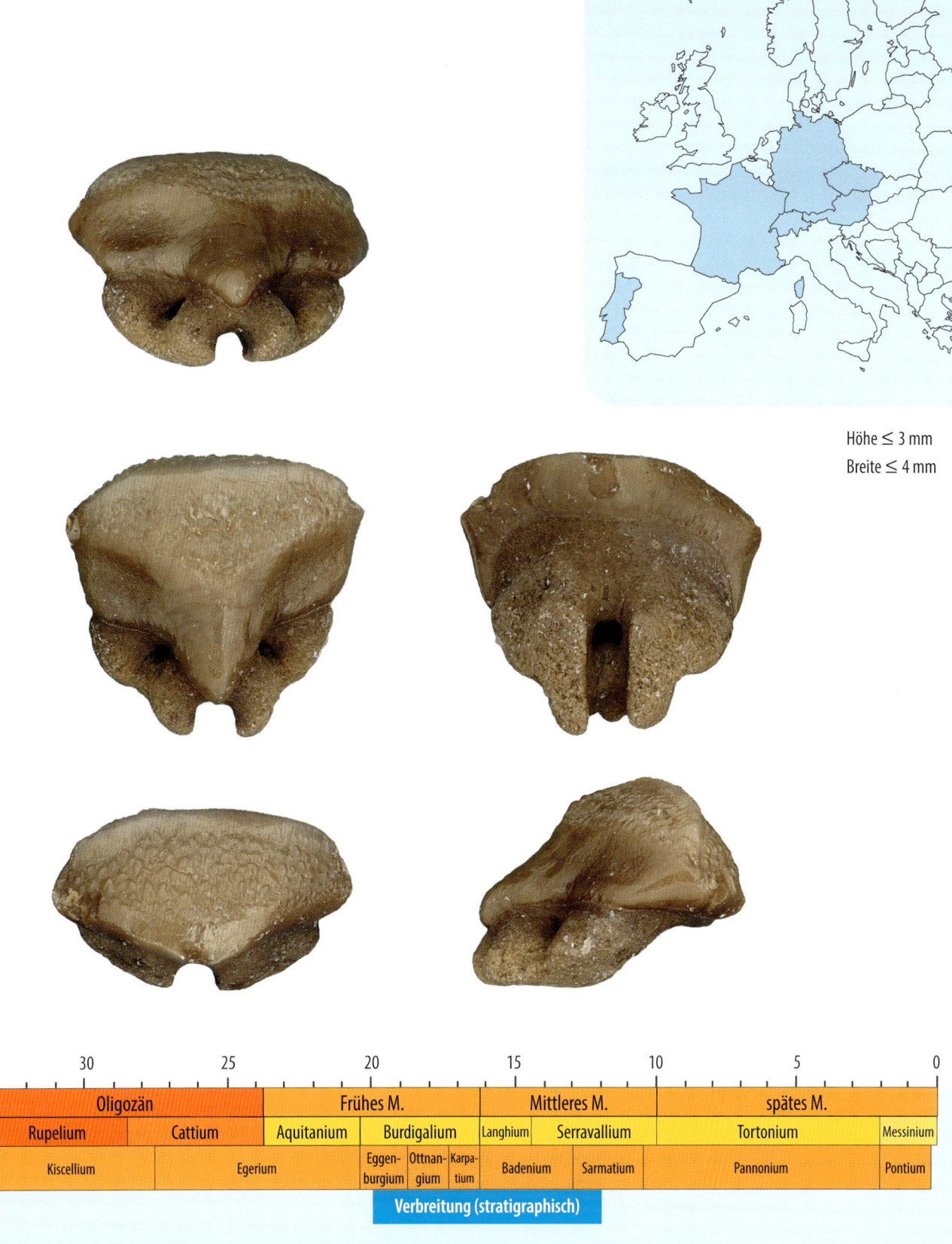

Höhe ≤ 3 mm
Breite ≤ 4 mm

Verbreitung (stratigraphisch)

INVENTARISIERUNG UND AUFBEWAHRUNG

War die Suche nach fossilen Zähnen von Erfolg gekrönt, so gilt es, nicht gleich völlig in Euphorie zu verfallen. Vielmehr sollte gleich an die artgerechte Inventarisierung und Versorgung der liebgewonnenen Neuzugänge gedacht werden.

Meist stellt die Inventarisierung eine eher unbeliebte Angelegenheit dar, welche schnell übersehen oder verschoben wird. Je mehr Zeit jedoch zwischen Fund und Inventarisierung vergeht, desto dumpfer wird die Erinnerung und umso eher schleicht sich die Ungewissheit ein, woher die Stücke tatsächlich stammen. Daher empfehlen wir Ihnen an dieser Stelle ausdrücklich, so rasch wie möglich die Herkunft der Zähne zu verschriftlichen. Ein weiteres wichtiges Detail, das bei keiner Inventarisierung fehlen sollte, sind Angaben zu den Fundumständen. Dazu zählt zum Beispiel die Information, ob die Zähne direkt im Rahmen einer Grabung gefunden wurden, oder, ob für die Gewinnung der Zähne beispielsweise erst einige Kilogramm Sediment geschlämmt werden mussten. Die Beschreibung der Fundschicht selbst ist ebenfalls von großer Bedeutung, da aufgrund der Beschaffenheit des Sediments und dessen Schichtung in den meisten Fällen das Ablagerungsmilieu bestimmt werden kann.

Je nach Größe der Zähne gibt es verschiedene Möglichkeiten für die Aufbewahrung. Größere Zähne können gut in kleinen Sammlungsschachteln (aus Pappkarton oder auch aus verschließbarem Plexiglas) untergebracht werden. Für kleinere Zähne haben sich sogenannte Mikrozellen (auch Frankezellen oder Microslides genannt) bewährt. Diese kleinen Zellen besitzen die Größe eines Standard-Objektträgers (26 x 76 mm) und bestehen entweder vollständig aus Kunststoff oder aus Hartpappe mit einem Aluminiumhalter und Glasdeckel. Alle Zellen weisen eine oder mehrere runde Einbuchtungen auf, worin die kleinen Zähne sicher verwahrt werden können. Der Nachteil der Plastik-Mikrozellen gegenüber jenen aus Pappe liegt in der statischen Aufladung: Beim Öffnen und Schließen laden sich die Plastikdeckel auf, die Zähne können dann am Deckglas haften und – bei einem erneuten Öffnen – leicht beschädigt werden.

Seite 252–253: Haizähne aus der Fundstelle Höch in Bayern aus der Sammlung des NHM Wien.

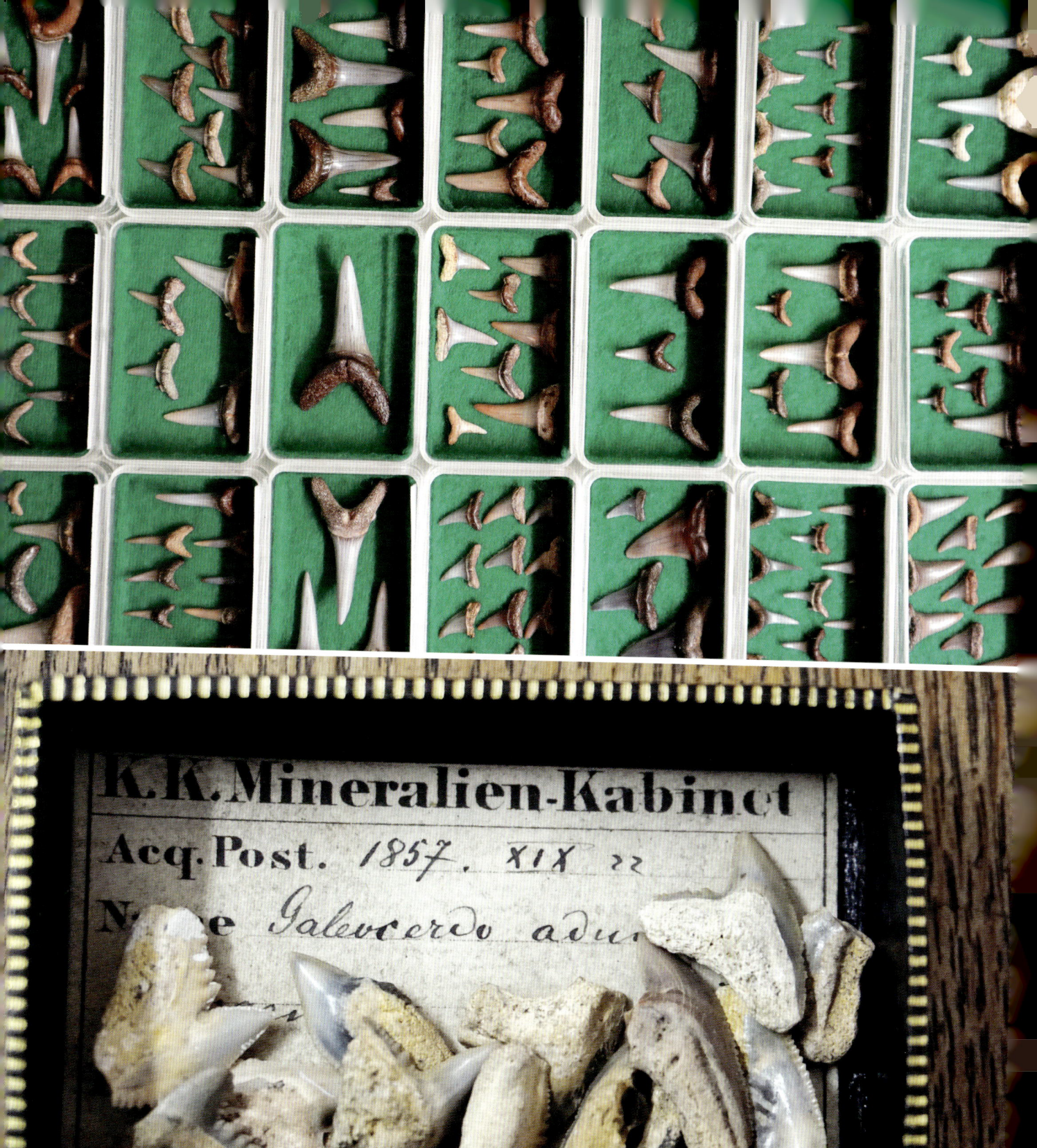

FOTOGRAFIE

Für dokumentarische Zwecke oder für wissenschaftliche Arbeiten ist es nötig, die Zähne zu fotografieren. Um die besten Resultate zu erhalten, sind ein paar wesentliche Punkte zu beachten.

Bevor mit der eigentlichen Fotografie begonnen wird, ist der Aufbau einer kleinen Fotostation ratsam, welche stets die gleichen Lichtbedingungen liefert. Das kann (mit Abstrichen) mittels großzügiger Fenster mit Tageslicht oder – die professionellere Methode – mit einer sogenannten Softbox oder Lichtbox mit Tageslichtlampe erreicht werden.
Ebenso wichtig wie die Beleuchtung ist die exakte Positionierung der Zähne. Gerade die seitlichen Positionen, aber auch die labiale Ansicht bereiten oft Probleme, was sich leicht durch Zuhilfenahme eines kleinen farbneutralen Stückes Knetmasse beheben lässt. Der Zahn wird darauf positioniert und so ausgerichtet, dass er sich möglichst parallel zur Kameraebene befindet.

Eine weitere, etwas aufwändigere Methode ist die Positionierung mittels einer feinen Nadel. Da sich bei diesem Aufbau das zu fotografierende Objekt in einiger Entfernung zum Hintergrund befindet, erscheint dieser auf dem Foto dann gleichmäßig verschwommen und strukturschwach. Als Hintergrund selbst eignet sich am besten ein Stück Blech, welches mit einem weißen Blatt Papier verkleidet wird. Der Zahn wird nun auf einem gleichfarbigen Sockel positioniert und mittels der feinen Nadel – sie kann anschließend leicht mittels Grafikprogramm wegretuschiert werden – in der gewünschten Position gehalten. Um unerwünschte Glanzstellen durch Lichtreflexionen zu vermeiden, eignen sich am besten dunkle Papierstreifen, die ebenfalls mit einer kleinen Halterung positioniert werden.

Um einen schönen abgesetzten Hintergrund zu erhalten, gibt es noch eine weitere Methode, die Sie zu Hause leicht selbst umsetzen können. Dazu wird der Deckel einer alten Kaffeedose (oder ein vergleichbarer Verschluss wie etwa der eines Kunststoffbehälters zur Aufbewahrung von Lebensmitteln) benötigt. Die Mitte des Deckels wird ausgeschnitten und ein Deckglas darübergelegt, sodass eine Art „Fenster" entsteht. Der Deckel wird nun mittels einer Halterung oder einfach durch das Unterlegen von Distanzstücken im gewünschten Abstand zum Hintergrund (das kann ein Stück Papier in beliebiger Farbe sein) gebracht, um den Zahn anschließend „schwebend über dem Hintergrund" fotografieren zu können.

Ist nun der Zahn perfekt positioniert, wird die richtige Einstellung der Kamera zum zentralen Thema. Entscheidend ist hierbei vor allem die Blende, durch welche die Tiefenschärfe beeinflusst werden kann. Eine große Blendenzahl steht für eine kleine Blendenöffnung und ergibt eine große Tiefenschärfe. Für gute Ergebnisse wird eine Blendenzahl zwischen 16 und 21 mit einer Verschlusszeit von ½ bis 1 Sekunde empfohlen. Gerade bei einem Makro-Objektiv ist es nicht so einfach, die nötige Tiefenschärfe zu erreichen. Um trotzdem perfekte Fotos zu erhalten, gibt es eine technische Lösung namens „Focus stacking" („Fokus-Stapelung"): Dafür müssen zunächst mehrere Fotos mit unterschiedlichen Tiefenschärfen aufgenommen werden. Je nach Dicke des Zahnes können bis zu fünf Fotos nötig sein. Begonnen wird hierbei stets beim höchsten Punkt des Zahnes, wie zum Beispiel der lingualen Wurzelprotuberanz. Schrittweise wird nun auf tiefer liegende Merkmale fokussiert, wodurch man unterschiedliche Schärfeebenen erhält. Dieser Fotostapel von unterschiedlichen

Schärfeebenen kann nun mittels Software zu einem tiefenscharfen Bild zusammengefügt werden. Hierzu gibt es verschiedene Programme, wobei die meisten kostenpflichtig zu erwerben sind. Es gibt jedoch auch die Möglichkeit, Open-Source-Programme wie zum Beispiel CombineZ zu verwenden. Ob Open-Source oder kostenpflichtige Programme – sie alle beruhen auf dem gleichen Prinzip und erstellen überaus detailreiche und tiefenscharfe Fotos.

Sollten gute Fotos mit einer normalen Kamera aufgrund der geringen Größe der Zähne nicht möglich sein, sind spezielle Adapter/Kameraaufsätze für das Mikroskop oder Binokular, welche das Fotografieren durch das Okular ermöglichen, zu empfehlen.

Meistens nur in wissenschaftlichen Einrichtungen vorhanden, gibt es noch weitere spezielle Geräte, die für eine vollautomatische Erstellung der Tiefenschärfe und starke Vergrößerungen konzipiert wurden. Meist sind dies kompakte Geräte, welche Kamera, Objektive, Stative, Beleuchtung und Grafiksystem kombinieren. Aufgrund der höheren Preisklasse finden diese bedienerfreundlichen Geräte jedoch selten Einzug in einen Privathaushalt. Eine ganz spezielle Methode stellt auch die Fotografie mittels Rasterelektronenmikroskopie (REM) dar. Diese Art der Fotografie beruht auf der Interaktion von Elektronen mit der abzubildenden Objektoberfläche. Um ein Bild zu erhalten, müssen die Objekte vorab mit einer elektrisch leitenden Schicht bedampft werden. In den meisten Fällen ist dies Gold oder Platin. Nach der Bedampfung werden die kleinen, auf Stiftprobenhalter platzierten Zähne in das Hochvakuum überführt. Nun werden Elektronen mit einer Beschleunigungsspannung von bis zu 30 kV fokussiert, welche die abzubildende Objektoberfläche abrastern. Die wieder austretenden Elektronen werden dann mittels eines speziellen Detektors aufgefangen und weitergeleitet. Die gewonnenen Bildinformationen finden anschließend durch eine computergestützte Datenverarbeitung eine Ablichtung als Foto, welches in den meisten Fällen eine unschlagbare Tiefenschärfe aufweist.

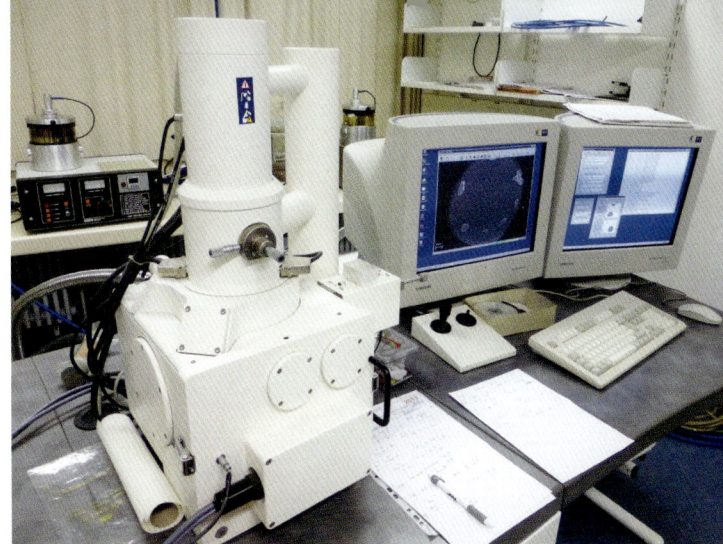

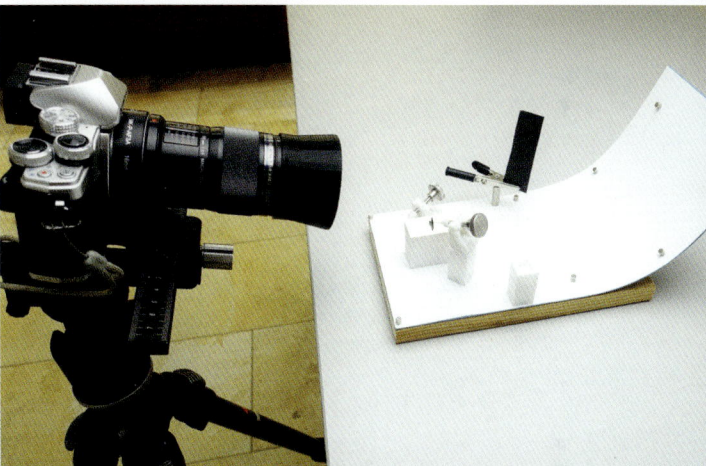

Zudem erreicht die Rasterelektronenmikroskopie eine bis zu 50 000-fache Vergrößerung und ermöglicht dadurch auch spezielle Detailaufnahmen, wie zum Beispiel den Sensationsfund von 138 Millionen Jahre alten Bakterien im Zahnschmelz der Haiart *Cretacladoides noricum*, welche erst kürzlich in Österreich entdeckt wurde.

Glossar

anaulacorhize Wurzel
Wurzel, welche nicht durch einen Nährkanal geteilt ist

anaulacorhizides Vaskularisationssystem
Liegt vor, wenn mehrere meist kleinere und unregelmäßig angeordnete Foramen auf beiden Seiten der Wurzel verstreut sind (z. B. bei notidanoiden Zahntypen)

anteriore Zähne
Zähne im vorderen Bereich des Kiefers

apikal
zur Spitze zugewandt

Apron
auch Tablier, labialer Kronenfortsatz; Schmelzfortsatz, der auf der Außenseite des Zahnes ausgebildet ist und zum Teil sehr markant – etwa zapfenförmig – sein kann (z. B. bei *Squalus*, *Squatina*)

basal
der Spitze gegenüberliegend

Basalfläche
Teil der Wurzel, mit dem der Zahn am Kiefer aufliegt; in zahlreichen Beschreibungen wird dieser Teil der Wurzel fälschlicherweise als „linguale Wurzelfläche" bezeichnet. Bei squalomorphen Haien wird die basale Wurzelfläche oftmals durch einen waagerecht verlaufenden Grat (lingual bulge; linguale Wurzelprotuberanz) auf der Wurzel von der lingualen Wurzelfläche getrennt.

Basalfurche (Sulcus)
lingual ausgeprägte Furche, die meist an der Basis der Wurzel beginnt und in einem zentralen Foramen endet

Bionik
Wortschöpfung aus Biologie und Technik; ein Forschungsgebiet, das sich mit der Übertragung von biologischen Phänomenen oder Lösungen auf technische Systeme befasst

Boutonnière (button hole)
Durchbruch der Wurzel, der durch die Verbindung eines zentralen lingualen und labialen Foramen erzeugt wird

dignathe Heterodontie
liegt vor, wenn im Ober- und Unterkiefer gegenüberliegende Zähne unterschiedlich sind (bei Haien weit verbreitet)

disjunkt monognathe Heterodontie
liegt vor, wenn die Merkmalsunterschiede der Zähne einer Serie so deutlich sind, dass funktionell verschiedene Zahngruppen (wie z. B. Symphysenzähne, anteriore, laterale, posteriore, oder intermediäre Zähne) unterschieden werden können

distal
zum Gaumen zeigend

distale/mesiale Schneide
Schmelzrand des Zahnes; die Schneide kann fehlen, teilweise ausgebildet sein oder von der Spitze durchgehend bis zur Kronenbasis reichen.

distale/mesiale Seitenspitzen
auch Lateralspitzen oder Lateraldentikel; kleine, links und/oder rechts neben der Hauptspitze angeordnete Spitzen

Foramen
Öffnungen der Wurzel für Blut- und Nervengefäße; die Foramen werden nach ihrer Lage (labial, lingual, mesial, distal, axial, zentral) und Größe unterschieden.

Fossilien
von lat. „fossilis" (ausgegraben); vergangene Zeugnisse von Lebewesen, die 10 000 Jahre und älter sind und deren Aktivitäten (z. B. Spurenfossilien); alternativ werden auch die Begrifflichkeiten Petrefakten oder Versteinerungen verwendet.

gradient monognathe Heterodontie
liegt vor, wenn sich die Zähne von Zahnreihe zu Zahnreihe kontinuierlich ändern; es können im Gegensatz zu einem Gebiss mit ausgeprägter disjunkt monognather Heterodontie keine Zahngruppen, wie z. B. Symphysenzähne, anteriore oder laterale Zähne, evtl. Intermediärzähne oder Mundwinkelzähne gebildet werden.

gynandrische Heterodontie (Sexualdimorphismus)
liegt vor, wenn sich die Zähne der beiden Geschlechter unterscheiden lassen; bei Haien oftmals nur gering ausgeprägt, z. B. durch eine stärker aufgerichtete Hauptspitze. Bei Rochen, insbesondere bei der Familie Rajidae, ist ein Sexualdimorphismus der Zähne deutlich ausgeprägt.

hemiaulacorhizides Vaskularisationssystem
liegt vor, wenn der im Inneren des Zahnes zentral verlaufende Nährkanal in einem mittig gelegenen Foramen mündet; dieses Foramen befindet sich innerhalb einer Vertiefung auf der Basalfläche der Wurzel, die senkrecht zur Krone ausgerichtet ist (typisch bei squatinidoiden bzw. orectolobiden Zahntypen).

Heterodontie
von altgriechisch „éteros" (unterschiedlich, verschieden) und „odoús" (Zahn); Gegensatz: Homodontie; liegt vor, wenn innerhalb eines Gebisses verschiedenartig aussehende Zahngruppen vorhanden sind

holaulacorhizides Vaskularisationssystem
liegt vor, wenn das zentrale Foramen in einer Grube endet, die die Basalfläche der Wurzel in zwei Bereiche teilt (typisch bei scyliorhinoiden oder rhinobatoiden Zahntypen, z. B. bei Lamniformes und Carcharhiniformes oder Rajiformes, Torpediniformes und einigen Myliobatiformes)

Homodontie
Gegensatz zu Heterodontie; liegt vor, wenn keine verschiedenartig ausgebildete Zahngruppen in einem Gebiss vorhanden sind.

Infundibulum
Davon spricht man, wenn das zentrale labiale und linguale Foramen zu einem labialen Foramen zusammenfallen (z. B.: *Somniosus, Squalus, Centrophorus*).

Intermediärzahn (oder Lückenzahn)
Zähne, die im Verhältnis zu den vorhergehenden bzw. nachfolgenden Zähnen deutlich kleiner sind (typisches Merkmal vieler lamniformer Haigebisse)

Kryptozoologen
von altgriechisch „kryptós" (verborgen, geheim), „zóon" (Tier, lebendes Wesen) und „lógos" (Lehre); befassen sich mit Tieren, deren Existenz nicht eindeutig nachgewiesen wurde. Für ihre Annahmen und Thesen werden lediglich schwache oder zweifelhafte Belege verwendet.

labial
zur Lippe zeigend, Außenseite

laterale Zähne
Zähne im seitlichen Bereich des Kiefers

lingual
zur Zunge zeigend, Innenseite

mesial
zur Mitte des Gebisses zeigend

Molasse
Die Molasse, oder auch das Molassemeer, war ein in Ost-West-Richtung verlaufender Meerestrog, in dem der Abtragungsschutt der sich hebenden Alpen abgelagert wurde. Das Molassemeer war ein Teil der Paratethys.

monognathe Heterodontie
liegt vor, wenn sich die Zähne einer Funktionsreihe gleichmäßig ändern

Mundwinkelzähne (commissurale Zähne)
Zähne im hintersten Bereich des Kiefers. Diese Zähne sind meist sehr klein.

occlusal
zur Kaufläche zeigend

ontogenetische Heterodontie
liegt vor, wenn sich die Zähne im Laufe der Entwicklung des Tieres verändern, also zum Beispiel die Zähne juveniler Tiere anders aussehen als bei adulten Tieren

Paläogeographie
Teilgebiet der Geologie; beschäftigt sich mit der Rekonstruktion der geographischen Verhältnisse zu früheren Zeiten. Besondere Bedeutung kommt der Erforschung der Meer-Land-Verteilung zu.

Paläoichthyologie
Diese Wissenschaft beschäftigt sich mit den fossilen Fischen.

Paläontologie
altgriechisch „palaiós" (alt), „óntos" (seiend); ist die Wissenschaft von ehemaligen Lebewesen und deren Umwelt; Gegenstand der Forschung sind fossile Überreste.

Parasymphysenzähne
erster Zahn der linken/rechten Kieferhälfte, wenn kein Symphysenzahn vorhanden ist

Paratethys
Teil des Meeres, der sich einst nördlich der sich auffaltenden Alpen befand. Durch die Norddrift der Afrikanischen Platte und Auffaltung der Alpen verlor die Paratethys die Verbindung zum Mittelmeer und trocknete schließlich aus. Das Schwarze Meer und das Kaspische Meer sind die heute noch erhaltenen Reste dieses ehemaligen Meeresbeckens.

polyaulacorhizides Vaskularisationssystem
liegt vor, wenn eine querverlaufende Ausdehnung der Wurzel beobachtet werden kann, die oftmals von tiefen, zahlreichen querlaufenden Furchen durchzogen ist, in denen sich viele kleine Foramina befinden; dieses System tritt insbesondere bei myliobatoiden Zahntypen auf.

posteriore Zähne
Zähne im seitlichen Bereich des Kiefers

Sexualdimorphismus
siehe gynandrische Heterodontie

Symphysenzahn
in der Regel ein symmetrischer Zahn, Krone meist senkrecht aufgerichtet, Position genau mittig zwischen den beiden Kieferhälften

Talon (Höcker, heel)
bei Lateralzähnen distal oftmals ausgebildeter Schmelzhöcker; Symphysenzähne besitzen normalerweise einen mesialen und distalen Talon.

Überlappungsfläche
typisches Merkmal, das im Wesentlichen nur bei squaliformen Unterkieferzähnen auftritt und sich innerhalb der einzelnen Gattungen sehr unterscheidet; mit Ausnahme des letzten Zahnes im Gebiss (Mundwinkelzahn) hat jeder Unterkieferzahn zwei derartige Überlappungsflächen (auf der Labialseite an der mesialen Wurzelseite, auf der Lingualseite an der distalen Wurzelseite).

Uvula
auch lingualer Zahnkronenfortsatz; Schmelzfortsatz meist in Zäpfchenform, der auf der Innenseite des Zahnes ausgebildet und zum Teil sehr markant sein kann (z. B. bei *Squalus*, *Deania*, *Centrophorus*)

Vaskularisationssystem
Art und Weise der Versorgung des Zahnes mit den erforderlichen Nährstoffen; es werden vier verschiedene Typen unterschieden: das anaulacorhizide, hemiaulacorhizide, holaulacorhizide und polyaulacorhizide Vaskularisationssystem.

Wurzelloben
Wurzeläste

Weiterführende Literatur

Allgemeines und Geologie

Harzhauser, M., Sovis, W., Kroh, A. 2009. Das verschwundene Meer. Naturhistorisches Museum, Wien, 48 Seiten.

Hofmann, T., Harzhauser, M., Roetzel, R. 2019. Meeresstrand und Mammutwiese. Geologie und Paläontologie des Weinviertels. Edition Winkler-Hermaden, 138 Seiten.

Hofmayer, F., Kirscher, U., Sant, K. et al. 2019. Three-dimensional geological modeling supports a revised Burdigalian chronostratigraphy in the North Alpine Foreland Basin. International Journal of Earth Sciences, 108: 2627–2651.

Kraus, O. 2000. Internationale Regeln für die zoologische Nomenklatur: angenommen von International Union of Biological Sciences; offizieller deutscher Text. Abhandlungen des Naturwissenschaftlichen Vereins in Hamburg. Bd. N.F., 34. 4. Aufl. Keltern-Weiler: Goecke & Evers, 2000, 232 Seiten.

Mutterlose, J. (begründet von Ziegler, B.) 2018. Einführung in die Paläobiologie, Teil 1 – Allgemeine Paläontologie. Schweizerbart Science Publishers, Stuttgart, 320 Seiten.

Pippèrr, M. 2011. Characterisation of Ottnangian (middle Burdigalian) palaeoenvironments in the North Alpine Foreland Basin using benthic foraminifera – A review of the Upper Marine Molasse of southern Germany. Marine Micropaleontology, 79 (3–4): 80–99.

Pippèrr, M., Reichenbacher, B. 2017. Late Early Miocene palaeoenvironmental changes in the North Alpine Foreland Basin. Palaeogeography Palaeoclimatology Palaeoecology, 486: 485–502.

Rögl, F. 1998. Palaeogeographic considerations for Mediterranean and Parathys Seaways (Oligocene to Miocene). Annalen des Naturhistorischen Museums in Wien, 99: 279–310.

Storch, V., Welsch, U., Wink, M. 2013. Evolutionsbiologie. Springer-Verlag, Berlin Heidelberg, 570 Seiten.

Rezente Arten

Compagno, L.J.V. 1988. Sharks of the order Carcharhiniformes. Princeton University Press, New Jersey, 496 Seiten.

Dolce, J.L., Wilga, C.D. 2013. Evolutionary and Ecological Relationships of Gill Slit Morphology in Extant Sharks. Bulletin of the Museum of Comparative Zoology, 161 (3): 79–109.

Ebert, D.A., Dando, M. 2020. Field Guide to Sharks, Rays, Chimaeras of Europe and the Mediterranean. Princeton University Press, Woodstock, 384 Seiten.

Ebert, D.A., Fowler, S., Compagno, L.J.V. 2013. Sharks of the World – A fully illustrated guide. Wild Nature Press, 528 Seiten.

Finucci, B., Bustamante, C., Jones, E. G., Dunn, M. R. 2016. Reproductive biology and feeding habits of the prickly dogfish *Oxynotus bruniensis*. Journal of Fish Biology, 89 (5): 2345–2364.

Guallart, J., García-Salinas, P., Ahuir-Baraja, A. E., Guimerans, M., Ellis, J. R., Roche, M. 2015. Angular roughshark *Oxynotus centrina* (Squaliformes: Oxynotidae) in captivity feeding exclusively on elasmobranch eggs: an overlooked feeding niche or a matter of individual taste? Journal of Fish Biology, 87 (4): 1072–1079.

Kelly, M. L., Collin, S. P., Hemmi, J. M., Lesku, J. A. 2019. Evidence for Sleep in Sharks and Rays: Behavioural, Physiological, and Evolutionary Considerations. Brain, Behavior and Evolution, 94: 37–50.

Pollerspöck, J., Straube, N. 2019. An identification key to elasmobranch genera based on dental morphological characters Part A: Squalomorph sharks (Superorder Squalomorphii). Bulletin of Fish Biology, 18 (1/2): 77–105.

Pollerspöck, J., Straube, N. 2020. An identification key to elasmobranch species based on dental morphological characters. Part B: extant Lamniform sharks (Superorder Galeomorphii: Order Lamniformes). Bulletin of Fish Biology, 19: 27–64.

Stone, N. R., Shimada, K. 2019. Skeletal Anatomy of the Bigeye Sand Tiger Shark, *Odontaspis noronhai* (Lamniformes: Odontaspididae), and its Implications for Lamniform Phylogeny, Taxonomy, and Conservation Biology. Copeia, 107 (4): 632–652.

Straube, N., Li, C., Claes, J. M., Corrigan, S., Naylor, G. J. P. 2015. Molecular phylogeny of Squaliformes and first occurrence of bioluminescence in sharks. BMC Evolutionary Biology, 15: 162.

Villate-Moreno, M., Pollerspöck, J., Kremer-Obrock, F., Straube, N. 2021. Molecular analyses of confiscated shark fins reveal shortcomings of CITES implementations in Germany. Conservation Science and Practice, in press.

White, W. T., Carvalho, M. R. de, Séret, B., Stehmann, M. F. W., Naylor, G.J.P. 2016. Rays of the World. CSIRO Publishing, Melbourne, 800 Seiten.

Fossile Arten

Agassiz, L. 1835-1843. Recherches sur les poissons fossiles, tome III. Petitpierre und Prince (Text) und H. Nicolet (Tafeln), Neuchâtel.

Antunes, M. T., Jonet, S. 1970. Requins de l'Helvétien supérieur et du Tortonien de Lisbonne. Revista da Faculdade de Ciências de Lisboa, 16 (1): 119–280.

Barthelt, D., Fejfar, O., Pfeil, F. H., Unger, E. 1991. Notizen zu einem Profil der Selachier-Fundstelle Walbertsweiler im Bereich der miozänen Oberen Meeresmolasse Süddeutschlands. Münchner Geowissenschaftliche Abhandlungen Reihe A: Geologie und Paläontologie, 19: 195–208.

Boessenecker, R. W., Ehret, D. J., Long, D. J., Churchill, M., Martin, E., Boessenecker, S. J. 2019. The Early Pliocene extinction of the mega-toothed shark *Otodus megalodon*: a view from the eastern North Pacific. PeerJ, 7: e6088.

Bolliger, T., Kindlimann, R., Wegmüller, U. 1995. Die marinen Sedimente (jüngere OMM, St. Galler-Formation) am Südwestrand der Hörnlischüttung (Ostschweiz) und die palökologische Interpretation ihres Fossilinhaltes. Eclogae Geologicae Helvetiae, 88 (3): 885–909.

Bracher, H., Unger, E. 2007. Untermiozäne Haie und Rochen. Altheim, 183 Seiten, Eigenverlag.

Cappetta, H. 1970 Les Sélaciens du Miocène de la région de Montpellier. Palaeovertebrata, Mémoire extraordinaire 1970: 1–139.

Collareta, A., Lambert, O., Landini, W., Di Celma, C., Malinverno, E., Varas-Malca, R., Urbina, M., Bianucci, G. 2017. Did the giant extinct shark *Carcharocles megalodon* target small prey? Bite marks on marine mammal remains from the late Miocene of Peru. Palaeogeography, Palaeoclimatology, Palaeoecology, 469: 84–91.

Ehret, D. J., MacFadden, B. J., Jones, D. S., Devries, T. J., Foster, D. A., Salas-Gismondi, R. 2012. Origin of the white shark *Carcharodon* (Lamniformes: Lamnidae) based on recalibration of the Upper Neogene Pisco Formation of Peru. Palaeontology, 55: 1139–1153.

Feichtinger, I., Fritz, I., Göhlich, U. B. 2021. Tiger shark feeding on sirenian – first fossil evidence from the middle Miocene of the Styrian Basin (Austria). Historical Biology, DOI: 10.1080/08912963.2021.1906665.

Feichtinger, I., Kranner, M., Rupp, C., Harzhauser, M. 2019. A new outer neritic elasmobranch assemblage from the Egerian (late Oligocene) of the North Alpine Foreland Basin (Austria). Neues Jahrbuch für Geologie und Paläontologie, Abhandlungen, 293 (1): 19–35.

Feichtinger, I., Pollerspöck, J., Harzhauser, M. 2020. A new species of the enigmatic shark genus *Nanocetorhinus* (Chondrichthyes) from the Oligocene of Austria with palaeoceanographic implications. Austrian Journal of Earth Sciences, 113 (2): 229–236.

Hiden, H. R. 1995. Elasmobranchier (Pisces, Chondrichthyes) aus dem Badenium (Mittleres Miozän) des Steirischen Beckens (Österreich). Mitteilungen der Abteilung für Geologie und Paläontologie am Landesmuseum Joanneum, 52/53: 41–110.

Höltke, O., Rasser, M. W., Unger, E., Pollerspöck, J. 2020. The Elasmobranch Fauna from the Upper Marine Molasse (Lower Miocene, Burdigalian) of Ursendorf (District Sigmaringen, Baden-Württemberg, SW-Germany). Palaeontos, 33: 1–56.

Leriche, M. 1927. Les Poissons de la Molasse suisse. Mémoires de la Société Paléontologique Suisse, 46: 1–55.

Maisch, H. M., Becker, M.A., Chamberlain, J.A. 2018. Lamniform and Carcharhiniform Sharks from the Pungo River and Yorktown Formations (Miocene–Pliocene) of the Submerged

Continental Shelf, Onslow Bay, North Carolina, USA. Copeia, 106 (2): 353–374.

Marramà, G., Schultz, O., Kriwet, J. 2019. A new Miocene skate from the Central Paratethys (Upper Austria): the first unambiguous skeletal record for the Rajiformes (Chondrichthyes: Batomorphii). Journal of Systematic Palaeontology, 17 (11): 937–960.

Perez, V. J., Godfrey, S. J., Kent, B. W., Weems, R. E., Nance, J. R. 2019. The transition between *Carcharocles chubutensis* and *Carcharocles megalodon* (Otodontidae, Chondrichthyes): lateral cusplet loss through time. Journal of Vertebrate Paleontology: e1546732.

Pimiento, C., Clements, C. F. 2014. When did *Carcharocles megalodon* become extinct? A new Analysis of the fossil record. PLoS ONE, 9 (10): e111086.

Pollerspöck, J. 2016. Laternenhaie in Niederbayern – neue Fossilnachweise dieser mysteriösen Tiefseehaie. Fossilien, 33 (6): 44–47.

Pollerspöck, J., Beaury, B. 2014. Eine Elasmobranchierfauna (Elasmobranchii, Neoselachii) aus der Oberen Meeresmolasse (Ottnangium, Unteres Miozän) des Heigelsberger Grabens bei Teisendorf, Oberbayern. Zitteliana, A54: 23–37.

Pollerspöck, J., Flammensbeck, C. K., Straube, N. 2018. *Palaeocentroscymnus* (Chondrichthyes: Somniosidae), a new sleeper shark genus from Miocene deposits of Austria (Europe). Paläontologische Zeitschrift, 92 (3): 443–456.

Pollerspöck, J., Straube, N. 2017. A new deep-sea elasmobranch fauna form the Central Paratethys (Neuhofener Beds, Mitterdorf, near Passau, Germany, Early Miocene, Middle Burdigalian). Zitteliana, 90: 27–53.

Probst, J. 1877. Beiträge zur Kenntniss der fossilen Fische aus der Molasse von Baltringen. II: Batoidei A. Günther. Jahreshefte des Vereins für vaterländische Naturkunde in Württemberg, 33: 69–103.

Probst, J. 1878. Beiträge zur Kenntniss der fossilen Fische aus der Molasse von Baltringen. Hayfische. Jahreshefte des Vereins für vaterländische Naturkunde in Württemberg, 34: 113–154.

Probst, J. 1879. Beiträge zur Kenntniss der fossilen Fische aus der Molasse von Baltringen. Hayfische. Jahreshefte des Vereins für vaterländische Naturkunde in Württemberg, 35: 127–191.

Reinecke, T., Balsberger, M., Beaury, B., Pollerspöck, J. 2014. The elasmobranch fauna of the Thalberg Beds, early Egerian (Chattian, Oligocene), in the Subalpine Molasse Basin near Siegsdorf, Bavaria, Germany. Palaeontos, 26: 1–127.

Reinecke, T., Pollerspöck, J., Motomura, H., Bracher, H., Dufraing, L., Güthner, T., Von Der Hocht, F. 2020. Sawsharks (Pristiophoriformes, Pristiophoridae) in the Oligocene and Neogene of Europe and their relationships with extant species based on teeth and rostral denticles. Palaeontos, 33: 57–163.

Reinecke, T., Von Der Hocht, F., Dufraing, L. 2015. Fossil basking shark of the genus *Keasius* (Lamniforme, Cetorhindiae) from the boreal North Sea Basin and Upper Rhine Graben: evolution of dental characteristics from the Oligocene to late Middle Miocene and description of two new species. Palaeontos, 28: 1–60.

Reinecke, T., Von Der Hocht, F., Gille, D., Kindlimann, R. 2018. A review of the odontaspidid shark *Carcharoides* Ameghino 1901 (Lamniformes, Odontaspididae) in the Chattian and Rupelian of the North Sea Basin, with the definition of a neotype of *Carcharoides catticus* (Philippi, 1846) and description of a new species. Palaeontos, 31: 1–75.

Schultz, O. 1969. Die Selachierfauna (Pisces, Elasmobranchii) aus den Phosphoritsanden. (Untermiozän) von Plesching bei Linz, Oberösterreich. Naturkundliches Jahrbuch der Stadt Linz, 14: 61–103.

Schultz, O. 1972. Eine Fischzahn-Brekzie aus dem Ottnangien (Miozän) Oberösterreichs. Annalen des Naturhistorischen Museums in Wien, 76: 485–490.

Schultz, O. 2013. Pisces. In: PILLER, W. E. (Ed.) Catalogus Fossilium Austriae, Band 3 – Verlag der Österreichischen Akademie der Wissenschaften, Wien, 576 Seiten.

Shimada, K., Chandler, R. E., Lam, O. L. T., Tanaka, T., Ward, D. J. 2017. A new elusive otodontid shark (Lamniformes: Otodontidae) from the lower Miocene, and comments on the taxonomy of otodontid genera, including the 'megatoothed' clade. Historical Biology, 29 (5): 704–714.

Underwood, C. J., Schlögl, J. 2013. Deep-water chondrichthyans from the Early Miocene of the Vienna Basin (Central Paratethys, Slovakia). Acta Palaeontologica Polonica, 58 (3): 487–509.

Vialle, N., Adnet, S., Cappetta, H. 2011. A new shark and ray fauna from the Middle Miocene of Mazan, Vaucluse (southern France) and its importance in interpreting the paleoenvironment of marine deposits in the southern Rhodanian Basin. Swiss Journal of Palaeontology, 130 (2): 241–258.

Villafaña, J. A., Marramà, G., Klug, S., Pollerspöck, J., Balsberger, M., Rivadeneira, M., Kriwet, J. 2020. Sharks, rays and skates (Chondrichthyes, Elasmobranchii) from the Upper Marine Molasse (middle Burdigalian, early Miocene) of the Simssee area (Bavaria, Germany), with comments on palaeogeographic and ecological patterns. Paläontologische Zeitschrift, 94: 725–757.

Online

Bibliography Database of living/fossil sharks, rays and chimaeras (Chondrichthyes: Elasmobranchii, Holocephali) (https://shark-references.com/)

Chondrichthyan Tree of Life (https://sharksrays.org/)

Geologische Karte von Bayern, online (https://www.umweltatlas.bayern.de/)

Geologische Karte von Österreich, online (https://geolba.maps.arcgis.com/apps/webappviewer/index.html?id=0e19d373a13d4eb19da3544ce15f35ec)

Haie und Rochen der Molasse-Arten, Bestimmung, Verbreitung (https://molasse-haie-rochen.de/)

Internationale Kommission für die Zoologische Nomenklatur (https://www.iczn.org/the-code/the-international-code-of-zoological-nomenclature/the-code-online/)

Bildnachweis

Arunrugstichai Sirachai (Shin): S. 206, 210; Ayerst Fiona/shutterstock.com: S. 152; Badisches Landesmuseum Karlsruhe, Th. Goldschmidt und P. Gautel: S. 16; Barbara Christie/shutterstock.com: S. 96; Belova Tatiana/shutterstock.com: S. 238 (l.); BGR (Hannover)/GBA (Wien): S. 38; Bogner Michael/shutterstock.com: S. 159 (u.), 176; Braith-Mali-Museum in Biberach, Katleen Otte: S. 22, 23; CC: S. 19, 20, 21, 23 (o.), 44, 45, 58, 59 (o. l., Aaron Scheiner), 59 (o. r., Elias Levy), 60, 64 (K.V. Akhilesh), 68, 70 (Citron), 72, 73, 74, 75, 78, 80 (Robert Aguilar), 82 (o., OpenCago.info), 84 (Ryo Sato), 88, 89 (l., Assianir), 89 (r., Mdomingoa), 92 (u., Ghedo), 94 (walknboston), 98 (o., Magnefl), 98 (u. l., Hemming1952), 98 (u. r., Ecomare/Salko de Wolf), 101, 102, 104, 106, 108 (Wayne Hoggard), 110, 112, 116 (Christoph Noever), 122 (Patrick Doll), 123 (Chris Gotschalk), 123 (r.) (Greg Smokal), 136, 160, 180 (Joxerra aihartza), 184 (Randall, J. E.), 186, 192, 198 (David Gruber), 202, 204, 207, 208 (Google Earth), 211 (u. l., Donald Davis), 211 (Christopher Robert Scotese), 220 (u. l., Cedricguppy-Loury Cédric), 220 (u. r., asands from London, UK), 221 (r.: Taso Vigla), 221 (l.: Alice Wiegand), 222 (Damien du Toit), 223, 224 (Peter Black), 228, 232 (Tomas Willems & Hans Hillewaert), 234 (Patrik Neckman), 238 (Atomische), 240 (Ecomare), 244 (Borut Furlan), 246 (r., Dennis Matheson), 248, 250 (Brian Gratwicke)Cooper Jack: S. 148; de Lima Arthur & Loboda Thiago: S. 168; Dr. Sebatien Enault, www.kraniata.com: S. 28; frantisekhojdysz/shutterstock.com: S. 159 (o.); Gennari A.: S. 124; Guallart Javier: S. 100; Italian Food Production/shutterstock.com: S. 244; Izzotti Andrea/shutterstock.com: S. 82 (u.); KHM-Museumsverband: S. 18; Koern_k/shutterstock.com: S. 159 (u.l.); LDA Sachsen-Anhalt: S. 17; LuisMiguelEstevez/shutterstock.com: S. 80 (o.); Mekan Photography/shutterstock.com: Cover; Murch Andy: S. 14; Nakaya Kazuhiro: S. 144; Nick Fox/shutterstock.com: S. 246; OÖ Landes-Kultur GmbH: S. 12; Ondrej Zeleznik/shutterstock.com: Cover; Plchová L.: S. 17 (l.); Prochazkacz Martin/shutterstock.com: S. 128, 156; Radler Dominik: S. 125, 126, 128, 132, 158, 200, 230; Ramirez Deni: S. 214; Robertson Ross, Smithsonian Tropical Research Institute, Panama: S. 33, 34, 36 (o., u.), 37, 50, 67, 73 (o.), 76 (u.), 80 (u. r.), 123 (o. l.), 138, 142 (u.), 212; Schumacher Alice, Naturhistorisches Museum Wien: S. 8, 9, 10, 43, 242; Schweigert Günter, Stuttgart: S. 13; sergemi/shutterstock.com: S. 220 (r.); Spaet Julia: S. 162; Steffen E./shutterstock.com: S. 197; Dr. Straube Nicolas, Bergen: S. 37 (u.), 140; Subphoto.com/shutterstock.com: S. 234; Universalmuseum Joanneum: S. 178 (u.); Villate-Moreno Melany: S. 166; von Tröltsch, E. (1902): S. 17 (m.); Weigmann Simon, Hamburg: S. 90; wildestanimal/shutterstock.com: S. 154; Zeitlinger Franz: S. 216

Das übrige Bildmaterial stammt von den Autoren.

Trotz intensiver Recherchen und Bemühungen ist es durchaus möglich, dass nicht alle Rechteinhaber*innen ausfindig gemacht werden konnten. Bei begründeten Forderungen bezüglich des Bildurheberrechts wird gebeten, sich mit den Autoren in Verbindung zu setzen.

Abkürzungen:
CC: Creative Commons, gemeinfrei bzw. www.wikipedia.org
l.: links
m.: mittig
r.: rechts
o.: oben
u.: unten

Danksagung

Unser Dank gilt neben den beiden Sammlern Helmut Bracher und Elmar Unger besonders Bernhard Beaury (Übersee) und dem Haispezialisten Dr. Thomas Reinecke (Bochum), die eine Vielzahl an Fotos extra für dieses Buch anfertigten. Ebenso herzlich möchten wir uns für die schönen Fotografien und Bilder bedanken, die von folgenden Freundinnen und Freunden sowie Kolleginnen und Kollegen zur Verfügung gestellt wurden:
Alice Schumacher und Dr. Ernst Mikschi (NHM Wien), Andy Murch (Victoria, British Columbia), Thomas Goldschmidt, Dr. Clemens Lichter und Peter Gautel (Badisches Landesmuseum Karlsruhe), Dominik Radler MSc. (Wien), Dr. David Gruber (New York), Dr. Günter Schweigert (Stuttgart), Dr. Kazuhiro Nakaya (Hokkaido), Dr. Nicolas Straube (Bergen), Dr. Ross Robertson (Panama), Fritz Messner (Graz), Gerhard Wanzenböck (Bad Vöslau), Dr. Giuseppe Marramà (Turin), Jack Cooper MSc (Swansea), Jürg Jost (Zofingen), Beat Lüdi (Strengelbach), Max Balsberger (Schleching), Melany Villate-Moreno (Bogota), Michael Sealey (Kanarische Inseln), Prof. Giuseppe Manganelli und Valeriano Spadini (Siena), Rudi Röckl (Pleinting), Sirachai (Shin) Arunrugstichai (Hat Yai Songkhla), Dr. Sebastien Enault und Camille Auclair MSc (Frankreich).
Darüber hinaus danken wir auch herzlich nachfolgenden Organisationen für ihre gewährte Unterstützung: Kunsthistorisches Museum Wien, Naturhistorisches Museum Wien, Österreichische Paläontologische Gesellschaft, Geologische Bundesanstalt Wien, Universalmuseum Joanneum Graz, Museum Biberach, Badisches Landesmuseum Karlsruhe, www.kraniata.com, www.elasmodiver.com sowie dem Angel Shark Project.

Iris Feichtinger
MSc., geboren 1989 in Vöcklabruck (Oberösterreich), studierte Erdwissenschaften an der Universität Wien und ist Preisträgerin der Österreichischen Akademie der Wissenschaften. Neben dem Verfassen von wissenschaftlichen Publikationen über Haie und Rochen aus Österreich ist ihre Leidenschaft die Präparation und Konservation von Fossilien am Naturhistorischen Museum in Wien.

Jürgen Pollerspöck
geboren 1964 in Bad Griesbach (Landkreis Passau), arbeitet bei einer Bundesbehörde und beschäftigt sich seit seiner Jugend mit den fossilen Überresten von Haien. Gründer und Herausgeber der internationalen Datenbank www.shark-references.com, ehrenamtlicher Mitarbeiter der bayerischen Staatssammlung für Zoologie, CITES-Gutachter und Autor wissenschaftlicher Publikationen, sein Interesse gilt in erster Linie den Tiefseehaien.